How-nual　Shuwasystem Industry Trend Guide Book

最新 アパレル業界の動向とカラクリがよ～くわかる本［第5版］

業界人、就職、転職に役立つ情報満載

岩崎 剛幸 著

●注意

(1) 本書は著者が独自に調査した結果を出版したものです。

(2) 本書は内容について万全を期して作成いたしましたが、万一、ご不審な点や誤り、記載漏れなどお気付きの点がありましたら、出版元まで書面にてご連絡ください。

(3) 本書の内容に関して運用した結果の影響については、上記(2)項にかかわらず責任を負いかねます。あらかじめご了承ください。

(4) 本書の全部または一部について、出版元から文書による承諾を得ずに複製することは禁じられています。

(5) 本書に記載されているホームページのアドレスなどは、予告なく変更されることがあります。

(6) 商標

本書に記載されている会社名、商品名などは一般に各社の商標または登録商標です。

はじめに【第5版にあたり】

「図解入門業界研究　最新アパレル業界の動向とカラクリがよ～くわかる本」は時代の変わり目とともにある本だと実感しています。

コロナ禍ではアパレル関係の消費が激減し、大きなダメージを受けました。しかし同時にテクノロジーの進化によって、アパレル業界のデジタル化も一気に進み、これまでのアパレル業界が抱えていた問題が徐々に改善されていく傾向にあります。また、これまでアパレル業界が引き起こしてきた社会問題についても抜本的に見直していこうという機運が高まっています。特に過剰な生産、過剰な在庫、在庫処分、廃棄ロスによる環境負荷を減らし、サステナブルな業界に変化させようという動きがでています。

いよいよアパレル業界は変革の時です。これからのアパレル業界に必要なのは、イノベーションです。デジタル技術の活用という側面以上に、スタンスや考え方のイノベーションが必要です。本書では業界全体に関わる問題、課題、コンサルティング現場から得たルール化をもとに大幅に内容を修正し、アパレル業界のあるべき姿を示しました。

アパレル業界はあらゆる業界のトレンドリーダーであるべき存在です。しばらくその印象は薄いものでしたが、デジタル化の進展によって、アパレル業界浮上の鍵が見えてきたように思います。

アパレル業界で働く方、アパレル業界を志す学生、またアパレル業界と仕事をしようと考えている方々が、本書を読んで、自らの進むべき方向性に自信と勇気を感じてていただければ幸いです。

最後に、本書執筆にあたりたくさんの方々から助言やアドバイスをいただきました。この場を借りて厚く御礼申し上げます。

2023年8月　岩崎剛幸

How-nual
図解入門
業界研究

最新アパレル業界の動向とカラクリがよ～くわかる本［第5版］

●目次

第3章 アパレル業界の現状

第4章 アパレル業界の仕組みと仕事

第5章 アパレル業界の流通構造

第8章 アパレル業界と人材

第9章 アパレル業界の将来像

Data 資料編

第1章

アパレル業界の価値観大転換

アパレル業界は業界として生き残ることができるのか。ここ数年間の変化はそれほどの劇的な業界構造の変革をもたらしています。これからは生き残りをかけて世の中の時流にあわせていくことが求められます。

ドメインマップ

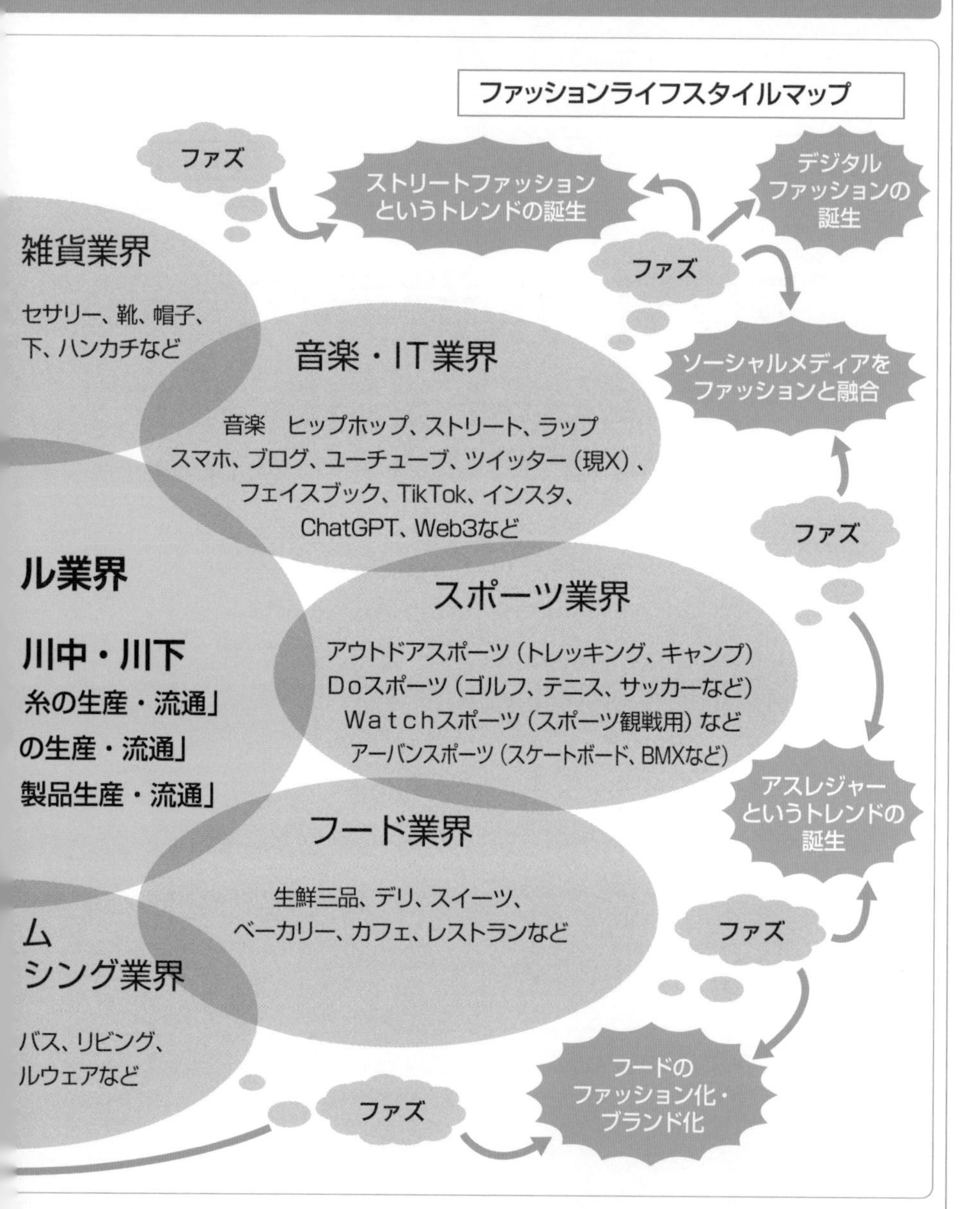

ファッションライフスタイルマップ
ファズ
ストリートファッション
というトレンドの誕生
デジタル
ファッションの
誕生
ファズ
雑貨業界
セサリー、靴、帽子、
下、ハンカチなど
音楽・IT業界
音楽　ヒップホップ、ストリート、ラップ
スマホ、ブログ、ユーチューブ、ツイッター（現X）、
フェイスブック、TikTok、インスタ、
ChatGPT、Web3など
ソーシャルメディアを
ファッションと融合
ファズ
ル業界
川中・川下
糸の生産・流通」
の生産・流通」
製品生産・流通」
スポーツ業界
アウトドアスポーツ（トレッキング、キャンプ）
Doスポーツ（ゴルフ、テニス、サッカーなど）
Watchスポーツ（スポーツ観戦用）など
アーバンスポーツ（スケートボード、BMXなど）
アスレジャー
というトレンドの
誕生
フード業界
生鮮三品、デリ、スイーツ、
ベーカリー、カフェ、レストランなど
ファズ
ム
シング業界
バス、リビング、
ルウェアなど
ファズ
フードの
ファッション化・
ブランド化

アパレル業界はそのトレンド性から、さまざまな業界とつながり、また巻き込んで新たなライフスタイルを形成する軸となっていく日本の核となる産業の一つです。

ファッション

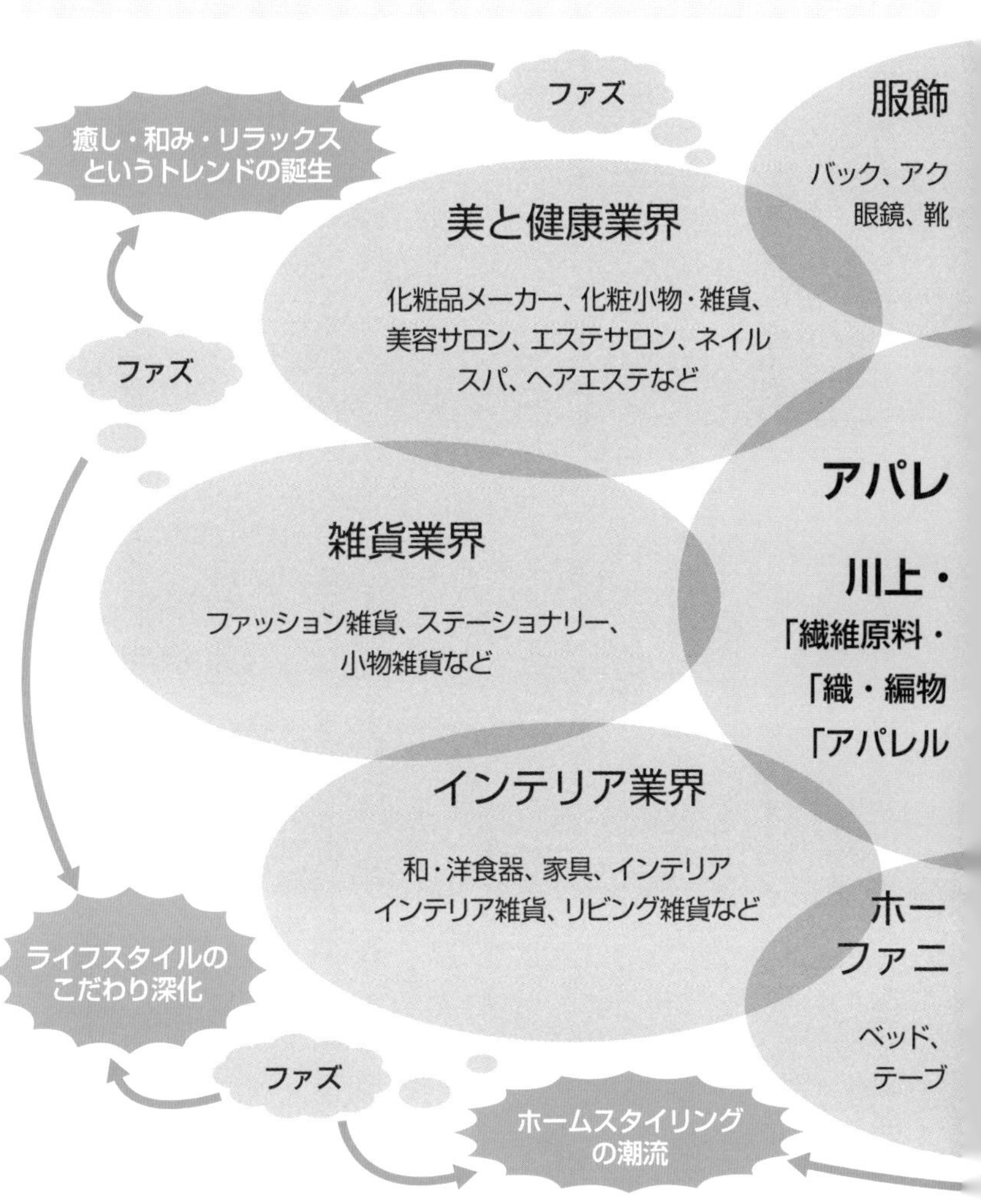

1 コロナ禍が変えた生活者のライフスタイル

2020年から始まったコロナ禍によって世界中の生活者のライフスタイルは変化しました。中にはコロナ後も続く変化として定着し始めたものもでてきています。

2020年から世界は見えない敵との戦いという非常に厳しくも長期間にわたる戦いを強いられました。外出を制限され、行動を規制され、仕事も買い物も自粛せざるを得ない期間を何度も過ごしました。これまでほとんどの生活者が経験したことのない時代に世界は突入したのです。

2023年5月になって日本ではコロナが**5類**＊に移行され、やっと日本も脱コロナに向けて進み始めました。しかし、コロナ禍によって変化した感覚、生活スタイル、仕事観などの多くは元に戻ることなく、新常態へと突入しています。

その代表的なものが図表のような家とオフィスの関係性です。

もともと日本では対面が重視され、会社に出社して仕事をすることが当たり前という文化でした。家で仕事をするのはホワイトカラーの中でも一部のインテリジェンスな仕事のみ。ほとんどの仕事は外に出て、出社して、人と顔を合わせての仕事こそが仕事だったのです。

ところがコロナ禍で出社が制限され、リモートワークがどの会社でも当たり前となりました。アパレル小売のように店舗を持っていて、店舗スタッフとして働く人の多い会社では完全なリモートまではいきませんが、それでも仕入先との交渉をオンラインで実施したり、展示会もオンラインで参加するようになりました。またこの期間に劇的に増加したネット販売により、洋服もバッグも宝石も靴も、オンライン接客の強化により非対面で販売することも日常となりました。

＊**5類**　感染症を予防し、流行を抑えるために、ウイルスや細菌といった病原体を、感染の広がりやすさや症状の重症度など危険度に応じて５段階に分類したものです。類型に応じて法律で可能な措置が変わり、新型コロナウイルスは季節性インフルエンザと同等の５類に移行しました。

すでにリアルとオンラインの両方で商品を販売する企業が世の中の標準的な会社となり、オンラインでの販売はせず、オフライン（店舗）のみで販売をしている会社は古い会社、時流から遅れている会社になってしまいました。

　また、残業はできるだけせずに、必要に応じて店舗は休業したり、オープン時間を遅くしたり、閉店時間を早くすることも普通になりました。働くスタッフの残業時間も厳しく管理されるようになり、激務と言われてきたアパレル店舗販売スタッフも働きやすい職場かどうかが企業選択の条件になってきています。

　アパレル業界はきつくて、長くて、疲れる仕事だったのが、働きやすくて、短時間で楽しく働ける職場に変化し始めたのです。これは業界が正しく成長していく上で非常に良い変化です。コロナ禍によって経営が厳しくなったアパレル企業もありましたが、業界全体が今まで見直したかったことが一気に見直せたという点ではマクロには正しい方向に進んでいるようです。

２つのシフトが起こった

自宅

自宅をオフィス・店舗に

ネットの隆盛

おうち時間充実

オフィス・店舗縮小

店舗営業時間短縮

働き方改革

オフィス・店舗

【オンライン接客】　ZoomやTeamsなどのオンライン会議ツールを活用して接客販売をすることを言います。これまでは対面が当たり前だった接客がこれらのツールの普及によって非常に手軽に非対面でも販売を可能にしました。

2 生活者嗜好の変化

ウイズコロナの生活が続いたことで生活者の価値観や嗜好は大きく変化しました。この変化はアパレルのようなトレンドに敏感な業界には大きな変化をもたらす原因となっています。

世の中はアフターコロナに向けて進んではいますが、これは一時の安らぎに過ぎないと見ています。と言うのは200年前のコレラの大流行、100年前のスペイン風邪、今回の新型コロナ。疫病や感染症は100年に一度の割合で世界的な流行となっているのです。また、疫病以外にも戦争や紛争、水害などのさまざまな天災も毎年のように起きています。世界は常にこうした災いの中にいます。これが新常態です。

そこで私は、ウイズコロナとアフターコロナという2つの視点で生活者の嗜好をとらえ、経営を考えるようにしています。

日本を含め世界は今もウイズコロナの中を暮らしています。価値観として持つべきもっとも重要なことが、異常こそが日常であるというものです。世界のどこかで何かが起こり、再び行動制限されたりすることもあると考えて生活することです。そのためには知識ではなく、何かのテーマについてより深く探求していく学習が必要になります。また、人とのつながりや時間の過ごし方といったこれまでのモノ中心の生き方からの変化がさまざまな場面であらわれてくるでしょう。コミュニケーションもオンラインを適度に利用するようになり、オフラインと上手に使い分けた交流が当たり前になります。

これがアフターコロナになると、人はまた災難を忘れて生活をしてしまいますが、繰り返し起こる災難と災難との「間」(災間)を我々は生きていることを忘れないことです。また、さまざまな行動の場面では自己判断力が必要です。時を逃さないでやるかやらない

＊**タイパ**　タイムパフォーマンスの略。2022年にライターの稲田豊史氏が「映画を早送りで観る人たち」(光文社新書)で10〜20代の若者に見られる傾向として紹介し広がった言葉です。映画やドラマは1.5倍速で観るという倍速消費スタイルが広がっています。

か、行くか行かないかを決める決定力が求められる場面が増えてくるでしょう。

したがって学習という面では、必要な知識を記憶するといった従来型の学習はAIがやってくれるようになり、私たちは激動の時代を生き抜いていくためのライフスキルの習得が求められます。災害があっても生き抜く、今まで経験したことがないことに出会っても慌てずに対処する力です。同時に人々はますます**タイパ***を意識するようになり、無駄だと思えることには時間を使わない傾向が強まります。たくさんの情報の中から適切な情報、有益なものを手早く選び取る欲求が強まります。コミュニケーションではリアルとオンラインのハイブリッド型が標準になります。ただ、今まで以上に対面でのやりとりの価値は高まるでしょう。アパレル小売り販売でもオンラインとオフラインの境がなくなる分、店頭での対面接客で顧客満足度を上げるための取り組み、アイデアが必要になってきます。

アフターコロナのアパレル業界は、このような新しい発想で仕事に取組んでいく姿勢が大切なのです。

生活者の嗜好の変化

With コロナの消費トレンド

項目＼時間軸	旧世界	新世界
価値観	正常が当たり前	異常が当たり前
移動・行動	外出自由・移動自由	外出制限・移動制限
学習	知識学習	探求学習
欲求	モノ・オカネ	つながり・時間
コミュニケーション	オフライン	オンライン

アフターコロナに必要な発想

項目＼時間軸	次の世界
価値観	災後は災間
移動・行動	自己判断力・決定力
学習	ライフスキルの習慣
欲求	タイパ
コミュニケーション	基本は対面・リアル 距離、時間、面倒なものはオンライン

【ウイズコロナとアフターコロナ】　いまだ新型コロナ感染は完全におさまっているわけではありませんので、ウイズコロナ下で生活しているという意識が我々には必要です。今後、さらにワクチンや治療薬の開発が進めばインフルエンザと完全に同等となり、世の中はアフターコロナに変化していきます。

3 アパレル業界の新常識

戦後から今までの歴史を振り返るだけでも相当の変化があることがわかります。アパレルの歴史を年代別に分けてみると、それぞれの時代の主要トレンドが消費者の価値観変化をもたらしたのがわかります。

アパレル業界の歴史は1960年代から10年の区切りごとに大きなトレンド変化が起きています。これから先にはさらに大きな変化が起こることは間違いありません。日本のアパレル業界が今までどのような歴史を辿ってきたのか、そして今、どのような変化が起きているのかを冷静に見る目が必要です。

1960年代はナイロンやポリエステルといった合成繊維が登場して、大量生産が可能な繊維を服にして大量販売しようと各企業が力を入れていた時代です。アイビールックの流行、みゆき族というファッション集団の登場、またミニスカートもこの頃生まれました。70年代は日本人デザイナーがパリコレに参加し始めた頃。「ファッション化社会」と呼ばれ、衣食住のすべてにかっこよさを求め始め、原宿周辺にたくさんのメーカーが集まり始め、チープシック、クロスオーバーという不況を背景にしたトレンドが生まれました。80年代は日本人デザイナーが世界的な注目を集め、同時に日本では**DCブランド***全盛の時代に突入します。その後80年代後半のバブルとともに、世界中のファッションが手に入るようになりました。90年代はバブルがはじけ、不況に突入し、ストリートファッションに注目が集まりました。2000年代は世界各国の有力SPA企業の出店が加速しましたが、2020年を越えるころから世界的なサステナビリティトレンドが広がり、地球環境にやさしく、ムダやムリをしない循環型のファッションが主流になり始めました。これが2030年以降はAIの進化によりファッションを根本から変えていくことになりそうです。

***DCブランド**　デザイナー＆キャラクターブランドのこと。バブルに向かって成長を続けていた日本経済の後押しもあり、ラフォーレ原宿、渋谷パルコなどが若者の聖地となり、コム・デ・ギャルソン、ワイズといったデザイナーの作るファッションが爆発的な人気となりました。

アパレル産業史

内容＼年代	1970～ 1980～	1990～	2000～	2010～	2020～	2030～ （予測）
	導入期、成長期（70年代）、成熟期（80年代）	展開期	安定期	安定期第二期	安定期第三期	安定期第四期
経済のライフサイクル	ファッションライフサイクル / 経済ライフサイクル					
政治・経済・社会	大阪万博 第一次オイルショック プラザ合意 バブル経済の到来	バブル崩壊 EC市場統合 少子化・高齢化 リストラ インターネット	米国同時多発テロ BSE問題 企業不祥事 企業M&A サブプライム	世界的経済混乱 資本主義の限界 企業不祥事多発 企業の強強連合	資本主義の崩壊 無軸社会 覇権国家なき世界 天災・人災増加 新型コロナウイルスの世界的流行	脱資本主義経済時代 世界の分断 ロシアによるウクライナ侵攻 地球温暖化 宇宙ビジネスの始まり
繊維・アパレル	ファッションビジネス花盛り 東京コレクション 日本人デザイナー続々誕生	新繊維ビジョン 中国・ベトナム生産活発化	裏原宿ブーム インディーズ SPA拡大	日本ブランドの世界進出加速 ネット販売が主流に 異業種との融合	Jクオリティ、日本ファッション・ブランドの拡大 生産拠点の多様化 流通構造の世界的大変革	人と自然に調和するファッションの台頭 デジタルファッション市場の拡大
ファッショントレンド	10人10色 DC誕生 1人10色 DCブランド全盛 アメカジ誕生	インポートブーム セレクトショップ ユニクロブーム 渋谷109現象	エコロジー リサイクル マイオリジナル・カスタマイズの流行	エコカワ フルオーダー リメイク 新興ブランド続々誕生 ネットブランド	10人無色 何にも染まらない 日本・アジア発ブランドブーム 本物の時代 手作り・職人・ローカル 専門店の時代	スリフト＆サステナビリティ 無個性こそ個性 ピンキリの二極化 日本文化・伝統の世界的な流行 ハイパーローカル アナログの価値

【日本人デザイナーの活躍】　高田賢三が1970年にパリに出店、森英恵も1965年にニューヨーク、1974年のロンドン、1975年にパリにてコレクション開催。その後の三宅一生、やまもと寛斎、川久保玲、山本耀司といった世界一流のデザイナーが生まれました。ファッションの世界は早くからグローバル化していたのです。

4 サステナビリティとアパレル

アパレル業界で急速に必要性が高まっているテーマがサステナビリティです。グローバルなサステナビリティトレンドを受けて国内のアパレルでもさまざまな動きがでてきています。

アパレル業界がサステナビリティに注力し始めたのは、EUが2015年に発表したサーキュラーエコノミー・パッケージ（CEパッケージ）、同時に発表された廃棄物法制の改正指令案によってEU各国の企業と市民に行動計画を提示したことに起因しています。さらに20年にアクションプランが発表され、30年までにサーキュラーエコノミーを普及させ、雇用も創出すると試算しました。同プランの中で繊維は循環可能性の高い製品分野であると指摘し、資源消費量の削減や脱炭素への貢献を強調したのです。また、UNCTAD（国連貿易開発会議）がファッション産業は世界で二番目に有害な産業であると報じたことで、世界のファッション産業全体がサステナビリティに本格的に目を向けるようになりました。

このようなトレンドを受けて、日本では経産省により「循環経済ビジョン2020」（20年5月）、環境省「サステナブルファッション」（21年4月）などの方針発表が行われました。また、21年8月にはジャパンサステナブルファッションアライアンス（JSFA*）が、アパレル小売り、商社、繊維企業11社により設立され、日本のアパレル業界でも「ファッションロスゼロ」、「カーボンニュートラル」実現に向けて30年、50年の目標設定をして、業界全体として具体的な行動を始めています。

2000年から14年間で衣料品の生産は2倍になったと言われています。こうした生産は本当に生活者にとって必要な物なのか。地球環境にやさしいモノづくりが求められています。

＊JSFA　ジャパンサステナブルファッションアライアンスの略で業界横断型の業種（アパレル小売、商社、素材企業、リサイクル関連企業）などで構成されており、2023年8月時点で（正会員）23社のアライアンス組織となっています。

JSFA　ファッション産業のサステナビリティ目標

【2050 年目標】

2050年目標	
1. ファッションロスゼロ	2. カーボンニュートラル
・適量生産・適量購入・循環利用によりファッションロスをゼロにする。 ・原材料から最終処分までの全過程において単純焼却、埋め立て処分をゼロにする。	・原材料から最終処分までの全工程において CO_2 排出削減と吸収により排出量を実質ゼロにする。

【ビジョン 2030】

2030年目標		ファッションロスゼロ	カーボンニュートラル
	会員企業	・残在庫量や廃棄に関する実態把握による透明性の確保 ・循環利用システムの構築	・全過程における温室効果ガス（CO_2 換算）の把握と削減 ※目標数値を策定予定
		・次世代素材や新技術の活用、（原料・生産・デザインの各段階での）環境配慮設計の積極的採用 ・サステナブルファッションに関した生活者との積極的なコミュニケーション	
	ファッション産業全体	・統一の基準を用いた各過程における単純焼却および埋め立て量の可視化 ・単純焼却および埋め立ての削減 ※下記①～③における現状把握の調査を実施後、削減の目標数値を策定予定 ①生産における原材料、生地、端材 ②企業の残在庫 ③家庭からの廃棄	・統一の基準を用いた各過程における温室効果ガス（CO_2 換算）の可視化
	日本社会	・回収、循環システムの試行 ・「不要となった衣料品を資源として生かす」ことが文化として定着 ・生活者によるサステナブルファッションに関連した選択、行動の拡大 ・社会およびファッション産業界における「ファッションロスゼロ」および「カーボンニュートラル」に対する意義の理解醸成	

（出典：JSFA2050 年目標ならびに 2030 年ビジョンより）

【サーキュラーエコノミー・パッケージ】　循環経済パッケージ（CEPと略）。2015年12月に欧州委員会が2030年に向けた成長戦略の核としてCEPを発表。製品、材料、資源の価値を可能な限り永く保持し、廃棄物の発生は最小化させるという目標ですが、同時にこれをEUの国際競争力引き上げに利用したいというのが狙いです。

5 サステナビリティ時代を牽引する起業家

旧態依然としたアパレル企業がサステナビリティに舵を切るのは並大抵の努力では難しいものがあります。しかし、そもそもサステナビリティを経営の柱にしている企業は簡単にその壁を越えていきます。

米国で注目しているサステナビリティ企業が二社あります。一社はオールバーズ。スニーカーの製造販売企業です。もう一社はワービーパーカー。メガネの製造販売企業です。取扱商品は違いますが、両社共に「パブリックベネフィットコーポレーション（PBC）」の組織形態で、**Bコープ**＊と認められた企業である点です。環境保全を公益に掲げ追求することを選んだ会社です。しかしこのサステナブル経営を追求する両社が上場も果たし、市場でも高い評価を得ている点がこれまでとは違うところです。社会課題を解決するための取り組みをすれば企業価値が上がる時代に変わったのです。

オールバーズは2015年にサンフランシスコで創業しました。元ニュージーランド代表のサッカー選手、ティム・ブラウン氏とバイオ技術に詳しいジョーイ・ズウィリンジャー氏が環境に負荷をかけずに快適なシューズが欲しいと開発しました。同社のシューズは温暖化ガスの排出量が1足あたり平均6・7キロ グラム。一般的なスニーカーの半分程度です。再生型農業や海上輸送の推進などで、全製品の平均排出量を2030年までに1キロ以下に減らすことを目標にしています。

一方のワービーパーカーは手ごろな価格で品質の良いメガネを世の中に提供したいと考えて創業した会社です。「メガネを必要としている人がいるのに、メガネを手に入れることができない人が世界中にいる」という課題を解決するために、顧客がメガネを1個購入するたびに経済的に恵まれない人たちにメガネを

＊**Bコープ**　PBCとは別に、公益性を重視した企業が取得できる国際認証制度がB Corp（B Corporation）です。ペンシルヴァニア州にあるNPO団体「B-Lab」が考案しました。認証試験を経て得られるため、公益重視型企業として対外的な信用を得る上で有効な認証となっています。

1個無償または格安で提供するという活動＝バイ・ア・ペア、ギブ・ア・ペア」を続けています。すでに届けた数は800万個。世の中にインパクトを与えるほどの力をつけてきています。

両社ともに店舗は持っていますが、どちらかと言えばそれはショールーム的な要素が強くなっています。基本的には作り手が直接消費者に販売するというD2C（Direct to Consumer）モデルの代表的企業としても知られています。オールバーズは新素材開発を積極的に行い、ワービーパーカーはデジタルフィッティングや自宅でのフィッティングサービスなど、デジタルとアナログの融合も上手に行っています。

筆者はサンフランシスコでそれぞれの企業の創業時から店舗に足を運び、フィッティングをし、接客も受けてきましたが、両社とも押し付け的な販売を一切しない点も共通しています。D2C企業ですから無理やり店舗で購入してもらう必要がないのです。

規模の追求ではなく、世の中の課題解決を第一に考える経営。これこそがサステナブル経営でもっとも重要なポイントなのです。

サステナビリティ企業を代表する2社

（1ドル＝135円）

内容	オールバーズ	ワービー・パーカー
創業年	2015年	2010年
創業地	米・サンフランシスコ	米・ニューヨーク
売上高	2億7747万ドル （約375億円）	5億4082万ドル （約731億円）
営業利益	－3287万ドル （約44億円の赤字）	－1億4400万ドル （約194億円の赤字）
リアル店舗数	27（8か国）	145（2か国）
Bインパクトスコア	89.4	85
上場	2021年11月	2021年9月

（出典：各社21年12月のIRデータをもとにムガマエ株式会社作成）

【PBC】 ベネフィット・コーポレーションとも呼ばれるアメリカの企業形態の一つ。公共利益を重視し、社会貢献を目的においた法人格です。PBCの法人格取得には、企業の定款上で、低所得者へのサービス提供、環境保全、健康増進、文化・芸術・科学の振興といった特定公益の便益を規定することが求められています。同時に活動に関する説明責任を果たす必要があります。

6 カスタムメイド市場の広がり

スーツの既製品やビジネスシャツ市場が縮小する中で、オーダースーツやオーダーシャツなど自分好みの商品を作ることが可能なサービスが増加しています。特に若者を中心に人気が拡大しています。なぜ今オーダーが人気なのでしょうか。

オーダースーツを手掛け、オーダースーツ人気の火付け役と言われているのがグローバルスタイル株式会社（大阪市中央区）のグローバルスタイルです。**郊外型紳士服店***が軒並み苦戦する中で同社は出店を拡大し、売り上げを伸ばしています。2023年7月期の単体売上高は105億円。粗利率も52％を超えており、非常に高収益のビジネスモデルを作り上げています。

もともとはタンゴヤという屋号の毛織物の卸商。しかし事業の将来性を考え、自社で店舗を構えて直接お客様を開拓するパターンオーダースーツ店舗を作ったところ若者を中心に支持が広がり、成長軌道に乗りました。

一番の特徴は価格の安さ。25サイズの見本の中から袖の長さなどを微調整して作るパターンオーダーという仕組みによって、1着2万円台から10万円前後でスーツが作れます。受注も好調で、コロナ禍でもスーツにこだわりたい顧客層、特に若年層を開拓し、好立地への出店を続けています。

顧客層の8割は20～40代ですが、このうち男性の3割弱、女性の4割が20代です。以前はオーダーメイドスーツと言えば高級品。50代を過ぎたビジネスマンが購入するような特別な商品でした。実際に店頭でも20万～100万円程度のオーダースーツが品揃えの大半でした。生地見本もデザインも年配向けが多く、若者には関係のない商品でした。接客をするスタッフも

***郊外型紳士服店**　以前は低価格でスーツが購入できる店として青山、アオキ、はるやま、コナカの大手4社が有名でした。国道16号線沿いなどのロードサイドに店舗を構えていたことからロードサイドメンズなどと呼ばれていました。2023年3月期のこれら企業の売り上げは2018年3月期から2割減少と苦戦が続いています。

定年間近のオジサンが多く、いつも暇そうに店頭でぶらぶらしているような売り場が多かったのです。

しかし近年はボタンや襟、ポケットなどのディテールを好きなデザインに変えたり、シルエットも若くなり、販売スタッフもおしゃれな若者が増えてきました。かつ低価格で作れるようになったことで若者市場を開拓することができました。

マーケットがなかなか広がらなかった商品も、このように変化させていけば成長軌道に乗るといういい見本です。カスタムメイドは今、さまざまなアパレル企業が参入し始めています。カスタムメイド市場はさらに広がるでしょう。

カスタムメイド市場

企業名	サービス名	特徴
株式会社 FABRIC TOKYO	FABRIC TOKYO	2014年からスタートしたD2Cのオーダーメイドブランド。実店舗との連動も強化している日本のカスタムオーダーECの代表的企業。創業5年で年商10億以上。レディスオーダースーツ「INCEIN」も展開。
オンワード樫山（オンワードHD）	KASHIYAMA	全国40の実店舗との連動、オフィスや自宅への出張採寸サービスなどで顧客を拡大している。
ストライプインターナショナル	DESIGN CONCIERGE	アースミュージック＆エコロジーなどを展開するストライプが始めたオーダーシャツ事業。シンプルで使いやすいUI設計になっている。
ユニクロ（ファーストリテイリング）	感動ジャケット	全国170店舗にサンプルジャケットをおき、着丈、袖丈などの採寸を行い33サイズの中からぴったりのサイズを取り寄せるというカスタムオーダーサービス。最短翌日に届くというサービスで20～50代女性に支持されている。
レッドスレッド（米・ネバダ州）	RedThread（レッドスレッド）	2018年創業の婦人服のカスタムメードサービス。スマホのカメラで自分の身体をスキャンして測定。同社の3Dスキャンテクノロジーで利用者が選んだ色やデザインに基づいて1週間で完成する。「ライフタイムフィット保証」という永久保証サービスがあり、サイズ直しなどが生涯にわたって受けられる無料のサービスがある。

（出典：各社データをもとにムガマエ株式会社作成）

【オーダーメイド】 オーダーメイドは和製英語。英語ではビスポーク、テイラーメイドなどと称されます。製品全般に対する受注生産や注文によって生産する商品、または生産工程を指す。個々のニーズに完全に応じたテイラーメイドから、複数の決められたパターンの中から自分に合ったものを選択するパターンオーダー、部分的なオーダーのイージーオーダーなどがあります。

7 シェアリングエコノミーとサブスク

モノが売れない時代に注目されているサービスがシェアビジネスです。モノは買うのではなく借りればいいという発想のこのビジネス。これからの日本でさらに広がりが期待できそうです。

商品や人、サービスなどの有形無形のものを共有し、利用者が必要な時に利用してもらう「**シェアリングエコノミー**＊」が世界中で広がっています。この新しいビジネス形態をとったサービスがシリコンバレーを起点として拡大し世界中に浸透しました。

一般社団法人シェアリングエコノミー協会が株式会社情報通信総合研究所と共同で、日本のシェアリングサービスに関する市場規模を調べたところ、2021年度の日本におけるシェアリングエコノミーの市場規模は2兆4198億円でした。これが2030年度には14兆2799億円に拡大すると見られています。2013年には世界で1兆5千億円と言われていた市場ですが、あっという間に拡大した印象があります。所有から使用へと消費者のニーズが変化している一つの表れがシェアリングエコノミー市場の拡大に表れています。

空き部屋を短期間貸し借りしたい人同士をマッチングする「Airbnb」、車の所有者が相乗りしたい人を募る「Lyft」などはその代表格です。スマホアプリを利用したオンデマンド配車サービス「Uber」はシェアリングエコノミーの代表的な企業になっています。この考え方を応用して日本のアパレル業界でもさまざまなシェアビジネスが生まれています。

洋服のシェアリングサービス「エアークローゼット」は定額で洋服を借り放題というサービスです。サービス開始と同時に5万人が登録して、今では無料会員も含めて利用者は100万人を突破しました。

＊**シェアリングエコノミー**　同ビジネスでは個人と個人との信頼関係が鍵となるため、各サービスでは、Facebook等の既存ソーシャルメディアと連携したり、サービス独自に提供者と利用者間の評価制度を導入して信頼性を維持する仕組みを導入するなどの工夫をしているのも特徴です。

（月額会員数は23年3月度で3万2千人）。洋服を何度でも借りられるというオトク感に加えて、今までの自分だったら選ばなかった洋服に出会うこともでき、必要であればそれを購入もできるという仕組みが支持されています。

「スタイリクス」という家具のレンタルサービスもあります。インテリアコーディネーターがお客様の要望を聞いて、部屋のインテリアをまるごと選ぶというものです。代金の3割を最初に支払い、最低利用期間の2年間、月に3％を支払うというサービスです。すでに1万組以上が利用しているようです。金額が高く購買頻度が低い商品のシェアビジネスは今後も拡大を続けるでしょう。

持たざる社会の到来が新しいビジネスを続々と誕生させていきます。

シェアリングエコノミーのカテゴリーと代表的サービス例

カテゴリー		代表的企業
スペース	民泊	Airbnb、おてつたび
	その他（会議室など）	akippa、軒先.com、スペースマーケット
商品	売買	メルカリ、minne、ラクマ
	レンタル	Air Closet、ラクサス、Casie
移動	カーシェア	careco
	サイクルシェア	ドコモバイクシェア
	その他（代行など）	Uber Eats、出前館
スキル	対面型	タスカジ、CaSy
	非対面型	ランサーズ、クラウドワークス
お金	クラウドファンディング	Makuake、CAMPFIRE、READYFOR
	その他	FUNDINNO

【Uber】 トラビス・カラニック氏とギャレット・キャンプ氏によって2009年にサンフランシスコで創業。当時サンフランシスコでタクシーが捕まりづらかったのが起業の理由。23年時点の時価総額は762億ドルと10兆円を超えています。

8 消費者が主役のCtoCビジネス

スマホの普及により、個人間のやり取りができる市場が拡大しています。以前はプロが仕入れて個人に販売していたものが、今では個人が個人に売る、また個人がプロに売ることも当たり前になり始めました。

CtoCとは、Consumer to Consumerの意味です。

個人と個人の間で、モノやサービスを売買し合うことを指します。

一般的なビジネスモデルは、サービスの運営側が個人間で取引するための「**プラットフォーム**＊」を作り上げ、商品やサービス取引ができるように事業環境を整備します。このプラットフォーム上で二者間の取引が成立した際に事業運営者が一定の手数料を得るという仕組みです。

市場規模が年間1兆円近くあると言われるCtoC市場において、最近ではフリマアプリを中心に、様々なサービスが誕生しています。

アパレル関連のCtoCビジネスの中でももっとも注目されるのが「minne」（ミンネ）と「Creema」（クリーマ）などのハンドメイドマーケットです。自作の商品を販売する手芸愛好家や洋服づくりをするプチデザイナー、また手作りアクセサリーを趣味にする人などが積極的にこのサービスを使って商売をしています。

ネットを使ったCtoCビジネスの最大のメリットは何といっても投資がかからないという点でしょう。店を構えるための初期投資はいらないですし、たくさんの在庫を抱える必要もありません。

これらのハンドメイド商品の盛り上がりによって、個性的なテキスタイルや糸、ボタンや生地の端切れなども売れています。産地の機屋などの復活に一役買うビジネスになるかもしれません。

＊**プラットフォーム**　もともとは水平で平らなところ、足場を指す英語。そこからコンピュータ用語として派生し、ハードウェアやソフトウェア、サービスが動作する基盤となる環境を意味するようになりました。現在ではネットワーク上のさまざまなサービスもプラットフォームと言われています。

CtoCビジネスは発展していくか？

【CtoC市場の成長企業】

総合ECプラットフォーム企業として日本にも本格進出した企業がeBay（イーベイ）です。

1995年にCtoCのフリーマーケットとしてスタートしました。今ではCtoCだけでなくBtoC、BtoBも含めたECプラットフォームとなっています。

サービス名	eBay
設立	1995年
市場	全世界190カ国以上
販売者	2,500万人以上

購入者	1.82億人以上
商品	14億点以上
年間取引高	約10.3兆円以上
越境EC取引	全体の約30%以上

【フリマアプリ】 もともとフリーマーケットとは蚤の市のこと。公園や広場などの空き地を活用して一般の個人が個人に対してリアルに販売をしていましたが、現在ではネットで手軽に個人間売買ができるアプリが多数開発され、ネットを通じたフリマへと商売の形を変えてきています。

9 ファッションECで勝ち残る方法

ネット通販市場はあらゆる業種で広がり、EC化率は年々高まっています。コロナ禍が拍車をかけて、ネット通販は完全に定着した感があります。ネット通販は次の時代に入り始めています。

物販系分野のBtoC EC市場規模は2020年の12兆2333億円から1兆5332億円増加し、13兆2865億円となりました。実に8%以上の伸びとなり、ECは各社のメインチャネルとなりました。

EC化率は8・78%と20年比で0・7%上昇しています。EC化率の伸びはほぼ横ばいではあるものの、物販全体の消費のうちおよそ8%がネットで売れる時代ですから、少なくとも各社は自社売り上げの8%以上をECで売っていなければ、世の中の平均以下であり、EC化の対応が遅れていると見ていいでしょう。

ファッションEC市場規模は21年に2兆4千億円を超えて前年比109・4%と物販系EC全体の伸びを上回っています。ファッションのEC化率は21%を超えており、ネットとの相性の良さも目立ちます。オムニチャネル、OMO（Online Merges with Offline）などの実店舗とECという異なる販売チャネルをつなぐ言葉が最近はよく聞かれるようになりました。

最近ではオンライン接客、ショールーミングストア、EC購入商品の店頭受け取り（BOPIS＊）といったネットと店舗をどのように一体化させていくかということが最重要取り組み事項となっています。

ファッションはリアル店舗で買う物という常識は完全に崩れ、リアルでもオンラインでも購入する物へと変化したのです。

＊**BOPIS** 「Buy Online Pick-up In Store」の頭文字を取ったもので「ボピス」と読む。ECで購入した商品を店舗で受け取ることができる仕組みのこと。米国ではウォルマートが店頭にBOPIS用の大型ロッカーを設置しています。

物販系ＢｔｏＣ　ＥＣ市場規模推移

物販系分野の BtoC EC 市場規模　　(単位：億円)

分類	2019年			2020年				2021年			
	市場規模	構成比	EC化率	市場規模	構成比	EC化率	前年比	市場規模	構成比	EC化率	前年比
①食品、飲料、酒類	18,233	18.1%	2.89%	22,086	18.1%	3.31%	121.1%	25,199	19.0%	3.77%	114.1%
②生活家電、AV機器、PC・周辺機器等	18,239	18.1%	32.75%	23,489	19.2%	37.45%	128.8%	24,584	18.5%	38.13%	104.7%
③書籍、映像・音楽ソフト	13,015	12.9%	34.18%	16,238	13.3%	42.97%	124.8%	17,518	13.2%	46.20%	107.9%
④化粧品、医薬品	6,611	6.6%	6.00%	7,787	6.4%	6.72%	117.8%	8,552	6.4%	7.52%	109.8%
⑤生活雑貨、家具、インテリア	17,428	17.3%	23.32%	21,322	17.4%	26.03%	122.3%	22,752	17.1%	28.25%	106.7%
⑥衣類、服飾雑貨等	19,100	19.0%	13.87%	22,203	18.1%	19.44%	116.2%	24,279	18.3%	21.15%	109.4%
⑦自動車、自動二輪車、パーツ等	2,396	2.4%	2.88%	2,784	2.3%	3.23%	116.2%	3,016	2.3%	3.86%	108.3%
⑧その他	5,492	5.5%	1.54%	6,423	5.3%	1.85%	117.0%	6,964	5.2%	1.96%	108.4%
合計	100,514	100.0%	6.76%	122,332	100.0%	8.08%	121.7%	132,864	100.0%	8.78%	108.6%

(出典：経済産業省「電子商取引に関する市場調査結果」をもとにムガマエ株式会社作成)

ファッション EC 市場

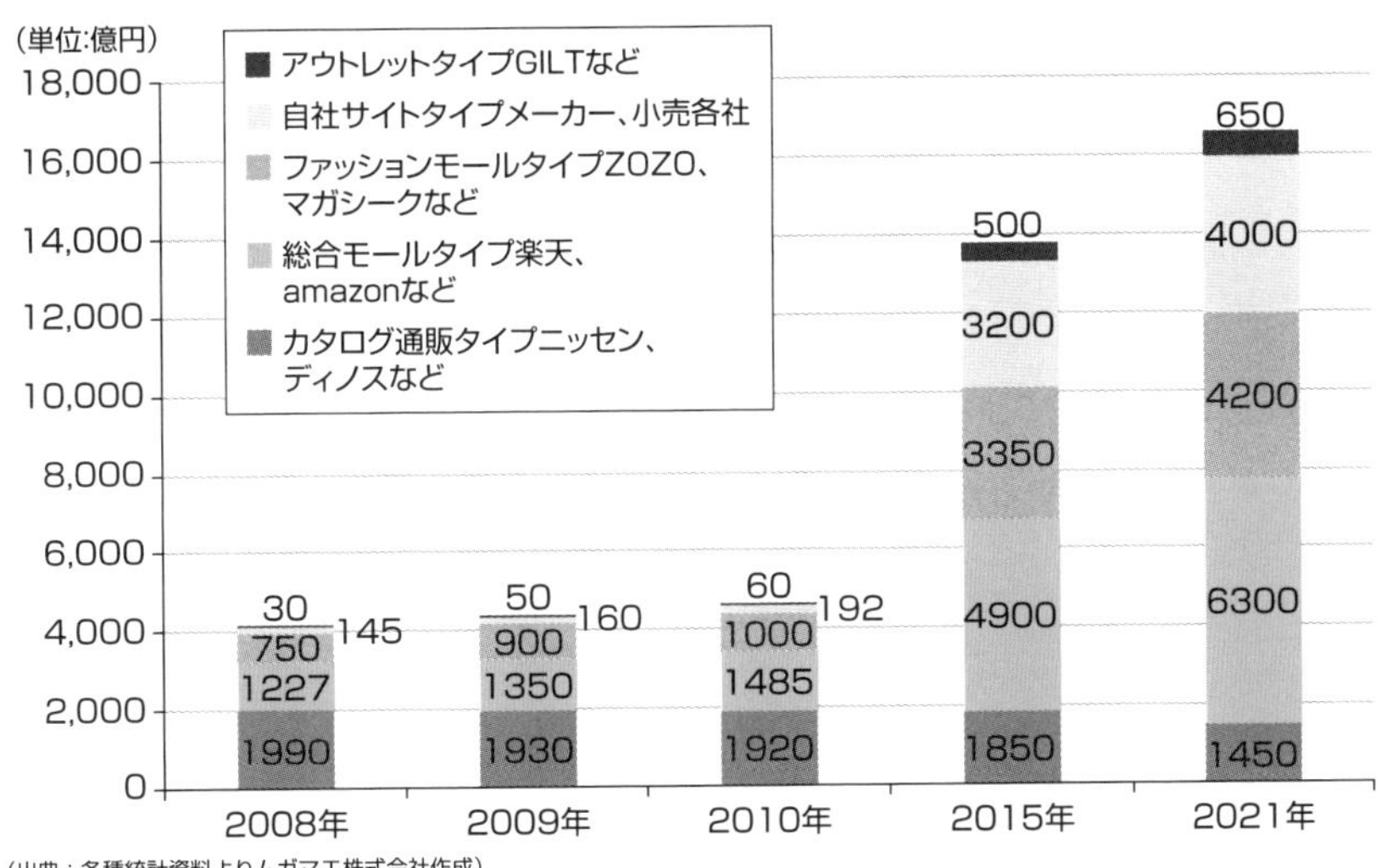

(出典：各種統計資料よりムガマエ株式会社作成)

【OMO】　オンラインとオフラインをつなげる、一体化させていくという取り組みのこと。EC萌芽期はネットと店は別物という見方が多かったが、現在ではネットと店は同じように接客をし、在庫を共有し、全体の売り上げにつなげていくものという考え方に変化しています。

リセールビジネスの可能性

10

世界のリセール市場は年々拡大しています。Z世代をはじめとした消費者もリセール品に対して以前よりも抵抗がなくなっており、むしろ再販に価値を感じるようにもなっています。

メルカリがリセール品の取扱量を増やし、トレファクがショッピングセンターへ出店するようになりました。私たちの周りでリセール品がプロパー商品と並んで売られることも珍しくなくなりました。パタゴニアでは「ウォーンウェア」というプログラム名をつけ、洋服を長く着てもらうために修繕をして再販売する取り組みを強化しています。むしろ新品よりもリセール品を買ってほしいというメッセージまでだしています。

最近ではウィファブリック（大阪市）が新品衣料に加えて個人から回収した古着の販売を広げると発表しました。同社が運営するサイト「スマセル」で、アパレル各社で売れ残った新品衣料を買い取り、50～90%オフで販売します。会員はこの3年で1万人から25万人と急拡大しており、20～40代女性の登録が増えています。汚れがあったり、サイトで長期間売れなかった商品はプリント加工して、パッチワークや刺しゅうを施して再販売します。同社のようなリセールとアップサイクルをあわせて、ネットを経由して取り組むリセールビジネスはこれからも増えていくでしょう。

米国の中古衣料品（リサイクルショップ、寄付を含む）の2023年の市場規模は約440億ドル（約6兆円）と見込まれています。2017年時点では200億ドルだったこの市場。2倍以上に成長し、2027年には2023年の1・6倍の700億ドル（約9兆円）にまで拡大すると推定しています。

日本でも2016年には2500億円ほどの市場規模でしたが、2020年には4000億円を超える

＊**エシカル的な消費行動**　エシカル消費（倫理的消費）とは、環境省によると、「地域の活性化や雇用なども含む、人や社会・環境に配慮した消費行動」とされています（https://www.env.go.jp/policy/hakusyo/h30/html/hj18010302.html）。人・社会・環境にやさしい商品やサービスを選ぶこと、地球環境にやさしい消費のことです。

ほど急成長しています。洋服のリセール流通量も劇的に増え、消費者の環境意識の高まりや物を大切に使用するという価値観の広がりにより、さらにリセール市場は拡大していくでしょう。

また、ECを用いたリセール市場は米国の小売業の中でももっとも急成長している分野と言われています。23年には対面を含むリセール市場全体に占めるEC割合は74・6%まで増加すると見られています(イーマーケター調べ)。

世界的なインフレ、環境問題への興味関心が高まり、消費者の財布の紐は堅くなり、また、**エシカル的な消費行動***をとるようになっています。アパレル企業における製造販売責任も一層強く問われるようになっています。特にZ世代はリセール商品に強い関心を持っています。

アパレルやファッション関係の企業は、結果として若年層の新規顧客を獲得するためにも、リセール市場は欠かせないマーケットとなります。各社はサステナを意識しつつも、新たな収益源を確立することなどを目的に、リセール市場に注力しています。

リセール市場

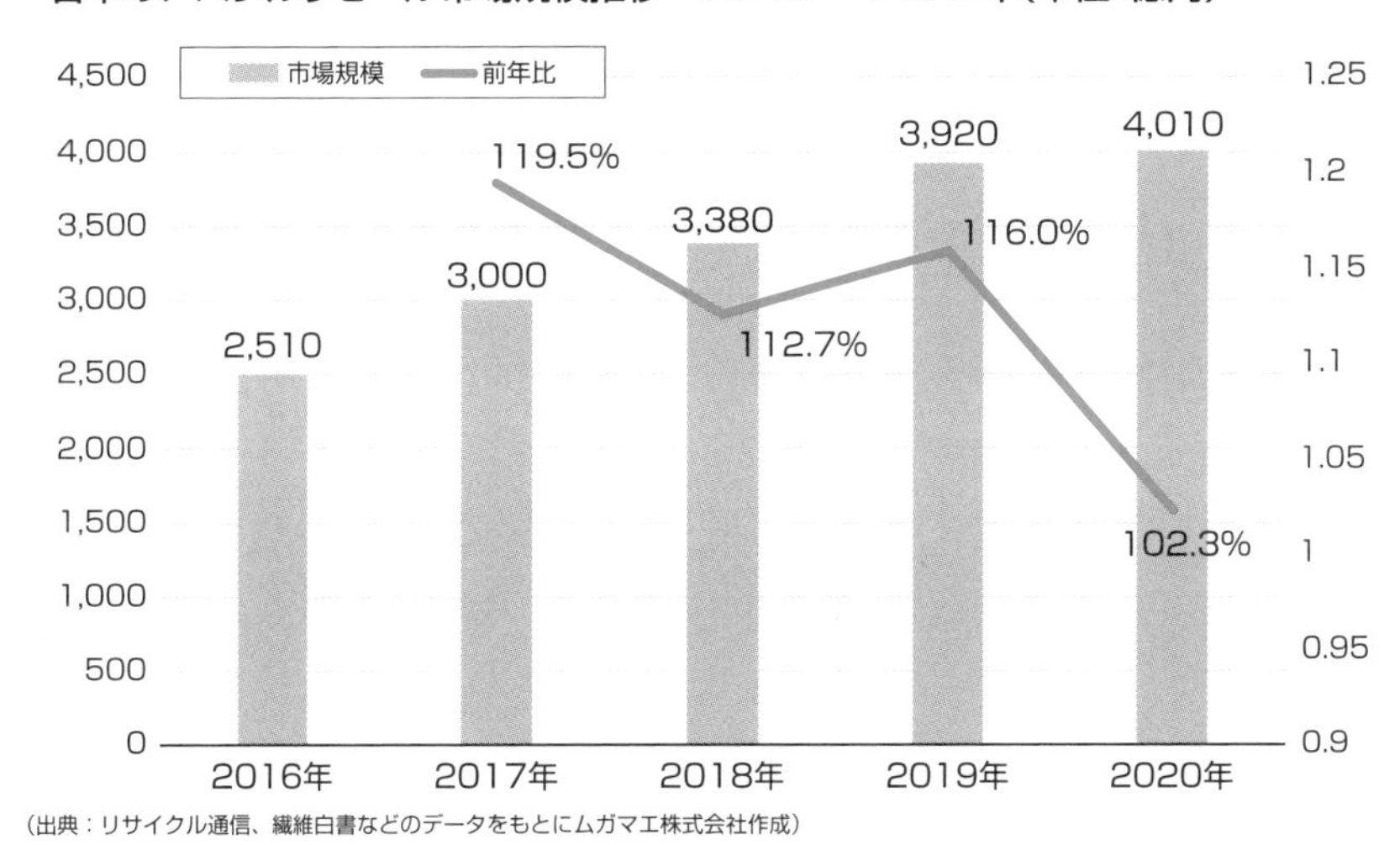

(出典:リサイクル通信、繊維白書などのデータをもとにムガマエ株式会社作成)

【リセールとZ世代】 米国では、すでに、Z世代がリセールのファッションアイテムを購入するようになっています。この傾向が米国のZ世代以外にも広がり、リセール購入は、サスティナブルで賢い購入方法=ポジティブな消費行動として認識されるようになりました。

11 ジェンダーフリーが変えるファッション

ファッションのジェンダーフリーがさまざまなところで注目されています。そもそも男女の区別がない洋服もありますが、女性がメンズファッションを、男性がレディースファッションを着こなす事例も増えてきました。この流れは今後拡大していきます。

フリマアプリ、楽天「ラクマ」のアンケート調査結果（2021年12月）に興味深いデータがあります。直近1年間で「レディースファッション」カテゴリーのアイテムを購入した10～20代の男性ユーザー780名を対象にしたアンケート調査です。

これによると、10～20代の男性客の「レディースファッション」カテゴリーの購入取引が増加しているのです。同カテゴリーの購入取引で、男性客の利用比率が年々拡大していて、2017年11月と2021年11月の単月比較では、男性の購入率が3・9％から8・5％と4年間で約2・2倍、4・6ポイントあまり上昇しています。

また、女性の体に合うメンズスーツをオーダーメイドで販売するkeuzes（クーゼス：田中史緒里代表）というブランドがあります。田中さんは**Xジェンダー**＊（FtX）。服装が理由で、成人式を諦めた過去があるという方です。

「服装によって何かを諦めている人が、世の中にはたくさんいるかもしれない。そんな人たちの助けになりたい」

そう考えた田中さんは23歳で、女性の体に合うメンズスーツブランドの立ち上げを考えます。

女性の体で従来のメンズスーツを着ると、スーツはブカブカになることが多いのです。そこで、女性のサイズ感でカッコよく着られるメンズスーツを作り上げました。それがオランダ語で「選択肢」を意味する

＊**Xジェンダー**　男性・女性のいずれにも属さない性自認を持つ人を意味する。2021年に米国でパスポートなどの身分証明書の性別欄が「男性・女性・X（どちらでもない）」の3つに変更されて注目されました。

「keuzes」ブランドです。

同社のスーツはオーダーで最低価格が8万9千円（税別）から。イマドキのスーツとしては安くはないですが、お客様の元に出向いて採寸し、100種類の生地の中から選び、細かな要望にあわせて自分だけのスーツを作ってくれるオーダースーツであることを考えたら、決して高くはありません。

この他にもオーダーシャツや、生理用ナプキンがつけられるボクサーパンツなどの商品もお客様の声をもとに次々と作られています。同社のようなブランドがジェンダーフリーの新しいファッションの世界を切り開いています。

ファッションは元々、自由な物であり、何にもとらわれない物であるべきです。ジェンダーフリーは本来のファッションの魅力を引き出すきっかけとなるかもしれません。

ファッションにおけジェンダーフリー

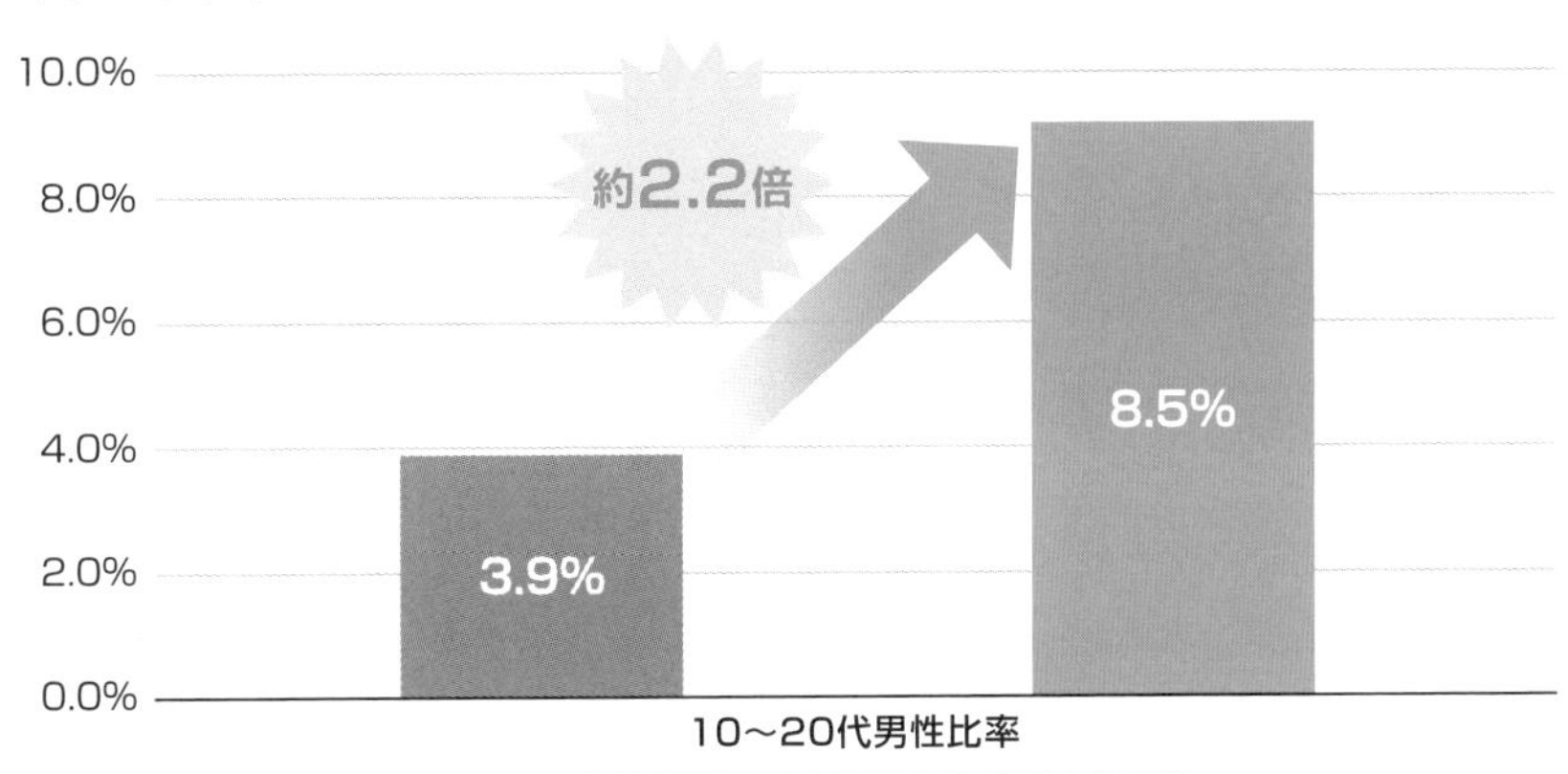

（出典：ラクマ「若年層男性のレディースアイテム購入に関する意識調査」をもとに作成）
https://prtimes.jp/main/html/rd/p/000001612.000005889.html

【ジェンダーフリー】　男性と女性が性別による役割を背負わず、自由に能力を発揮すること。たとえば「事務員の女性は制服を着る」という古い常識をなくすなど、性別による違いをなくしていくこと。従来の常識にとらわれずに考えていく柔軟性が必要です。

12 ファストファッションブランドの盛衰

少し前まではH&M、ユニクロ、ZARAなどのファッションブランドがアパレル市場の勝ち組と言われていました。しかし一部のファストファッションは苦戦し始めています。どんな変化が起こっているのでしょうか。

日本の「ユニクロ」、「**ジーユー***」、米国の「GAP」、スペインの「ZARA」、そしてスウェーデンの「H&M」と世界で盛り上がりをみせるこれらのブランドは「ファストファッションブランド」として一世を風靡しました。日本にも2008年にH&Mが銀座に出店して以降、原宿や新宿は世界で見てもファストファッションの最激戦区となりました。またユニクロが2008年末からあらためて注目を集め、百貨店が10%近いダウンを続ける中、ユニクロだけが二桁以上の伸び率を示してきました。

しかし2020年前後から外資系ファストファッションブランドの雲行きが怪しくなり、GAPの業績不振、H&Mの銀座店は2018年に、原宿店は2022年に閉店しました。フォーエバー21は一時日本から撤退（2023年から価格帯を上げて再進出）。時流が変化してきています。

このような中でオンライン販売をメインチャネルとした、エイソス、ブーフー、ミスガイデッドというい ずれも英国発のブランドが急成長しました。ファッションのEC化率が高いイギリスならではの企業とも言えます。これらは毎週数千アイテムを小ロットで企画生産し、最速2週間でオンライン販売することができることから「ウルトラファストファッション」と呼ばれています。22年にはさらにファストなブランド、中国発のシーイン（SHEIN）が世界中に販売網を広げてシェアを高めています。ファストではもう遅

***ジーユー**　2006年にダイエー南行徳店に1号店を出店したことが始まり。ユニクロの7割程度の価格設定とトレンドを意識した品揃えが支持され、2023年時点で455店舗、売上高は2460億を超え、今後は1兆円企業を目指すと宣言しています。

く、ウルトラファストの世界に入り始めました。

しかし現在はファストファッションのように量の拡大を追い、大量生産・大量販売をしている企業への風当たりは世界的に強くなっています。温室効果ガスや土壌汚染、水質汚染、児童労働問題など、さまざまな問題が指摘されるようになっています。各社は単に自社の売り上げを伸ばして税金を払えば良いのではなく、いかに倫理的にも社会的にも正しい経営をしているかが企業価値の判断材料となっています。

実際にH&Mではリセールビジネス（「H&M Pre-Loved」）を本格的にスタートしましたし、ZARAはショールームストアのテストを繰り返しています。

スケールメリットを追求しつつ、同時に消費者のサステナへの強い意識変化に対応できるか。

このビジネスモデルの変化こそがファストファッションが今後も成長できるかどうかの分かれ道となります。

ファストファッションブランド

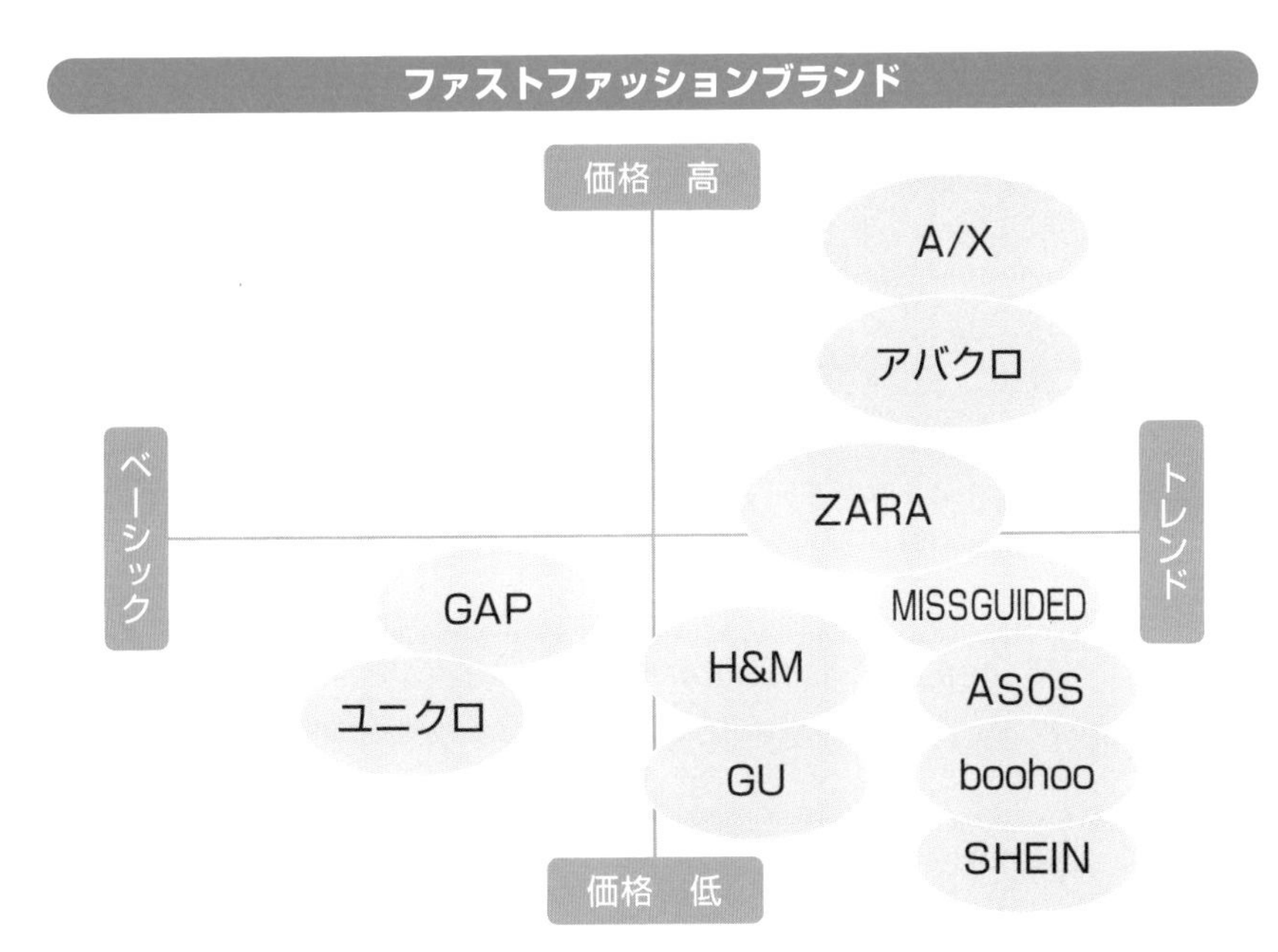

【匂い】 ファッションの世界では匂いがあるかないかが重要視されます。実際の匂いではなく、その商品や店が醸し出す全体の雰囲気のことを指します。今は消費者目線での匂いの有無がキーワードです。

13 越境ECはアパレル企業必須の戦略となるか？

越境ECが日本のアパレルを救うかもしれません。グローバルBtoC EC市場規模は拡大の一途にあります。25年には7兆3900億ドル（約1000兆円）になると推計されています。

日本の製品を海外マーケットに提供し、国境を越えてインターネットビジネスを行い、海外での売上を獲得していく商売を越境ECと呼びます。越境ECは大手企業だけのものと思われていましたが、ネット環境が整ってきたことで、日本の中小アパレル企業にとっても大事な商売の方法になり始めています。

2021年には中国のEC市場規模が2兆4886億ドルで前年比15％増、米国では8707億ドルの同13％増です。中国では25年には3兆6千億ドルを超えると言われています。日本は13兆2865億円となり0・7％増という実態です。中国は市場規模の成長が大きく、また同じアジアとして地理的にも近いため、アジアの中でももっとも越境ECとして攻めるべき国と言えます。アパレル製品の販売先としては、シンガポールや韓国、台湾、インドネシアやマレーシア、タイなども可能性があります。いずれも日本製品に対する憧れが強く、日本ブランドの付加価値をわかってもらえる国です。大事なのは、自社の商品がこれらの国の越境ECに向いている商品なのかどうかを分析し、その国の文化に適した商品を販売することです。その際に、事業者としてはできるだけ簡単な手続きで世界中に販売できるなら今すぐでも始めたいと思うでしょう。

しかし、海外消費者へのプロモーションや注文、発送、質問対応全般を事業者側で行わなければならず、その対応にかかるコストや時間が中小企業の負荷になっています。そのような時に図表にあるようなスキームは役立つでしょう。公益財団法人東京都中小企

＊**eBay**　1995年にピエール・オミダイア氏によって設立されたインターネットオークション会社。世界中で1.8億人が利用し、同サイトでの販売事業者は2500万人（個人・法人含む）と現在ではインターネットオークションの枠を超えたECプラットフォーマーとしてシェアを高めています。

業振興公社が海外市場の販路開拓を考える都内中小企業に向け展開している事業です。海外大手ECモール内に公社特設サイト「TokyoMall」を開設。越境ECへの出品体験や製品に対する消費者ニーズの収集を支援するものです。同公社の審査会に選ばれなければなりませんが、このような機会を活用するのも一手です。

今後は中小アパレルこそ世界に目を向けて真剣に商売を考える時代です。

越境ECの市場規模（日本・米国・中国）

（単位：億円）

国（消費者）	日本からの購入額	米国からの購入額	中国からの購入額	合計
日本		3,362	365	3,727
米国	12,224		8,185	20,409
中国	21,382	25,783		47,165
合計	33,606	29,145	8,550	71,301

（出典：経済産業省「令和３年度電子商取引に関する市場調査報告書」をもとに作成）

越境EC支援サービス

（出典：東京都中小企業振興公社「海外展開の実行支援」をもとにムガマエ株式会社作成）

【越境ECに向いている商品】 アメリカの「eBay」ではキャラクターなどのサブカル系ファッション、ジェルなどのコスメ系商品、子供向けのお菓子が売れ筋。一方、オーストラリアの「eBay」では折り紙などの伝統工芸品やつけまつげなどの美容品が売れ筋になるなど国によって売れ筋が変わることを知っておくといいでしょう。

14 アマゾンはアパレル市場をどう変えるか

アマゾンの日本での売上は2021年度で2兆5千億円を超えました。EC専業でありながらその存在感は増すばかりです。そのアマゾンが米国でアパレル専門店を開発しました。

アマゾンが初のアパレル専門店「アマゾンスタイル」を2022年5月に米国にオープンさせました。

アマゾンのリアル店舗は2015年の「アマゾンブックス」が1号店です。「アマゾン4スター」「アマゾンポップアップ」「アマゾンゴー」「アマゾンフレッシュ」と次々とリアル店舗を開発していきました。店舗数も一時期は100店舗前後まで増やしました。しかしアマゾンゴーがデビュー時ほどのインパクトがなくなり、店舗を閉鎖し始めました。それに合わせるかのように戦略を転換し、「アマゾンゴー」(CVS)、「アマゾンフレッシュ」(SM)、そして「アマゾンスタイル」(アパレル) の3つに集約すると発表したのです。その意味で、アマゾンにとってアパレルは重要なリアル店舗フォーマットなのだということがよりはっきりしました。同社の売上を支える主要なカテゴリーであり、今後の成長も見込める分野だということです。日本ではアパレル業界が厳しいと言われていますが、世界に目を転じるとアパレル業界はまだまだ伸びしろがある有望分野なのです。

アマゾンスタイルの1号店は米国ロサンゼルス郊外のライフスタイルセンター (Americana at Brand) です。店舗面積は3万スクエアフィートと言いますから約840坪ほどです。ただし同店は陳列されている商品はその場では購入できない**ショールーミングストア**＊です。したがって売り場づくりがそもそも一般の店とは異なります。40室の試着室の裏にあるバックヤード、ピックアップカウンター、返品カウンターが設置されているため、売り場面積として大きな店では

＊**ショールーミングストア**　商品の販売ではなく、商品の試着や実物を確認することに特化した店舗。購入はオンラインやアプリで行い、後日自宅に商品が届く形をとる形態が多い。

ありません。しかし今までのアパレルの常識を覆すような店を作ろうというアマゾンの意思を感じる売り場づくりです。

1994年にジェフ・ベゾス氏が「インターネットの可能性で世界のショッピング環境を変える」ためにシアトルで創業したオンライン書店がアマゾンの始まりです。今や同社で扱っていないものはないほど、あらゆるものを世界中に販売するプラットフォーマーとなりました。同社がアパレルのリアル店舗をきっかけに、アパレルの売り方を劇的に変えていく可能性を秘めています。しかし同時にアマゾンは失敗も多い会社です。上場以降70の事業に進出し、三分の一の事業から撤退しています。アマゾンスタイルも展開可能性が低ければすぐに撤退するかもしれません。同社には失敗してもそこから学んで、次の事業や新サービスをスタートさせるスピード感があります。日本のアパレルや小売業界もアマゾンのチャレンジ精神こそ学ぶべきだと思います。それが真のイノベーションにつながるのです。

アマゾンの撤退事業の一部

【アマゾンの撤退事業の一部】

開始年	終了年	事業名
1999	2000	アマゾン・オークションズ
2004	2008	検索エンジン「A9」
2007	2012	エンドレス・ドットコム（靴とハンドバッグの専門サイト）
2007	2014	アマゾン・ウェブペイ（P2P 送金）
2010	2016	ウェブストア（オンラインストア立ち上げ支援）
2014	2015	ファイアフォン
2014	2015	アマゾン・エレメンツ（PB のおむつ）
2014	2015	アマゾン・ウォレット
2015	2015	アマゾン・デスティネーションズ（宿泊予約）
2016	2023	アマゾン・ゴー（29 店舗中 8 店舗閉鎖　事業は継続中）

【アマゾンフレッシュ】　プライム会員向けの生鮮食品配送サービス。2007年に米国の一部地域でサービスが開始され、イギリス、日本、ドイツでも展開している。日本では2017年からサービス開始。注文から最短約2時間で配送します。

15 地球環境を本気で考えるパタゴニアの挑戦

アウトドア用品大手の米パタゴニアが注目を集めています。それは気候変動問題に本格的に取り組む姿勢を明確に表したからです。同社の地球環境を守る姿勢は本物です。

2022年にパタゴニアは衝撃的な発表をしました。それは、地球環境を守る資金を増やすため、創業家が持つ株式をすべて、新設の目的信託と非営利団体に寄付したからです。同社98%の株式を環境NPO「ホールドファスト・コレクティブ」に、残り2%と議決権を同社のミッションに永続的に取り組むことを目的に設立した信託「パタゴニア・パーパス・トラスト」に譲渡しました。株式の時価総額は2022年時点で230億ドル（約4300億円）に相当します。パタゴニアはこれにより「地球が私たちの唯一の株主になった」として、事業への再投資にまわさない資金を毎年、配当金としてこの2つの組織に分配していきます。この配当だけで毎年1億ドル（約130億円）が地球を守るための取り組みに使われていきます。創業者のシュイナード氏は「今後50年間の地球の繁栄を望むのならば、事業の成長を大きく抑えてでも、私たち全員が今手にしているリソースでできることを行う必要がある」と語っています。同社の地球環境を考える姿勢は本物です。

同社では2018年に会社の目的を、「故郷である地球を救うためにビジネスを営む」に変えています。これは同社の従業員に権限移譲をし、上司に一切判断を仰ぐことなく行動できるきっかけをもたらしているとも言います。

パタゴニアと言えば、本物の登山用具が買える店としてヘビーユーザーを引き付けています。壊れれば人の命を奪うという命を預かる道具を作っているため、常に最高の品質を目指すという考え方が根底にあり

【サステナブル経営ランキング】 サステナブル開発に従事する企業・政府機関・非営利団体・学術機関・メディアなどさまざまな分野から、87ヵ国887人の専門家に対する聞き取り調査をまとめたもの。トップ5は1位ユニリーバ33%、2位パタゴニア9%、3位インターフェイス7%、4位マークス＆スペンサー6%、5位ネスレ4%。

ます。それを衣料品にも適用させ、さらに環境と社会への責任を持つようにさまざまな活動を行ってきました。

パタゴニアでは「Worn Wear」プロジェクトという活動も始めています。これは無駄な物を買わないでできるだけ物を大切に、長く使ってほしいという同社の思いの詰まったものです。新品より古着を買ってほしいというメッセージをだし、同社の社員から集めた同社の古着を割安で店頭で販売するといったイベントを日本でも2022年に開催し話題を呼びました。

シュイナード氏は、パタゴニアが努力していけば、同社のように正しくビジネスをする会社がもっと増えると考えていたようですが、実際にはグリーンウォッシング（見せかけの環境対応）が多いことを嘆いています。これからのアパレル企業は本気で社会課題の解決に取り組む企業であるべきです。

パタゴニアの地球環境への取り組み

取り組みテーマ	内容
1. 創業家が全株式を寄付	環境保護資金を増やすために新規株式公開はせず、22年に目的信託と非営利団体に全株式を寄付。議決権を目的信託が持つ体制に移行。
2. サステナブル経営で世界第2位	加・調査会社グローブスキャンと英・サステナビリティ社が毎年実施するランキングで2位。持続可能な製品づくりが評価されている。
3. 毎年売上高の1%を環境保護団体に寄付	2018年に会社の目的を「故郷である地球を救うためにビジネスを営む」に変更し、活動を加速させている。
4.B コープ認証企業	製品には環境負荷をかけない素材を使い、商品の修理にも力を入れている。修理工房付きの車で全米を回るイベントも開催している。（日本でも開催）
5. 環境関連ベンチャーへの投資	自然保護や食糧などのスタートアップを支援。素材開発などで協業することもある。日本では酒づくりなども支援。
6. リユース事業の強化	「Worn Wear」というプロジェクトを立ち上げ、「必要ない物を買わないで」や「新品よりも古着を買って」というメッセージを伝えるイベントも開催。

【イヴォン・シュイナード】　登山家の経験をもとに1950年代後半にロッククライミング用具の製造・販売をスタート。衣料品を中心にアウトドア用品を販売してきた。取引先工場も巻き込んだ社会的責任を果たす経営を先導してきた環境経営の第一人者。

流れに逆らって泳ぎなさい

世界一の売上高を誇る企業となったアメリカの流通業、ウォルマートの創業者であるサム・ウォルトンの大切にしていた言葉に、「流れに逆らって泳ぎなさい」という言葉があります。大勢に流されずに自分の信じた道を行きなさいという意味です。

類似したものに次のような成功者の言葉もあります。

「目的地にたどり着くためには、まず今いるところを離れなければならない」

(J.Pモルガン)

これは捨てる勇気ということです。

ベンチャー企業は大きく分けると、急激に伸びつづける企業と急激に縮小する企業の2パターンがあります。伸びつづける企業のトップは、上のような思考法、経営法でたいへんな時代も乗り切っています。併せて、成功している企業経営者の頭の中には成功という感覚はありません。まわりから見て成功していると思ったとしても、彼らの中では一生、成功はないのです。これが経営を上手に進めていくために必要な考え方です。

企業経営者というのは、死に物狂いで、命がけの決断の繰り返しです。だめだと感じたらすぐにその場を離れて、新しいことに取り組まなければ生き残ってはいけないのです。ですから、うまくいったとしてもその成功事例に甘えないで、時代が変わったと思ったらすぐに捨てることが事業成功のポイントなのです。

優秀な経営者は世の中にたくさんいるのでしょうが、この15年以内に創業した経営者は、その経営スタンスがこれまでとはまったく違ってきています。今、日本は本当に新しい価値観の時代へ突入しているのです。

比較的古い産業と言われているアパレル業界においても、こうした発想を持って商売をすることが伸び続けるための大切な要素なのです。

第2章

テクノロジーが変えるアパレル

アパレル業界の歴史の中で今はもっとも変化の激しい時代と言えるでしょう。DXの流れの中で、メタバースやAI、ChatGPTなどのテクノロジーがアパレル業界をまったく新しい世界へと変え始めています。

1 デジタルファッションという巨大市場

ファッションやアパレルという業界はもっとも流行に敏感で、最新の時流を取り入れて成長してきました。世の中の急速なデジタル化の進展はアパレル業界が活性化する起爆剤となる可能性を秘めています。デジタルファッションが起こす変化について探ります。

2019年にニューヨークで行われたブロックチェーンとイーサリアムのカンファレンス「Ethereal Summit」のオークションで、デジタル上でしか着ることができないデジタルドレスが9500ドル（約130万円）という価格で、Web3セキュリティ企業のCEO、リチャード・マー氏に落札されたのが2019年です。デジタルファッションに一気に注目が集まった象徴的な出来事でした。

このデジタルドレスを作ったのがオランダ・アムステルダムのデジタルファッション企業「**The Fabricant***」です。デジタルファッションは、物質的な物、つまりリアルな生地を使用した洋服というフィジカルな物を必要としません。デジタル空間だけで完結させることができるまったく新しいファッションです。

The Fabricant社で作られるものは、「オートクチュール」ではなく「ソート・クチュール」と呼んでいるそうです。思考によって作られる特別なお仕立服という意味です。すでにリアルな物体としての洋服を超えて、イメージとして存在するという意味なのでしょう。このあたりにデジタルファッションの大いなる可能性を感じます。

同社が無料で公開しているデジタルクチュールアイテムはすでに数万回以上ダウンロードされています。利用しているのは特にミレニアル世代からZ世代。彼らはリアルなファッションにもデジタルファッ

＊**The Fabricant**　Kerry Murphyが2018年に設立した。ビジュアルエフェクトという映画の特撮では表現できない画面表現を実現する仕事を専門としていました。「Show the world that clothing does not have to be physical to exist.」（洋服が物質的である必要のないことを世界に見せる）をビジョンとしています。

ションにも同じように価値を感じて、両方ともTPOに合わせて着こなすことができます。特に彼らはデジタルファッションが好きで、メタバース上やゲームの世界の中で自らのアバターに自らが選んだファッションアイテムをデジタル・フィッティングして、デジタル空間の生活を楽しむ世代です。同時に自分のデジタルクローゼットに入れるデジタルファッションアイテムのコレクションも、リアルに洋服をクローゼットにしまうのと同じように始めています。

リアルもデジタルも同じようにファッションを楽しむことができる世代。これが当たり前になれば、アパレル市場は一気に何倍、何十倍の市場拡大にもつなげることができます。リアルな世界の洋服を物理的に作り出してきた既存のアパレル企業にとっては想像できない世界でしょう。しかし、これこそが未来のアパレル市場です。

これから訪れる10年間で私たちの生活や各産業の姿を一変させる可能性を秘めているデジタル化。その萌芽がファッションの世界からすでに動き始めているのです。

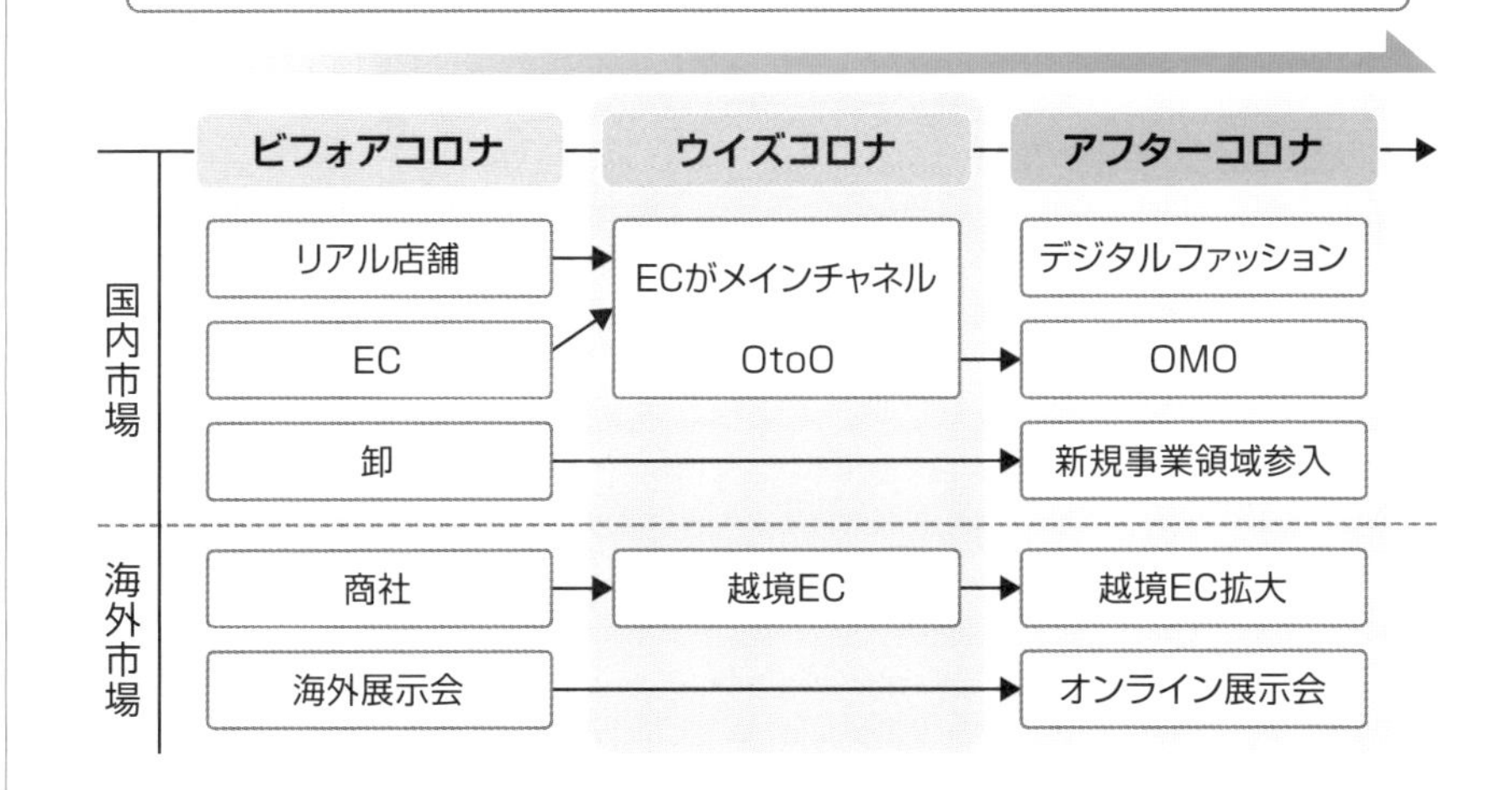

【リチャード・マー】　Web3セキュリティ関連企業Quantstamp社CEO。同氏は世界初となるデジタルクチュールドレスを9500ドルで落札し、このドレスを彼の妻へのギフトにしました。

2 Web3が変えるアパレル業界

Web3の世界では、我々一人ひとりがデジタルデータの所有者になり、使う、預ける、貸す、売ることが可能となります。所有者自身が新たな経済圏を作り出すことができるのです。

Web3という概念を最初に言い出したのは、ギャビン・ウッド氏です。暗号資産「イーサリアム」を共同開発したことで知られています。2017年にWeb3 Foundationを設立し、本格的にWeb3時代に必要な技術開発をスタートさせています。

Web3までにはWebは段階を経て進化を遂げています。それが図表のWeb1・0、Web2・0、そしてWeb3という流れです。Web3関係者はこの進化を英単語で表現しています。Web1・0はread（読む）が可能となり、Web2・0でwrite（書く）が可能になり、Web3ではown（所有）が可能になったという流れです。

1990年代、**ティム・バーナーズ=リー**＊氏が開発したのがWWW（ワールド・ワイド・ウェブ）です。この考え方をもとに企業がHPを開設し、個人でもHPを作るようになったことでWebの世界がスタートしました。Web利用者があらゆる情報に触れられるようになった=読めるようになったという革命を起こしたのがWeb1・0です。

2000年代に入ると、ブログやSNSなどによって情報を世界に発信できるようになりました。企業だけでなく個人が世界に向けて情報発信できるようになった=書けるようになったのがWeb2・0です。Web2・0はティム・オライリー氏が提唱したものです。結果的には個人の情報発信力は世界的に強まり、個人が世界を動かす原動力になり始めました。一方でさまざまな政治的な活動にも使われるようになりました。

＊**ティム・バーナーズ=リー**　イギリスの計算機科学者。欧州原子核研究機構（CERN）在籍中、ロバート・カイリューとともにWorld Wide Web（WWW）を考案。ハイパーテキストシステムを実装・開発しました。URL、HTTP、HTML の最初の設計はティム氏によるものです。

そして２０２１年ごろからウッド氏の言うデジタルオーナーシップ＝所有が可能となり、データやネット上の権利を所有して、より自由に、何にも制約されずにさまざまな人や企業、組織とつながりを持てる時代に突入し始めたのです。これがＷｅｂ３の世界。

Ｗｅｂ３とは一人ひとりがクリエイターでありデザイナーでありメーカーであり小売店であり銀行のような存在になれるということです。自由にコンテンツを作り、世界中に広げることも可能です。

アート、音楽、映像、ゲーム、小説、写真、そしてファッション、アパレル。洋服も靴もバッグもアクセサリーもコスメも。あらゆる物がデジタル上のコンテンツとなり、それ自体に価値を持たせることができ、それを他の人とやり取りできるのです。

Ｗｅｂ３はまさにコンテンツ革命であり、これがアパレル業界にもたらすメリットは非常に大きいのではないかと考えられます。Ｗｅｂ３という概念がこれからのアパレル業界をより自由にし、本来持っているアパレルやファッションのクリエイティブな可能性をより広げてくれるきっかけとなるでしょう。

Web3 が変えるアパレル業界

Web1.0	Web2.0	Web3
・1990～2000年代半ばごろ	・2000年代半ば～2020年ごろ	・2021年頃から
・read（読む）	・write（書く）	・own（所有する）
・電子メール	・ブログ、SNS	・NFT、メタバース（ブロックチェーン）
ヤフー、ネットスケープ	メタ、アマゾン、グーグル、ツイッター（現X）	オープンシー ダッパーラボ ブロック
一部の配信者	一部のプラットフォーマー	参加者全員が分担してデータ保持保管
情報は一方通行	情報は双方向	情報は参加者間にて共同所有

【デジタルオーナーシップ】　身の回りのものに対して自分の物であると主張できるように、ネット上にあるさまざまなデータに対して自身の所有権を設定することが可能になったという意味。

3 アパレルブランドのNFT活用

Web3の世界ではNFTが重要な役割を果たすことになります。誰でも発行し自由に売買が可能な、世界に一つしかないデジタルデータであるNFTを活用するファッションブランドも増えてきました。

NFTはゲームでさまざまなアイテムを使う際に導入されたことがきっかけとなって認知されました。その後、自分の作品を自分の意思で流通させることが容易であり、かつ価値をつけることができるという点でアーティストや写真家などが利用するようになり人気がでました。

そのきっかけとなったのは2020年に登場した「NBA Top Shot」というデジタルトレーディングカードです。バスケットNBAのスタープレイヤーの試合の様子をおさめたショート動画をNFT化したことでその売買に人が殺到しました。中でも2020年にヒューストン・ロケッツとロサンゼルス・レイカーズの試合でのレイカーズのレブロン・ジェームズの神業的なダンクシュートシーンを切り取ったカードは約38万7000ドル（約5200万円）で取引されました。NBA Top Shotの累計売り上げは総額で10億ドル（1350億円）以上と言われており、NFTの可能性を感じさせる規模に成長しています。

アートの世界では米国人グラフィックデザイナーでNFTでもっとも成功していると言われているBeeple氏の「Everydays：The First 5000 Days」という作品があります。2021年にイギリスの老舗オークション会社のクリスティーズに出品され、およそ6900万ドル（93億円）で落札され、もっとも有名なデジタルアート作品となりました。

ファッションの世界では前述した19年のThe Fabricantのデジタルドレスに始まり、さまざまなブ

ワンポイントコラム

【ダッパーラボ】　NFTゲームの先駆けとなったクリプトキティーズを作ったカナダの企業。「NBA Top Shot」の基盤として知られるブロックチェーン「Flow」を開発・展開しています。23年には7億2500万ドル（約950億円）規模のファンドを立ち上げて注目されています。

ランドがNFTの発行を始めています。

筆者はニューヨーク発ブランド「コーチ」を展開する米・タペストリー社のジョアン・クレヴォイセラCEOから興味深い話を聞くことができました。それは、コーチで始めたNFTの発行についてです。2021年12月に第一弾を発行し、2022年6月に第二弾のNFTを発行しています。86年に発売したバッグ「Madison Satchel」をもとにしたNFTです。「Coach Insider」というコーチの会員制度に登録していて、同社のECサイトにユーザー登録している人だけが購入できるというものです。

コーチは自社の会員組織という顔の見える顧客に対してNFTを発行し、既存の重要顧客を優遇すると共に、NFTを新規顧客開拓の入り口にしたのです。同社のような取り組みは図表のようにラグジュアリーブランド各社でも広がり始めています。

アパレルブランドのＮＦＴ活用

年度	事象	代表的事例
2019年5月	世界初のNFTファッションアイテムの創出	THE FABRICANT（オランダ）がブロックチェーンで作成したデジタルクチュールを9500ドルで落札
2020年	北欧中心にデジタルファッションが拡大し始める	Tribute（クロアチア） CARLINGS（ノルウェー）がデジタル限定の3Dコレクション発売
2021年2月	NFTファッションブランドRTFKT（米）によるSNS向けNFT商品販売	スナップチャットで試着できるデジタルシューズをデザインし、7分間で600点の商品を完売
2021年6月	グッチによるNFT商品販売	4分間のビデオクリップ販売 オークションで25,000ドルで販売
	バーバリーがNFTゲームファッションに進出	ブロックチェーンゲームBlancos Black Partyに限定ラインを販売すると発表
2021年9月	ドルチェ＆ガッバーナNFTコレクション販売開始発表	
2021年10月	パリコレでANREALAGEのNFTコレクション販売	11作品が5,000万円で落札

（出典：経済産業省「これからのファッションを考える研究会」2021.11.26資料をもとに作成）

【NFT】　Non-Fungible Token（ノンファンジブル・トークン）」の頭文字を取ったもの。「非代替性トークン」と訳されることが多い。希少なトレーディングカードや有名人のサイン入りグッズなどはNFTとなりやすい。一方で「仮想通貨」のようなお金、市販品などは替えがきくという意味で代替性トークン（FT）と訳されます。

4 アパレルとメタバース

近い将来、服を着るとは、物理的にシャツやパンツに着替えて外出することだけではなくなります。オンライン上の別の人間や動物、何らかの物体となるアバターを選び、そのファッションを決めることが服を着るということになるかもしれません。

メタバースとは「インターネット上に構築された三次元の仮想空間」を意味します。「超越」を意味するメタと「世界」を意味するユニバースが組み合わさって作られた造語です。92年に米国で出版されたSF小説「スノウ・クラッシュ」で初めて紹介された概念です。

ファッションの国イタリアでは、メタバースの活用に積極的で、ファッション分野をこのテクノロジーで活性化させようとしています。

ラグジュアリーブランドでもっとも力を入れているのはグッチです。2022年にはスーパープラスチックと協業して「スーパーグッチ」を発表し、限定NFTを販売しました。その後、**ロブロックス**＊内に永続的な常設空間「グッチタウン」を開設しています。ここではデジタルアイテムを品揃えしてアバター用に購入できたり、バーチャルショップやカフェに立ち寄ったりと、まさにグッチのバーチャルの世界観を堪能できます。

メタバースでのアパレルブランドの展開は始まったばかりです。現実と非現実の体験と体感が混じり合いながら、アパレル業界を想像できないようなおもしろい世界に変えていくように感じます。非現実も現実であると思えるような世界になった時に何をするか。今からアイデアを練っていく必要がありそうです。

＊**ロブロックス**　Roblox は2004年にデイビット・バシュッキ氏とエリック・カッセル氏によって設立され、06年にリリースされました。10年代後半に人気に火がつき、20年7月には月間アクティブユーザーが1億5000万人を突破。オリジナルゲームを作るユーザーは200万人以上です。

アパレルとメタバース

ブランド	テクノロジー	内容
ビームス（日）	メタバース、VR	世界最大のVRイベント「バーチャルマーケット」に4度出展。実店舗への送客も実現。
アンリアレイジ（日）	メタバース、VR、NFT	2022年3月にVRプラットフォーム「ディセントラランド」で開催された「メタバースファッションウィーク」に日本のファッションブランドとして唯一参加。22年春夏のパリコレで映画「竜とそばかすの姫」とのコラボ作品をリアルとバーチャルの洋服で発表、販売したNFT作品11点が総額5000万円で落札された。
ルイ・ヴィトン（仏）	メタバース、VR、NFT	創業者の誕生200年を記念して、ブランド・モノグラムから生まれたマスコット、ヴィヴィアンがバーチャルな世界を駆け巡り、収集可能なNFTキャンドルを求めて世界中の活気あるロケーションを旅するVRゲームをリリース。
バレンシアガ（仏）	メタバース、アバター	Epic Gamesと提携し、ハイセンスなフォートナイトのアバター用スキンを作成。4つのスキン、つるはしやBalenciaga blingバックパックなどのバレンシアガをテーマにしたアクセサリーも作成。
ポロ・ラルフ・ローレン（米）	メタバース、アバター、NFT	ラルフローレンはユーザー数2億人を誇るSNSのZEPETO上で購入可能なバーチャルウェアの販売を開始。ZEPETOとはユーザーが自身の3Dアバターを作成し他のユーザーと交流するアプリで、ラルフローレンはアプリ内に50種類のファッションアイテムを用意。ZEMと呼ばれるアプリ内通貨で購入可能。

【スノウ・クラッシュ】 アメリカのSF作家・ニール・スティーヴンスン氏が92年に発表したSF小説。仮想の三次元空間を意味する「メタバース」、「アバター」という概念を作ったことで知られています。

5 デジタルファッション市場の課題

現在のデジタルファッション市場は始まったばかりです。市場ができるのはこれからですが、これまでのリアルな世界とはいろいろと違いがあり課題もありそうです。

世界のラグジュアリーブランドが続々と参入しているデジタルファッション市場ですが、中小企業や無名の企業がこの市場に参入することは可能なのでしょうか。

国内のアパレル企業やデジタルファッション事業に参入しようと考えている企業が展開するパターンは次の3つのパターンに集約されます。

■**パターン1**：PtoD（フィジカルからデジタルへ）
■**パターン2**：DtoD（デジタルで完結）
■**パターン3**：DMP（デジタルとフィジカルの連動、一体化）

現時点ではもともとアパレル関係のモノづくりをしていて、ブランドを立ち上げてリアルな店舗展開をしている企業が、デジタル企業の力を借りてデジタルファッションに参入するというパターン1がほとんどです。ラグジュアリーブランドの参入はこのパターンです。デジタルファッションはロスや在庫という概念もないため、非常にサステナブルである点は見逃せません。これによって従来のフィジカルに作る洋服の売り上げにデジタルの売り上げが加われば確実に業績を向上させられます。企業としても効率的な事業運営となります。PtoDの流れは中小ブランドにも広がっていくでしょう。

パターン2は、そもそもフィジカルには洋服を作らないことを意味します。デジタルデザインを手掛けるデザイナーがデジタルファッションだけをひたすらデザインし、それを販売していくというものです。このような仕事を専業にしているバーチャルファッション

【VRoidプロジェクト】 自分の3Dキャラクターを持ち、キャラクターを使った作品作りやVR/AR空間でのコミュニケーションを楽しめる環境を届けることを目的としたpixvのプロジェクトの総称。VRoid WEARはその中のアバターウェアの可能性を探るプロジェクト名。

クリエーターという専門職があります。アバターのファッションデザイナーです。デジタルだけで完結するため異業種などでも参入しやすいパターンであると言えます。

パターン3はDigital Merges with Physicalでデジタルとフィジカルの融合という筆者の造語です。

デジタルで人気がでたファッションをリアルの世界でも身につけたいと考える人がでてくればこのようなパターンもあり得ます。「Chloma」という日本のブランドはフィジカルなリアルの洋服をデザインしていました。2019年にアバターが「着る」ためのデジタルファッションを「VRoid WEAR × chloma」のコラボレーションから作るようになりました。ここからデジタルとフィジカルの融合が始まり、今ではデジタルで人気となりフィジカルが売れるという流れもでてきているようです。まさにリアルとバーチャルで同じ服を着ることができる新しいブランドを作り上げています。

デジタルファッションが広がりを持つにはデジタル人材の採用と育成が必須です。

バーチャルファッションクリエイター例

【バーチャルファッションクリエイター例】

クリエイター名	ブランド名	内容
渡辺明穂	vear cloth	リアルクローズアイテムに強いバーチャルアパレルブランド「vear clothes」のオーナー。普段使いできるものからよそいきの洋服まで様々なスタイルに合わせたアイテムを制作している。
ミレア	アトリエミレア	クラシックなアイテムやロリータ系アイテムを多く手がけている。主にVRoid向けウェアの制作を行っており自身のデザインしたバーチャルアイテムのリアル化も行っている。
ふじさきあくた	Dust en	メンズウェア専門店「Dust en」のオーナー。主にVRoid向けのカジュアルなリアルクローズウェアを制作している。
佐久本	kowareul	VRoid向けブランド「kowareul」のオーナー。性別・年齢・現実・仮想関係なく、“自分の好きな装いで生きていたい”をコンセプトに制作。
コロップ	Hajurako Records	VRoid向け「Hajurako Records」のオーナー。手描きで描くことの質感にこだわったアイテムを制作。

【Chloma】　2011年に、画面の中の世界とリアルの世界を境なく歩く現代人のための環境と衣服を提案するブランドとして設立。鈴木淳哉氏と佐久間麗子氏によるファッションブランドレーベル。定期的なコレクション発表のほか、コラボレーションプロジェクトにも積極的に取り組む。

6 素人でもデザイナーになれる時代

今はアパレルの物づくりもデジタル化の進展によって少量でも生産できる生産背景が整いつつあります。結果的に素人でも洋服を作り販売できるようになってきました。

D2Cという業態がアパレル業界で目立つようになってきたのは2017年ごろです。筆者は当時、業績を拡大していたメンズアパレルのD2Cブランド「BONOBOS*」やメガネのD2Cブランド「Warby Parker」などがサンフランシスコ市内にリアル店舗を出店し始めていたため、各企業や店舗を視察して回っていました。D2Cブランドがアパレル業界で生き抜いていくための一つの生き残り手段になると考えていたからです。

従来の販売方式では、事業者が企画した商品企画内容を企画・縫製仕様書としてまとめ、自社工場やOEM先で生産した後、小売店への卸や直営店で販売し売り上げを作るのが一般的でした。それがインターネットの普及により小規模事業者や、異業種、個人、素人でも商品を作り、直接消費者に販売までできるようになったのです。D2C企業の登場は流通構造を根本から変えていくきっかけになりそうだと感じました。

しかし現実にD2C化には課題がありました。アパレル業界長年の課題である「少ロット・短納期でモノづくりができる体制」です。この生産背景を持たない限りD2Cは成立しないのです。

日本ではこの仕組みをサービスとして提供する会社が生まれました。「シタテル」(熊本)という会社です。「テクノロジーを活用し衣服・ライフスタイル業界の長年の産業課題を解決したい」という思いのもとに作られた会社です。同社では製版一体型のプラットフォームを開発。「シタテルマーケット」というサービ

＊BONOBOS　2007年にスタンフォード大学でクラスメートだったアンディ・ダンとブライアン・スパイリーによって創業。デジタルネイティブに向けたD2Cブランドとして注目され2017年にウォルマートが買収、同社傘下で販路は拡大したが売上は伸びず、2023年にWHPグローバルとエクスプレス社に売却されました。

スを活用すれば誰でも仕入れができ、1枚からでも洋服を作りネットで販売することもできます。これによってカフェやレストラン、ホテルや教育機関など、幅広い業種の制服づくりを受注しています。これまでは制服は制服メーカーが作るカタログ製品の仕入れがメインで、オリジナルの物を作るにはロットの問題からコストが合わず、独自のデザインにすることが難しかったのです。それを同社は変革しました。まさに素人でも、異業種でもアパレルデザイナーになることを可能にしています。デジタル化の進展はアパレル業界の課題を一気に変えていく可能性を持っているのです。

素人でもデザイナーになれる時代

事業規模
大
大手アパレル
EC化低い
大手アパレル
EC化高い
新興
D2C企業
D2C
ブランド確立
アパレル
SPA
専門店
D2C化
自社でやるか他社
と組むかを選択し、
D2C化に向けて
舵を切る
D2C対応力
低
D2C対応力
高
卸
ファクトリー
ブランド
産地
小規模
メーカー
個人
素人
異業種
小
事業規模

【D2C】 D2Cとは「Direct to Consumer」の略で事業者や企業が企画立案、生産した商品を消費者に直接販売するという生産者と消費者直結型のビジネス。主にアパレル業界やファッション業界で用いられているが、食品や住関連商品のD2C企業も登場しています。

7 アパレルECビジネス成長の鍵

今やアパレル企業にとってECは最重要販売チャネルとなっています。ただし、以前のようにECと店舗は別ではなく、この2つは切っても切れない関係になり始めています。

前述のようにD2Cが仕組みとして整備されつつある今、アパレル企業で働く人の価値を再定義すべきであるという流れが強まっています。それを表現したのがE2Cという考え方です。

今の消費者は「できるだけ信頼できる人から購入したい」と考えています。特にECのように何億というアパレル商品が並ぶ中で、自分にぴったり合った商品を選択するのが難しいからです。つまりアパレルブランドの店舗スタッフと来店客の関係性をEC上でも構築していくことこそが、アパレルECビジネス成長の鍵なのです。

「店舗スタッフがECサイトという店舗に立って、店と同じように接客できるようにしたらいいのではないか」。バニッシュ・スタンダード（東京）の小野里寧晃CEOは考えました。店舗スタッフ起点のOMOを実現することこそがアパレル業界の課題解決につながり、また、スタッフの年収を上げることにつながると考えたのです。

図表のように店舗と会社は考え方にズレがあります。店舗スタッフが感じている不安に企業が応えられておらず、むしろ真逆の対策に終始していたのです。そこで店舗スタッフが正式にEC販売の時間をとり、そこで販売もし、それが店の売り上げにつながり、自身の評価にもつながるようなサービス、「STAFF START（スタッフスタート）」を開発しました。結果的にこのサービスは2100ブランド、18万人のスタッフに利用され、年間で1529億円の売り上げを作り出しています（2023年5月時点）。結果、導入

【店舗スタッフの評価】　従来、店舗スタッフはECに送客したりオンライン接客をしてもそこでの売り上げはEC部門の売り上げとなり、店舗や自身の評価にはつながらないことが多かった。結果的に店とECは別物となり、ECも店舗も売り上げが伸び悩んでいた。

店では店頭での指名購入や指名来店も増えています。あらためて店舗スタッフの価値が会社にも伝わり、消費者にとって信頼できる人であると証明したのです。

アパレル製品の購入はリアルだけだった世界から、オンラインも含めた購入が当たり前となっています。オンラインが進めば店はいらなくなるのでは？　とも言われていましたが、実際にはリアルの店舗の価値、そこで働くスタッフの重要性が再評価されています。

お客様にどのようにして寄り添うことができるのかが今問われています。そのためにはリアルやオンラインを活用してお客様と接触することが必要です。

アパレルネット通販ビジネス成長の鍵

【店舗スタッフと本部の考えていることの違い】

項目	店舗スタッフの考えていること	本部の考えていること
①客数	店舗来店客減にどう対応するか	EC 強化が生き残り策
②人員数	店舗のスタッフ頭数が少ない	スタッフはまだ余力があるのでは？
③給与・待遇	給与がなかなか上がらない	売り上げ上がらないなら給料は上げられない
④店舗売り上げ	店舗売り上げが EC に獲られる	売れないなら店舗閉店もある

店舗売上の100倍売れるスタッフも誕生

1スタッフの最高売上

店頭の約**100倍**※の個人売上実績

※当社調べ

1投稿の最高売上

1投稿＝1接客で8,000万円の実績

1投稿▶ **80,787,371**円

1億3千万円

10億3千万円

年間500万円以上を売り上げるスタッフの人数 … **731**名

年間1,000万円以上を売り上げるスタッフの人数 … **235**名

（出典：バニッシュ・スタンダード「スタッフ DX サービス」資料より抜粋）

【E2C】 Employee to Consumerの略。ブランド力のある店の信頼できるスタッフから商品を購入したいという消費者の欲求変化を表した言葉であり、店や店頭スタッフの存在意義を再定義する意味も持つ。

8 ChatGPTの登場でアパレル業界は変わるか

2023年に入って毎日のように話題にのぼるChatGPT。革命的なテクノロジーであるため、その扱いも各国マチマチですが、いずれさまざまな分野で活用が進むことになるでしょう。

オープンAIの開発したChatGPTは2022年11月にプロトタイプが公開され、幅広い分野の質問に詳細な回答を生成できることから一気に注目を集める存在となりました。人類を脅かす存在になるのでは?という恐怖から、その導入、開発に躊躇する国や企業がある一方で、画期的なテクノロジーを有効活用しようという動きも続々と現れています。

アパレル業界ではドイツのファッションECモール「**Zalando***」がECサイトのバーチャルアシスタントにChatGPTを導入しました。同社のECサイトとECモバイルアプリの両方に対応しています。ECサイトでは検索キーワードや購買履歴によるレコメンドがこれまでは主流でした。今後はChatGPTアシスタントによって「会話型の提案」に内容が変わります。旅行やパーティーなどのイベントやその日の気分によって質問を投げかけることでバーチャルアシスタントが大量の商品群から見合うものを選び出し、レコメンドするようになります。

まだChatGPTの活用は始まったばかりです。接客だけでなく、アパレルの商品企画や効率的な生産管理や在庫管理、物流の仕組みづくりなどアパレルのさまざまな現場での活用が期待されます。

ChatGPTをどのように使いこなしていくか。それを人がきちんと考えていくことが必要です。

*** Zalando**　ドイツに本社を置くファッションECサイト運営企業。2008年創業でドイツ、オーストリア、スイス、フランスなどヨーロッパ25か国でのアパレルのオンライン販売を行っている。ZOZOと比較されることが多い。

ChatGPTの登場でアパレル業界はどう変わるか

企業名	生成AI名	特徴
オープンAI	ChatGPT	生成AIスタートアップ企業OpenAIが開発した大規模言語モデルが「ChatGPT」。2016年からOpenAIのパートナーとなっているMicrosoftは2019年に関係を強め、OpenAIに数十億ドルを投資。
グーグル	Bard	2015年から開発している「language model for dialogue applications（対話アプリケーションの言語モデル）、LaMDA（ラムダ）」と呼ぶAIシステムを活用して開発。
アマゾン	※対話型AIの開発はしないとしている（23.5現在）	テキスト作成用つウェブ検索の最適化などに役立てる生成AIを開発。「タイタン」と呼ばれる同社の大規模言語モデルは、コンテンツの要約やブログの下書き、自由な質疑応答などに対応。
アップル	Apple GPT	大規模言語モデル開発に向けて独自のフレームワーク「Ajax（エイジャックス）」を構築しAIチャットボットの試験を実施。
Stability AI	Stable Diffusion	2022年にStability AIが公開した画像生成系AIです。ユーザーによって入力されたテキストを参考に画像を生成することが可能。
デジタルレシピ	Catchy	AIライティングアシスタントツール。100種類の生成ツールが用意されており、新規事業のアイデアや広告用のキャッチコピー、記事コンテンツ作成用の文章など、多種多様な文章を生成する。

【ChatGPT】 Chat Generative Pre-trained Transformerの略。米OpenAIが2022年11月に公開した人工知能チャットボットの名前。Generative Pre-trained Transformerからとった「生成系AI」が一般呼称として使われています。

SCMの現状と問題点

9

SCMによる経営の効率化が本格化してきました。SCMによって流通のムダがなくなり、効率的な事業運営が可能になります。しかし、企業最適だけを考えたSCMには未来がありません。

アパレル業界のSCMが進展してきたのは不況のお陰です。モノがあり余っても何とかなった時代には、いくら商品があっても処理できたためSCMのような概念はそれほど必要とはされませんでした。しかし、モノ余り時代になりバブル期のように店頭に商品を入れても余る、あるいは効率だけを優先して商品を絞ると足りなくなるというアンバランスな状況が続いてきたのです。最近ではメーカーは完全に生産調整に入っていますので、欠品が常態化している売場もあります。再び不況感が日本全体を覆う中で、ファッション関係の商材が売りにくい世の中になり始めています。今こそ売れる時に売れる商品を品揃えする体制が必要です。そのためには店頭の動きを生産者側、納入者側、デリバリー側に確実に伝え、店頭を常にお客様にとって最高の状態にしなければならないのです。こうした中でSCMへの取り組みを開始する企業が増えてきました。

SCMは基本的にはその流通過程で生じるロスを極力排除して、効率的な経営を作り上げていくことがポイントです。しかしそれは本質ではありません。本質は、お客様の6適を実現するための仕組みの構築にあるのです。小売業を主体に考えますと、お客様にとって満足度の高い店頭を実現することが必要です。

アマゾンやヨドバシカメラではSCMを本格的に進め始め大きな成果に結びついています。先行しているSPA企業以上に取扱商品の多いアマゾンのSCM戦略は大きな利益と圧倒的な顧客支持を得るための有効戦略なのです。

【ロジスティクス面からの効率化】 大手物流会社ではロジスティクスの効率化を本格的に進めています。SCMをゴールとしながら製造、卸、納品代行、小売業者間を結ぶEDIを整備し、効率化を推進する動きが広がっています。

SCMとは何か

商品をお客様にお届けするまでの流通をできるだけ効率化し、一連の流れの中で必要な情報や仕組みを共有化し、お客様の最大満足を実現するための手法。つまり6適を実現する仕組みこそがSCMなのです。

小売業が主導するSCMイメージ

お客様

情報　小売業　情報

メーカー	卸売業	物流業
適正在庫の確保と適切なタイミングでの商品投入により、チャンスロスを防ぐ	需要に見合った商品確保を可能にし、できる限りタイムリーな商品投入を可能にする	ロスのないデリバリーで小売店頭での欠品を極力防ぐ

タテ・ヨコの情報共有

【6適】 お客様の満足度はこの6つの適を満たすことにあります。「適時・適品・適価・適量・適サービス・適提案」。メーカーも小売業も、お客様の6適を満たすようにあらゆる仕組みを考えることがすべてなのです。

10 AIを活用して需給ギャップをなくす

アパレル業界が抱える最大の課題の一つが「在庫問題」です。大量の在庫を抱えて処分しきれず焼却処分にまわる商品が大量にあります。これは需給ギャップが原因です。これをAI活用でなくせるかという話です。

80年代の日本はDCブランドブーム。大量の商品が世の中に流通しました。90年代に入ると世界的な不況で、アパレルメーカー各社は生産を中国に移し、低人件費で低価格の衣料品を作るのに躍起になりました。同時に全国にはSCが多数開発され、アパレル各社は店舗を増やしていきました。結果的にその店頭を埋めて、色・サイズ切れが起きない店頭在庫を積み、売れたら即追加可能な倉庫在庫も持ったことで、さらにアパレルの在庫は積みあがりました。また、商品は見込み発注で工場に依頼をかけねばならないため、予想以上の受注が入って欠品を恐れるあまり、さらに大量の発注を繰り返すこととなりました。こうして積みあがった在庫はプロパーで売れず、値引きして価値を落としていくという悪循環を繰り返し、企業のブランド価値だけでなく財務体質も悪くしていきました。2010年から2020年にかけて大手アパレルの不振が伝えられた主原因はここにあったのです。

2019年には供給量28億4600万点のうち、半数以上の14億7300万点が在庫として売れ残っているという指摘もあります。アパレル業界にとって需給ギャップをなくして、過剰生産に歯止めをかけることはすべての企業が最優先で取り組むべきテーマです。

これに真正面から取り組もうと動いているのが株式会社**アダストリア**＊です。ECを活用した先行予約受注や発注前の現場スタッフによる評価を導入する

＊**アダストリア**　1953年に茨城県水戸市に紳士服小売業として福田屋洋服店を開業。その後、ポイントに商号を変え2015年にアダストリアに変更。日本を代表するSPA企業の一社です。

ことで、発注精度の向上を実現しようと動いています。また、売り上げや粗利の状況に応じて在庫調整をするOTBを徹底し、追加発注や仕入金額の抑制につなげようとしています。

また、アドアーリンクという会社を立ち上げ、サーキュラーエコノミーに対して本格的な取り組みを開始しています。一つは「OOU（オー・ゼロ・ユー）」というサステナブルな素材と製造技術のD2Cブランドを立ち上げました。他にも残在庫を活用したアップサイクル事業「フロムストック」や、子供服のレンタル事業、サーキュラー事業を象徴するリペアやリメイクの体験型店舗開発も進めています。

こうした取り組みによって、残在庫ゼロを実現して、焼却処分をゼロにし、ファッションロスを企業としてなくそうとしています。

アパレル業界にとってここからが正念場です。地球環境にとっても負荷がかかり、企業にとってもマイナスしかない需給ギャップを、デジタルの力を借りてなくしていくこと。デジタルの恩恵をもっとも受けることができるテーマだと思います。

衣料品在庫の焼却処分ゼロを決定し、適時・適価・適量生産に向けた取り組みを推進

アダストリアの仕入・販売サイクル(年商約2000億円)

初年度	2年目	3年目(最終処分)
仕入高800億円 ➡約40億円の焼却	残40億円 ➡約10億円	残10億円 ➡0に向けて
●適時・適価・適量を方針に徹底した在庫コントロール ●徹底したOTB計画 ●商習慣の改革	●アウトレット店舗や公式WEBストアでの再販売	●アップサイクルやレンタル事業での活用 ●再資源化、新興国での再販によるリユースとリサイクル

❸ 徹底したOTB計画
残在庫見込みから逆算する仕入計画

❹ 発注精度の向上
・ECでの先行予約受注データを活用
・発注前に現場スタッフによる評価
・追加発注および仕入抑制の迅速判断

❶ アップサイクル事業
「FROMSTOCK」

❷ 子供服のレンタル事業
クラウド上のワードローブ

(出典：経済産業省「これからのファッションを考える研究会」2021.11.21 アダストリア社資料をもとに作成)

【OTB】　Open to Buy（オープンツーバイ）　チェーンストアで昔からとられているMD手法。月間の「仕入れ上限額（仕入額や仕入れ数量・枚数）」を設定し、在庫高が適正在庫以上に増えすぎないようにコントロールする在庫管理手法。

MEMO

第3章

アパレル業界の現状

１つの服が顧客の手に渡るまでには、実に様々なプロセスを経るのです。１本の糸が紡がれ、それが１枚の洋服となって店頭に並ぶまでの過程には、考えられないほどのメンバーが関わっていきます。新しい業態の出現が、こうした当たり前のプロセスを変え始めています。

アパレル業界の市場規模（製造・卸市場） 1

アパレル業界は比較的大きな市場であると言われています。ではその市場の大きさとは一体どのくらいなのでしょうか。アパレル市場の中でどのマーケットが大きいのか、また成長している市場、縮小市場を整理し、現在のアパレルマーケットを客観的に捉えていきます。

日本の繊維産業市場規模は、2007年度時点で川上から川下まで、寝具などの繊維製品まで含めると約37兆円ほどあったものが08年度で約33兆円、15年度に32兆800億円でしたが、21年度には26兆8773億円と大きく減少しています。

その中で私達の目に触れる衣料品を作り、販売している企業で作られる市場規模（製造市場・卸市場・小売市場の合計）は約22兆円ほどです。コロナの影響があるとは言え、市場は大きく縮小しています。

アパレル製造業は2010年に1兆2千億円あった市場が2015年に7585億円、2021年には5千億円を割り込みました。部門別ではアウター（ジャケットやコートなどの重衣料）、布帛・シャツ製造業の落ち込みが大きく、**ニット**＊（セーターなど）製造業も落ち込んでおり日本のアパレル製造業の地盤沈下が顕著です。婦人子供服製造業とニット製品製造業（紳士・婦人含む）がアパレルの代表的な製造業ですが、この両方が半分程度にまで落ち込んでいるのが大きな原因です。

アパレル卸市場は8兆1千億円あった市場が2021年には7兆円と1兆円縮小しました。以前は業種別に傾向が違っていたのですが今はその他身の回り品以外の主要なアパレル卸業はすべて縮小しています。

日本のアパレル製造・卸事業者は明確な経営改革が必要です。

＊**ニット**　編物のことです。編糸をループ状につなげて布を作るものの総称がニットです。その際の目の配列方法によって「緯（ヨコ）編」、「経（タテ）編」と分かれます。ヨコ編はセーター、靴下など。タテ編はランジェリーやカット＆ソーのように丸編機を使って編まれたニット地の「ジャージー」などがあります。

アパレル製造・卸市場規模

【アパレル製造市場】

（単位：億円）

部門名	商品群	市場規模			
		2015	2021	構成比	伸び率
アウター製造業	紳士服製造業	780	418	8.4%	53.6%
	婦人・子供服製造業	1,220	568	11.4%	46.6%
	作業服・スポーツ製造業	1,200	1,259	25.4%	104.9%
	学校服製造業	560	346	7.0%	61.8%
	小計	3,760	2,591	52.2%	68.9%
布帛シャツ・下着製造業	シャツ製造業	220	100	2.0%	45.5%
	下着製造業	130	73	1.5%	56.2%
	小計	350	173	3.5%	49.4%
ニット製品製造業	靴下製造業	820	480	9.7%	58.5%
	手袋製造業	200	184	3.7%	92.0%
	ニット製品製造業	1,400	818	16.5%	58.4%
	小計	2,420	1,482	29.8%	61.2%
身の回り品製造業	和装製品製造業	370	316	6.4%	85.4%
	ネクタイ製造業	35	17	0.3%	48.6%
	スカーフ・マフラー・ハンカチ製造業	105	49	1.0%	46.7%
	帽子製造業	221	148	3.0%	67.0%
	毛皮製衣服製造業	4	1	0.0%	25.0%
	その他	320	188	3.8%	58.8%
	小計	1,055	719	14.5%	68.2%
製造市場合計		7,585	4,965	100.0%	65.5%

（出典：各種統計データをもとにムガマエ株式会社作成）

【アパレル卸市場】

（単位：億円）

部門名	市場規模			
	2015	2021	構成比	伸び率
紳士服卸売業	12,400	9,926	14.0%	80.0%
婦人・子供服卸売業	41,800	34,097	48.2%	81.6%
下着類卸売業	6,900	5,981	8.4%	86.7%
その他身の回り品	20,500	20,788	29.4%	101.4%
卸売市場合計	81,600	70,792	100.0%	86.8%

（出典：各種統計データをもとにムガマエ株式会社作成）

【繊維産業市場】　日本の繊維産業市場は次のプレイヤーで構成されています。①繊維原料関連市場約1兆7500億円）、②繊維加工関連市場8300億円）、③生地・資材加工関連市場（2兆2000億円）、④製造・卸関連市場（7兆5000億円）、⑤小売関連市場（約10兆円）。文中では小売市場の中で衣料品関連の市場規模を算出しています。

2 アパレル業界の市場規模（小売市場）

次にアパレル市場を支える大きな市場である、アパレル小売市場について見てみます。アパレル製品を取り扱う小売市場にはさまざまなプレイヤーが存在します。それぞれの立場でアパレル製品を最終消費者に届けていますが、業態ごとの変化が激しくなっています。

日本のアパレル小売市場は2006年度で11兆5千億円の市場規模がありました。15年度も10兆5000億円はあったのですが21年度には8兆7千億円にまで縮小しました。特に紳士・婦人の主要二部門が8掛けで推移していることが大きな市場縮小要因です。また、常に三番手の大きさだった子供服市場がスポーツ市場に抜かれました。これは子供服の縮小もありますが、スポーツ市場の勢いがこの数年続いていることに起因しています。スポーツアパレル市場は今後も有望な市場と言えます。

部門別ではやはり婦人服市場が全体の半分以上のシェアを占めており、その構成はますます高まっています。スポーツウェア市場が成長しており、全体の8％以上のシェアになっています。

チャネル別では**専門店**＊シェアがアパレル小売市場の半分以上のシェアとなっており、年々、専門店シェアが高まっています。また、その他チャネル（インターネットおよび通販などのチャネル）が急激に売上を伸ばし、20％以上のシェアとなり、アパレルの主要市場となりました。

アパレル市場はこのように、今、下克上の時を迎えています。従来のメインプレイヤーだった大型店が売上を落とす中、専門店やその他チャネルが新規参入によって活性化されています。新興企業に大きなチャンスのある市場と言えるのです。

＊**専門店**　アパレル関連商品を取り扱い、販売する拠点（店）を構え、消費者に直接販売している小売業態をアパレル専門店と呼びます。大型店が売り上げを落とす中専門店は店舗を大型化したり、都心業態を増やしたり、ネット戦略を強化するなど伸びている専門店も多数存在しているのが特徴です。柔軟に業態開発できる点が大型店との差になって表れています。

商品群別・チャネル別推定小売市場規模　2021年／2015年

【アパレル小売市場】　（単位：億円）

部門名	合計			
	2015	2021	構成比	伸び率
紳士服・洋品市場	25,560	20,415	24.3%	79.9%
婦人服・洋品市場	58,822	47,572	56.0%	80.9%
子供・ベビー服市場	9,160	8,118	8.7%	88.6%
スポーツウェア市場	8,732	8,974	8.3%	102.8%
呉服・和装品市場	2,835	2,110	2.7%	74.4%
小売市場合計	105,109	87,189	100.0%	83.0%
チャネル別構成比	100.0%	100.0%		

部門名	百貨店				量販店			
	2015	2021	構成比	伸び率	2015	2021	構成比	伸び率
紳士服・洋品市場	4,580	2,648	20.6%	57.8%	3,040	1,847	30.7%	60.8%
婦人服・洋品市場	14,342	8,430	65.5%	58.8%	4,990	3,347	55.6%	67.1%
子供・ベビー服市場	1,670	957	7.4%	57.3%	1,200	785	13.0%	65.4%
スポーツウェア市場	870	673	5.2%	77.4%	170	45	0.7%	26.5%
呉服・和装品市場	210	160	1.2%	76.2%	15	－	－	－
小売市場合計	21,672	12,868	100.0%	59.4%	9,415	6,024	100.0%	64.0%
チャネル別構成比	20.6%	14.8%			9.0%	6.9%		

部門名	専門店				その他			
	2015	2021	構成比	伸び率	2015	2021	構成比	伸び率
紳士服・洋品市場	13,410	10,197	21.4%	76.0%	4,530	5,723	27.6%	126.3%
婦人服・洋品市場	32,200	26,445	55.6%	82.1%	7,290	9,350	45.1%	128.3%
子供・ベビー服市場	3,990	3,536	7.4%	88.6%	2,300	2,840	13.7%	123.5%
スポーツウェア市場	6,115	6,237	13.1%	102.0%	1,577	2,019	9.7%	128.0%
呉服・和装品市場	1,495	1,155	2.4%	77.3%	1,115	795	3.8%	71.3%
小売市場合計	57,210	47,570	100.0%	83.1%	16,812	20,727	100.0%	123.3%
チャネル別構成比	54.4%	54.6%			16.0%	23.8%		

（出典：各種統計データをもとにムガマエ株式会社作成）

【衣料品支出】　日本の世帯当たり年間消費支出は21年時点で約340万円です。そのうち衣料品に対する支出は10万5千円で、全体に占める衣料費比率は3.1%です。1990年には7%程度ありましたので半分以下に減少しています。日本人の衣料品に対する価値観が変わっていると言える根拠は消費支出の変化に表れています。

3 マクロにアパレルマーケットを見る

日本のアパレル小売り流通の歴史を見ると、およそ10年ごとに売り方の革新が行われ、新業態がアパレルを牽引してきたことがわかります。消費者に一番近いアパレル小売りの変遷を見てみます。

第一章の日本のアパレル産業史で見たように、日本のアパレル産業はおよそ10年単位で産業の変化が起きています。この中でも特に消費者と接点のあるアパレル小売市場を見てみると、アパレル小売りもおよそ10年サイクルで変化してきています。図表にまとめたように、それは1960年代から始まっています。

全国に衣料品を扱う専門店ができ始め、地方には総合衣料品店と呼ばれるなんでも扱う衣料品店が数多くできました。同時に全国のターミナル立地の駅前に百貨店が出店。上質な商品を品揃えした百貨店MDが目立ち始めました。それが70年代後半になると米国流通業をベースにした**GMS***（量販店）が出店を加速し、衣料品の低価格化が始まりました。80年代には丸井などにDCブランドが出店し、メーカー卸業者の作るブランドが全国に広がるDCブランド全盛期を迎えます。

90年代はアパレルの細分化が進んだ10年です。セレクトショップや低価格専門店チェーンの多店舗化、109ファッションの大流行、SC内にローカル専門店が出店するなど、さまざまなファッションが広がりました。2000年代にはH&Mなどの外資系ファストファッションが一世を風靡しましたが10年代には早くもブームは陰り、アパレルもEC販売が主流となり、ウルトラファストファッションブランドが誕生。これが20年代にはデジタル化の進展によりデジタルファッションブランドが急増し、フィジカルとデジタルの融合も始まっています。

***GMS**　海外のGMSは食品を扱わず衣料品と住関連用品のみで商品構成されている。日本のGMSは「衣食住遊」を扱う店としてスタートし、遊も加えた品揃えとなり、ある意味で米国以上に総合的な品揃えを実現させてきた。今は逆に絞り込みを始めています。

アパレル流通小売りトレンド

百貨店が全国に作られ、百貨店のハコ型売り場が全国に広がる。同時に地方には総合衣料品店が出店

GMS(総合量販店)の出店が加速し、百貨店よりもグレードを落とした衣料品平場が急増

1980年代～

DCブランド全盛期となり、同時にアパレル専門店が多店舗化を始める

1990年代～

セレクトショップ、低価格型SPAチェーン、109ファッション、SC内専門店などに細分化が始まる

2000年代～

外資系ファストファッション企業が相次いで日本に進出し、ファストファッションブームへ

2010年代～

ファストファッションブームが終焉を迎え、オンラインを活用したウルトラファストファッションへ

2020年代～

Web3、NFT、メタバースなどのデジタルファッションの時代へ

人と自然に調和するデジタルとアナログの一体化したファッション

【総合衣料品店】 以前は全国のどの町にも「総合衣料」がありました。実用衣料、靴下、スリッパ、靴、カバン、布団、パジャマ、ランジェリー、学用品、文房具などなんでも揃っていたことから総合衣料と呼ばれました。1953年創業のしまむらは総合衣料をチェーン化した数少ない企業例です。

4 アパレル業界の構成メンバー

アパレル業界は一般的には、川上・川中・川下の3グループに分けて捉えることができます。これらのメンバーがすべて揃わないと洋服はできないと思われていましたが、それが今崩れつつあります。それぞれの役割を再認識しつつ、これからの方向性を提案します。

多くの商品がメーカーによる原料調達、製造（組み立て）、販売という一貫した流れの中で作られます。ところがアパレル業界では、①「原料」の生産、②「商品」の生産、③小売への「流通」の3段階をそれぞれの企業の役割分担により作られています。これを川の流れに例えて、業界の俗語として、川上・川中・川下と呼ぶようになりました。ある意味では早くから分業化が進んでいる業界と言えますが、一方では流通の多段階性を生む原因となり、コストアップとプロダクトアウト型になっていきました。

こうした流通経路をできるだけ短縮する方向にアパレル流通は動き始めました。さまざまな小売業のPB戦略に見られる製販同盟やGMS、ディスカウンターの価格破壊、英国や中国のウルトラファストファッション企業などは、複雑な経路を短縮してコストを大幅カットし、超低価格商品の製造販売を可能にしました。いわゆる、「**ナカヌキ***」と言われる動きです。

では川上や川中の繊維産業が成長・発展していくためには何が必要なのでしょうか。その方向性はアパレル産業国家のイタリアに見ることができます。イタリアからは世界的なブランドが続々と生まれてきています。伝統に裏づけられた技術力によって、その多くを中小企業が担っているのです。ミラノコレクションで華々しく活躍しているデザイナーやブランドも、たくさんの中小企業によって支えられています。イタリアの田舎町に行くと、今も職人が染色したりニット

***ナカヌキ**　「中を抜く」、つまり、モノが流れてくる中間流通を抜くことでコストコントロールをし、より安い価格を実現し、同時に必要な利益も得ること。

を編んだりしているような光景が見られます。こうした職人がいるから価値あるアパレルブランドが作られることをイタリアのブランドはよくわかっています。それが今もイタリア経済を支える根幹となっています。

つまり常に世界を視野に入れ、世界で戦える品質をもった商品を作るのだという気概と情熱がイタリアのアパレル産業を支えているわけです。日本のアパレル産業はあくまでもお客様中心に物事を捉え、かつ、日本品質を強みにした経営により発展していく可能性を持っています。

強い小売業の出現は、川上・川中にとっての脅威ではなく、事業構造を根本から見直していくきっかけを与えてくれたと考えて、新たなビジネスモデルづくりに変化していくべきです。

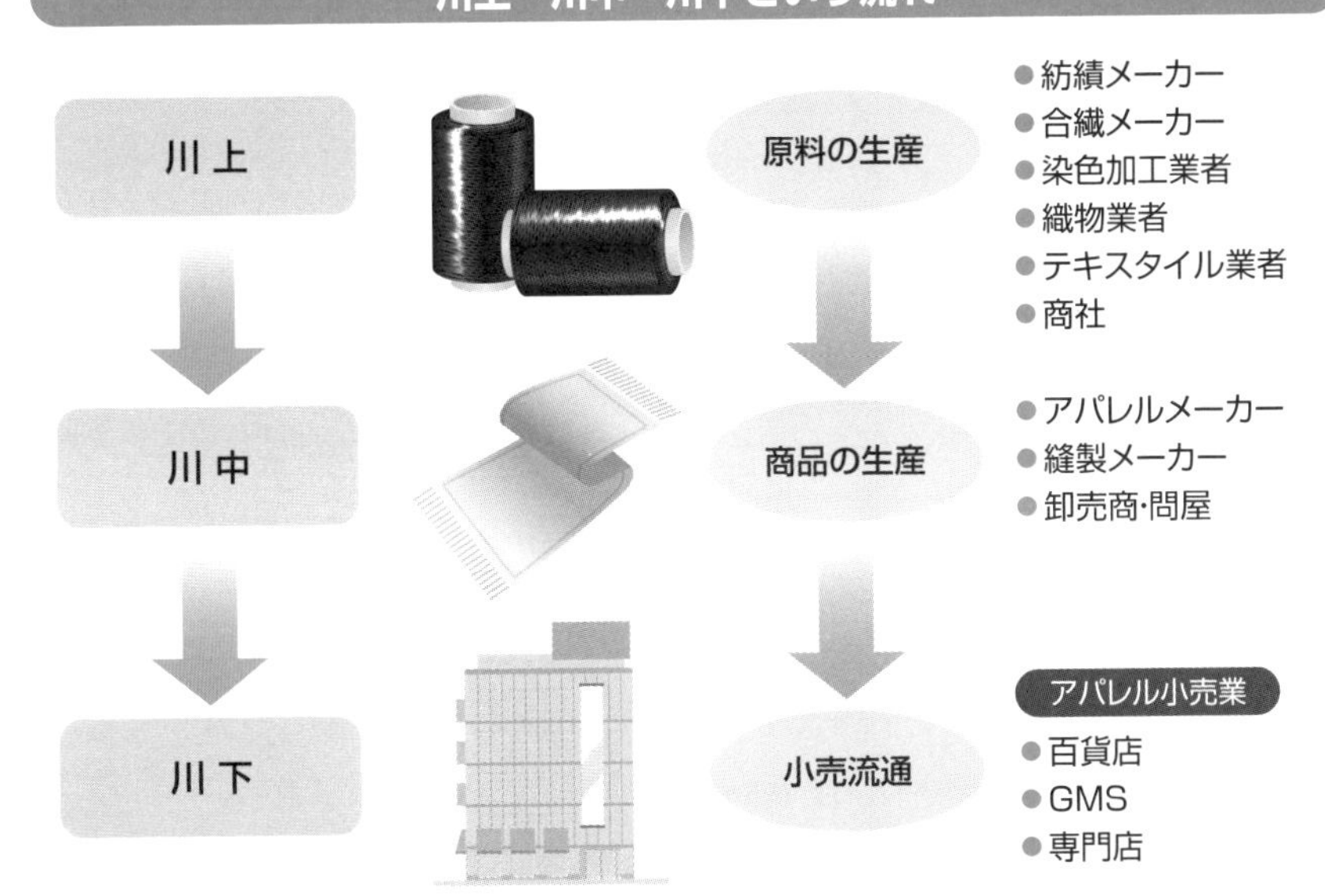

【プロダクトアウト】　常に市場の変化を意識し、顧客変化に対応した戦略を組むことをマーケットインと呼ぶのに対して、生産者が大量生産した製品を市場に投入し販売していく手法をプロダクトアウトと呼びます。

5 アパレル業界構造が意味しているもの

日本のアパレル業界構造を眺めているとアパレル業界でいま抱えている課題が見えてきます。糸から最終商品になって消費者の手に渡るまでの川上から川下までをさらに詳細に見ていきます。

私たちが着ている洋服には必ず原料があります。羊や綿花、原油などの資源があって、はじめて洋服の生産がスタートします。生地はテキスタイルメーカーが生産し、日本では機屋（はたや）と呼ばれる産地織物商が製造の中心にいて、糸を調達しデザイン生地を作ります。その後、糸加工、糸染め、生地の補修、補整、染色、仕上げ、加工などの一連の作業が必要です。工程ごとに産地分業が成り立っており、産地によって産元商社と呼ばれる会社が糸の調達や生地販売までを請け負っている場合もあります。

こうして作られた生地をもとにアパレルメーカーなどが商品企画をし、外部の工場で縫製し、商品として仕上げ、物流センターにて最終仕上げをし、それが小売店頭に並び、私たちの目にする洋服になるのです。

このように非常に長い流通経路をたどるために、関わる人員も多く、どうしても高コストになるというのが従来の日本のアパレル業界積年の課題でした。

この構造を変え始めたのがSPA企業であり、アパレルネット通販企業です。OEM企業に対して**ODM***を進め、よりクイックに売れ筋商品を企画・生産する企業が急増しました。これにより無駄な流通コストが削られ、低価格で短納期の販売が可能になったのです。

同時に製品化までに必要だった業者が必要なくなったり、機能不全に陥るケースもでています。業界構造が変わるということは、従来の仕事そのものの改革が必要なのです。

＊**ODM**　Original Design Manufacturing　OEMでは製造する商品のデザインや仕様を、依頼する企業が決めるのに対して、ODMではデザインを含めた企画設計段階から行うのが特徴です。小売企業がメーカーに対してODM提案をし商品企画する例が増加しています。

糸から商品になるまでの流れ

原料・素材
↓
原糸メーカー（化合繊メーカー）
↓
糸加工（撚糸・糸染）
↓
織布・ニッター（白生地・先染）
↓
染色整理（染色・捺染・整理）
↓
縫製業者
- 延反
- 裁断
- 仕上げ
- 検品など

↓
配送センター（ピッキング等）
↓
小売店（インストアMD）
↓
生活者

テキスタイル・メーカー
（化合繊、紡績、産元商社など）・生地企画・サンプル作成
- 展示会・受注計画
- 生産計画（原糸仕入、織発注、染色計画など）
- 受注、生産（染加工指図）
- 物流管理など

生地問屋・服地卸

アパレル・メーカー
- 商品企画・生地選定、サンプル作成
- 展示会・受注計画
- 生産計画、生地発注、縫製仕様書、縫製手配
- 生地・物流
- 販売計画とMD など

卸問屋（集散地・地方）

【機屋】「はたや」と読む。糸から生地に仕上げていく織物や編物の製造メーカーのこと。機屋には産地があり、各地域ごとの特色をだした生地づくりを行っています。

6 繊維素材産業に未来はあるのか

日本の繊維素材産業の空洞化が進んでいます。合織の生産量では中国や台湾、韓国などに押され国内生産は減少しています。まさに構造不況業種の代表格です。しかしその技術開発力は世界一レベルなのです。

日本の繊維素材産業の代表業種は、合織メーカーと紡績メーカーの2つです。まずは合織メーカーから見てみます。

日本の合織業界は品質面、技術開発力では世界のトップ水準にあります。合織の原料開発、製糸技術、糸の加工技術、織り、編みに至るまで、それぞれの段階の技術・開発力は世界のメーカーも注目していま す。しかし、合織が以前ほど儲かる業種ではなくなったため、各社の事業縮小、撤退は続いています。これからはリサイクル繊維など環境との共生を考慮した合織開発など開発力の高さを活かした新たな戦略がポイントになります。

もう一つの素材産業である紡績業界も必死で構造改革を進める業界の一つです。もともとは名前の通り糸を生産し販売していたのですが、次第に織り、編み、染色加工までを自社で行うことが一般的になりました。しかし輸入品の増加が紡績業の経営を圧迫し、アパレルメーカーとの取引が減少する中で、結果的には経営の合理化、生産設備の見直しなどを余儀なくされています。

新しい繊維ビジョンの中では、①新たな稼ぐ力の創出(OEM*からODMへ)、②海外市場への積極的な進出、③技術開発の促進、④サステナビリティ・エシカルへの取り組み強化、⑤デジタル化が求められています。

合織、素材業界それぞれの強みを活かして新たな活路を見い出してほしいと思います。

＊**OEM**　Original Equipment Manufacturing　生産メーカーが依頼を受けて、相手先のブランドで完成品を生産し供給する方式。OEMを素材分野の新たな機能として位置づける企業が増えています。

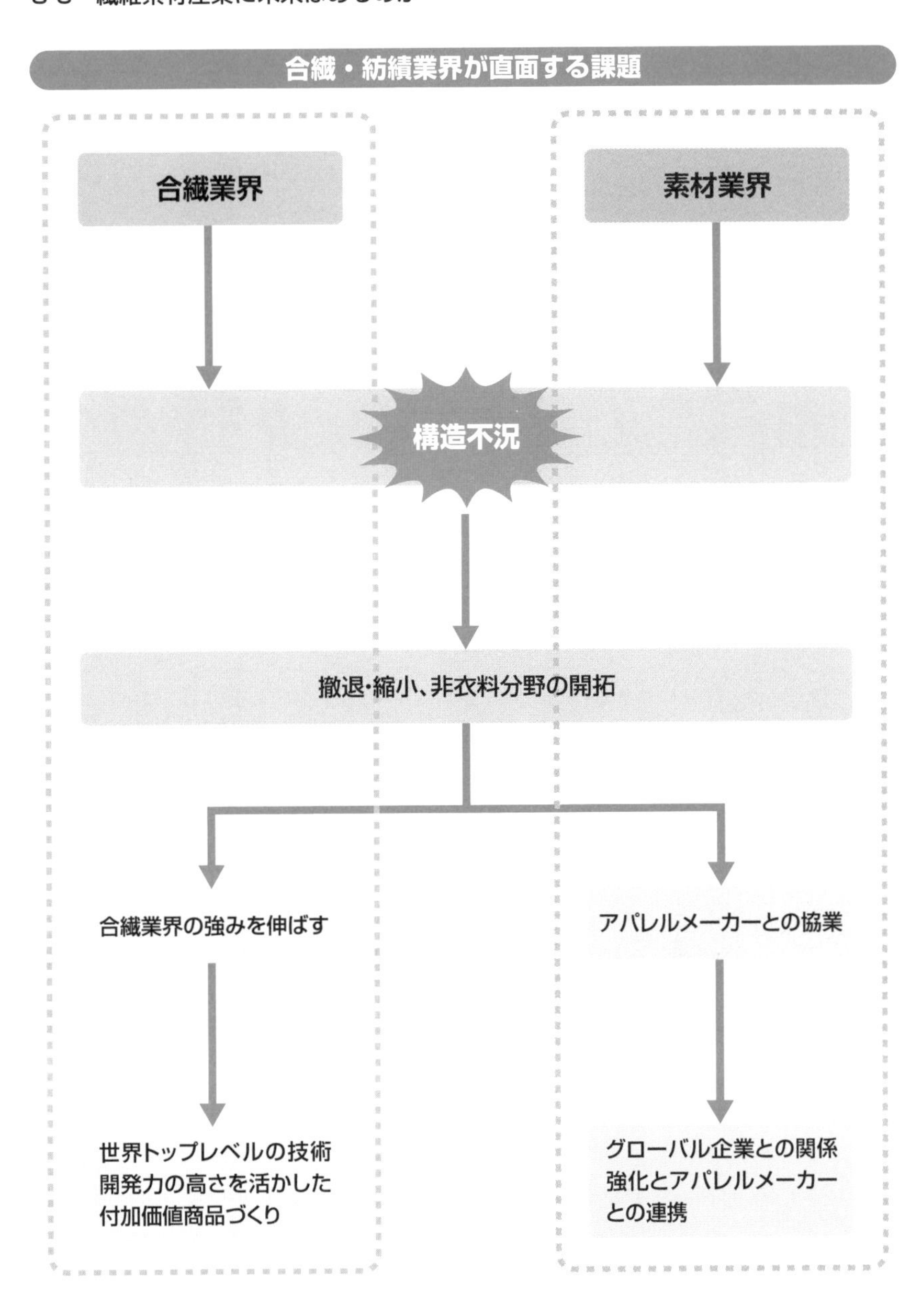

【合繊】　繊維には大きく分けて、天然繊維、合成繊維、半合成繊維、再生繊維の４種類があります。合繊は石油・天然ガスなどから作られ、強度や耐薬品性、防虫性に優れていることからさまざまな用途に用いられるまさに万能の繊維なのです。

7 世界に誇る日本のテキスタイル産業

日本のテキスタイルの開発力、技術力は欧米、特にヨーロッパのアパレルから非常に高い評価を受けています。しかしその一方で複合素材の一般化によって従来の産地という概念は崩れ、存亡の危機を迎えている企業が多いという側面も持つ業界なのです。

テキスタイルの開発と供給という役割で長らくアパレル業界を支えてきた重要産業が国内のテキスタイル産地です。扱っている素材品種によって課題は異なりますが、テキスタイル調達が国内ではなく海外へと移ったことがテキスタイル産地を存亡の危機に陥れました。

国内産地は長期間にわたって守られてきた産業でした。素材品種ごとに紡績、織布、染色と、明確な役割分担のもとで仕事を進めてきました。ウールの尾州、綿の浜松、西脇、泉州、新潟、合繊の北陸、シルク、合繊ジャガードの桐生、米沢等です。中でももっとも素材別分業が進んでいるのが染色整理加工業です。しかしアパレルの店頭では店頭販売の直前に鮮度の良い商品を小口で発注するという形態が必要になってきました。コストを抑えつつスピード感のあるテキスタイル納入ができなければ適正価格で商品を販売することが不可能になってきました。こうした動きに対応できなかった多くの産地は苦境に立たされたのです。

このままでは産地が本当に沈没してしまうと、国内産地企業が一体化して、素材開発や効率的な販売で連携しようという取り組みがスタートしました。これが総合繊維見本市の**JFWジャパン・クリエーション**＊です。ヨーロッパではプルミエール・ヴィジョンという総合素材展が世界的に有名ですが、これにひけをとらない規模にまで拡大をし始めています。

＊**JFWジャパン・クリエーション**　(JFWJC)。1998年から始まった産地の枠を超えたテキスタイルの合同展示会。国内の7連合会が母体となって出展企業260社以上、来場者は2万人を超える展示会として知られています。2015年にはミラノ・ウニカに29社が出展するなど海外進出も進み始めています。

染色整理加工金額推移表（織物・ニット合計）

（単位：百万円）

品目		精錬漂白品		浸染品		捺染品		整理		総合計		
年次		輸出用	国内用	輸出用	国内用	輸出用	国内用	輸出用	国内用	輸出用	国内用	合計
織物	2017	3,982	11,262	19,842	51,541	3,687	13,910	3,422	16,554	30,933	93,267	124,200
	2018	3,821	11,037	19,026	51,904	3,144	13,971	3,571	16,822	29,562	93,734	123,296
	2019	4,364	10,644	18,896	51,565	2,958	13,546	3,614	16,136	29,832	91,891	121,723
	2020	4,413	9,583	14,815	40,606	2,024	11,058	2,164	12,992	23,416	74,239	97,655
	2021	3,599	9,515	17,687	41,550	2,512	10,647	2,743	13,638	26,541	75,350	101,891
ニット生地	2017	－	1,896	2,002	36,928	－	2,261	－	1,572	2,165	42,657	44,822
	2018	－	1,924	2,993	37,022	－	2,877	－	1,555	2,134	43,378	45,512
	2019	－	1,916	2,282	35,418	－	3,094	－	1,298	2,427	41,726	44,153
	2020	－	1,688	1,656	30,066	－	2,304	－	1,125	1,790	35,183	36,973
	2021	－	1,807	1,872	32,291	－	2,458	－	1,136	2,051	37,692	39,743
合計	2017	3,982	13,158	21,844	88,469	3,687	16,171	3,422	18,126	33,098	135,924	169,022
	2018	3,821	12,961	21,029	88,926	3,144	16,848	3,571	18,377	31,696	137,112	168,808
	2019	4,364	12,560	21,178	86,983	2,958	16,640	3,614	17,435	32,259	133,617	165,876
	2020	4,413	11,271	16,472	70,672	2,024	13,362	2,164	14,116	25,206	109,422	134,628
	2021	3,599	11,322	19,559	73,840	2,512	13,105	2,743	14,774	28,592	113,042	141,634
2021年度構成比		2.5%	8.0%	13.8%	52.1%	1.8%	9.3%	1.9%	10.4%	20.2%	79.8%	100.0%
2021/2017比		90.4%	86.0%	89.5%	83.5%	68.1%	81.0%	80.2%	81.5%	86.4%	83.2%	83.8%

（出典：経済産業省生産動態統計年報をもとに筆者作成）

課題

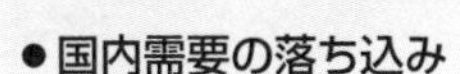

- 国内需要の落ち込み
- 新規事業の創出
- 新機能商品開発
- 海外市場の開拓

方向性

（1）商品・新技術開発
環境配慮型素材開発、デジタルプロダクションシステム開発

（2）先端ファブリック開発、新規市場開拓
自動車、半導体、宇宙などの分野開拓

（3）海外展開
グローバル事案の拡大

【テキスタイル】　繊維、繊維素材の意。布状の織物、編物、不織布、レースなどを呼びます。ラテン語で「組み立てる」という意味のテクソから発展し、織物の意味のテキスティリスが語源となっています。

8 服地卸と染色加工業の生き残り策

服地卸、染色＊加工業界も厳しい経営環境におかれています。中間流通のカット、短サイクル化の流れなどが本格化し、服地卸、染色加工という役割だけでは先が見えなくなってきました。

服地卸は服地コンバーターという言葉もあるように、テキスタイル産地に素材生産を依頼して、それを変換するという機能を持っています。テキスタイル産地とメーカーをつなぐ橋渡し役でした。ところが最近の期中発注、短納期などが進み、在庫リスクの問題、テキスタイル単価の下落などで服地卸の売上、粗利率は逓減傾向にあります。こうした中で特定素材などを自社のリスクで持ち、少ロットから即納する企業や技術力や加工ノウハウに優れた国内テキスタイル産地との取り組みを強化しアパレルブランドの高付加価値戦略をフォローする企業などは売上を伸ばしています。

また染色加工業も日本の誇る産業の一つでしたが同じく、差別化、短サイクル化に対応できない企業は消え始めています。もともと染色は、合繊の原料段階で色をつける原料着色や糸染色、もっとも多いのは生地段階での染色、また製品に仕上げてから染める製品染めといったさまざまな染色方法があります。繊維素材の差別化、高付加価値化になくてはならないのが染色加工業です。しかしその業務の請負方法が下請け的な仕事だったこともあり、企画力という点で物足りない企業もあるのは事実です。いずれにしても中間系の業務内容では取引先の満足度は上げられません。

情報化と素材開発に注力できた企業が成長をしていくことになるでしょう。

＊**染色**　素材を染料で染めて色をつけること。繊維製品の場合は樹脂をコーティングして防水・撥水加工を施したり、酸やアルカリなどの薬剤で繊維素材の一部を溶かして風合いを変えたりするのも染色加工段階の重要な工程になっています。

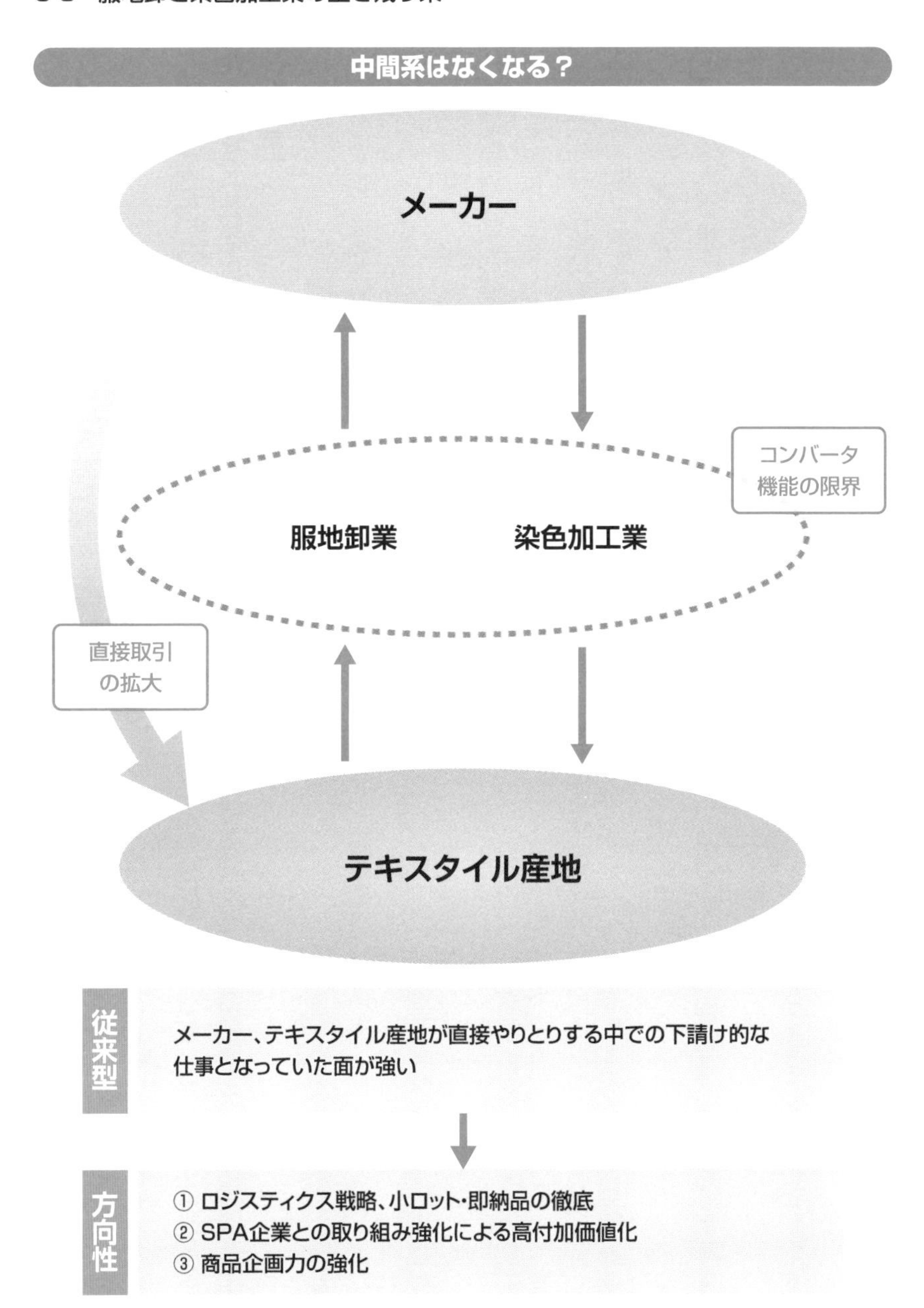

【服地コンバーター】　自らリスクをもって服地を買い付け、販売する生地問屋のことを指します。欧米では生地を仕入れ、独自の企画のもとに染色加工して、素材そのままではなく付加価値をつけて販売する業者のことを言います。

9

服飾資材製造・卸産業の可能性

中国生産にいち早く踏み切り、大量生産体制を敷いてきたことから同業界の成長性は高いかに見えました。ところが日本以外の国の同業が次々と中国に進出。服飾資材も海外諸国との競争という立場に立たされています。

洋服は生地さえあれば完成するというものではありません。一つの洋服となるためには、縫い糸、ボタン、ファスナー、ネームタグ、芯地、あて布など、さまざまな周辺資材が必要です。アパレルメーカーの製品づくりを横から支えているという意味で副資材と呼ばれています。国内にはこうした服飾資材の生産や卸に携わる企業が多数存在しています。

こうした企業群は1990年代の初頭から、中国に工場を開設し、卸は各地方に営業所を開き、日系アパレルメーカーに対して積極的に営業を進めてきました。SPA*などとの取り組みが進むにつれて、原料や糸などを日本から持ち込んで、コストダウンをはかり高品質な製品納入に力を入れていきました。

しかし、徐々に台湾や香港などの服飾資材メーカーや中国国内のメーカーが力をつけ、販売を強化し始めました。日本のアパレルメーカーも海外企業にシフトし始め、国内の服飾資材メーカーは次第に力を失っていったのです。そこで存在が注目されてきたのが副資材問屋です。代表的な企業には婦人服に強い三景、清原、スポーツウェアに強い島田商事などがあります。メーカーから商品を集めて在庫し、発注元のメーカーやSPA小売企業などの要望に応じて必要な副資材をまとめて、指定された生産工場へ納期通りに納品することでモノづくりの生産効率向上に貢献しています。

* **SPA**　Speciality Store Retailer of Private Label Apparel　一般的には製造小売業と呼ばれています。企画、製造、販売までを一貫して行う業態のことで日本ではユニクロ、アメリカではギャップが有名です。

副資材業界の流通と課題

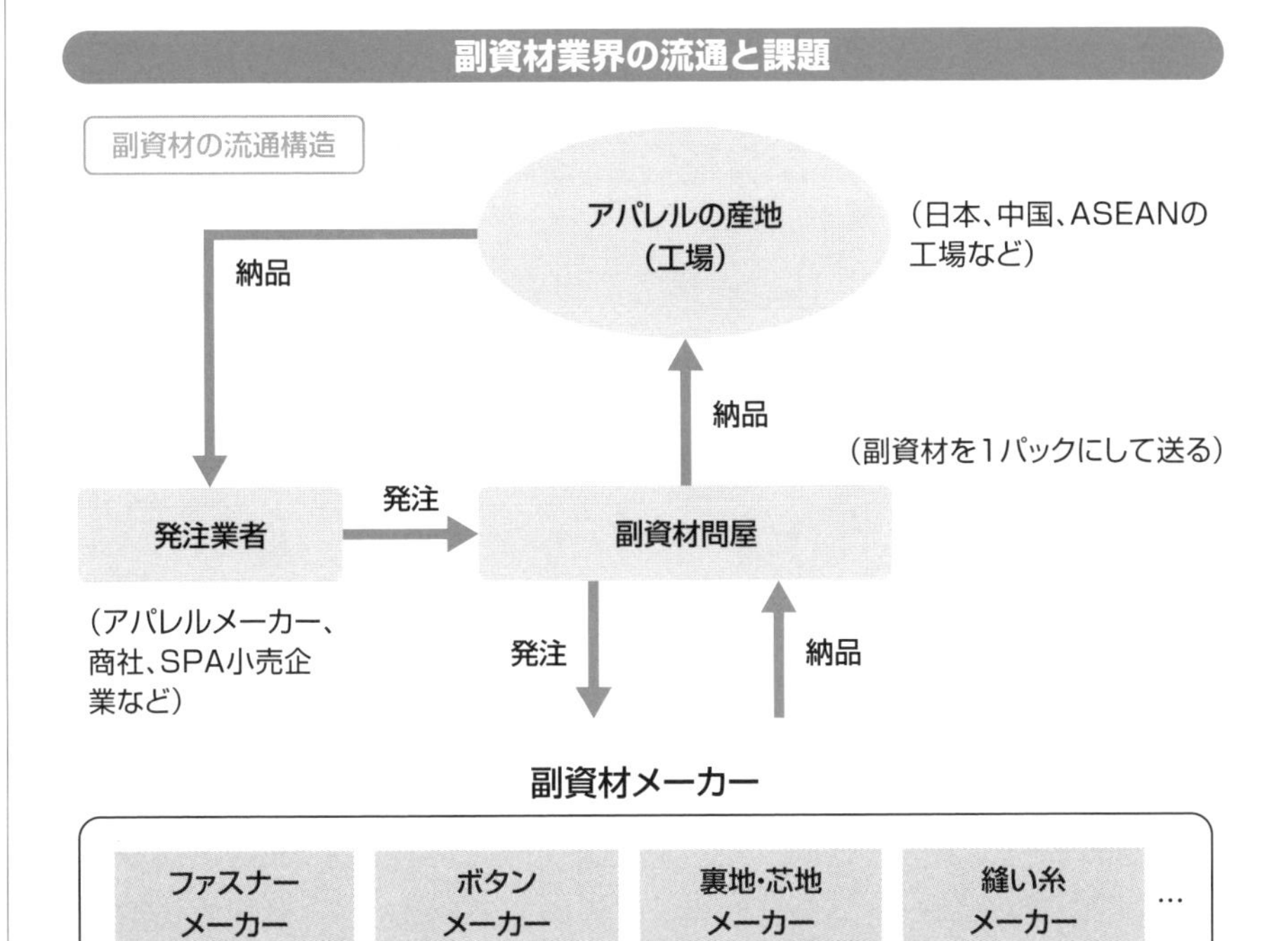

副資材業界の課題と方向性

副資材代表アイテム	課題	方向性
1. 裏地	ポリエステル、キュプラ、レーヨン、アセテートのうち約8割はポリエステル。	機能加工による高付加価値化
2. 芯地	アパレルメーカーの海外生産の増加と芯地メーカーの海外進出により生産の上下動が激しい業界。	薄地化と軽量化への対応
3. ボタン	価格競争の激化と粗利率の低下。	国内生産は人件費増を抑えながら、いかに付加価値を提供していけるか。
4. ファスナー	在庫過多に陥りやすい業界の一つ。	市場対応を基本にした適正在庫の把握と市中在庫調整。

【芯地】 ジャケットやネクタイなどの生地の内側にある型崩れを防ぐためのもの。芯地がしっかりしているかどうかで商品の持ちも変わるほど重要な資材の一つです。

10 アパレル卸商の実態と特徴

日本のアパレル業界でもっとも企業数が多いのがアパレル卸商です。アパレルメーカーと言われている企業もこのアパレル卸商に含まれます。急激な市場縮小と輸入の増大により事業の再構築を迫られています。

日本のアパレル卸商は7つの企業タイプに分けることができます。

中核となるのは中央卸商と呼ばれる卸商。アパレルメーカーの多くはここに入ります。二つ目に地方卸商。地方卸には掛売卸と現金卸の2種類があります。三つ目に産地卸商、いわゆる産元商社があります。他に海外メーカーの代理店、輸入商社、金融商社（いわゆる**バッタ屋**＊）、そしてブローカーという構成です。

日本のアパレル卸商は把握できるだけで約1万社程度存在します。これらがそれぞれの役割を持って日本のアパレル流通を作り上げています。

アパレル卸を機能別に分類すると製造卸と製品製品卸に分かれます。現在、国内で力を持っている卸商はそのほとんどが製造卸であると言えます。

製造卸は従来、商品企画を自社で行い、生地や副資材をメーカーから購入し、商品化したものを小売業へ販売するという形態をとってきました。しかし最近では製造卸と小売の両方を自社で行う、SPA型企業が増えてきました。全国の専門店と言われる基本流通経路が弱体化したことが大きな要因です。したがって、売上を確保するためには自社の直営店で自社商品を販売する形態が一般的になったのです。

しかし同じようなターゲットに向けて類似の商品を販売するような企画力の会社には未来はありません。いまだに海外で通用する国産ブランドが数えるほどしかないこともそれを証明しています。世界をターゲットにした新ブランド開発こそが今求められている生き残りの条件なのです。

＊**バッタ屋**　もともとは古道具商で使われていた隠語。正規ルートを通さずに仕入れて販売する問屋のこと。バッタバッタと倒産した店の品を格安で仕入れて販売するさまを表したものと言われています。

アパレル卸商のタイプ

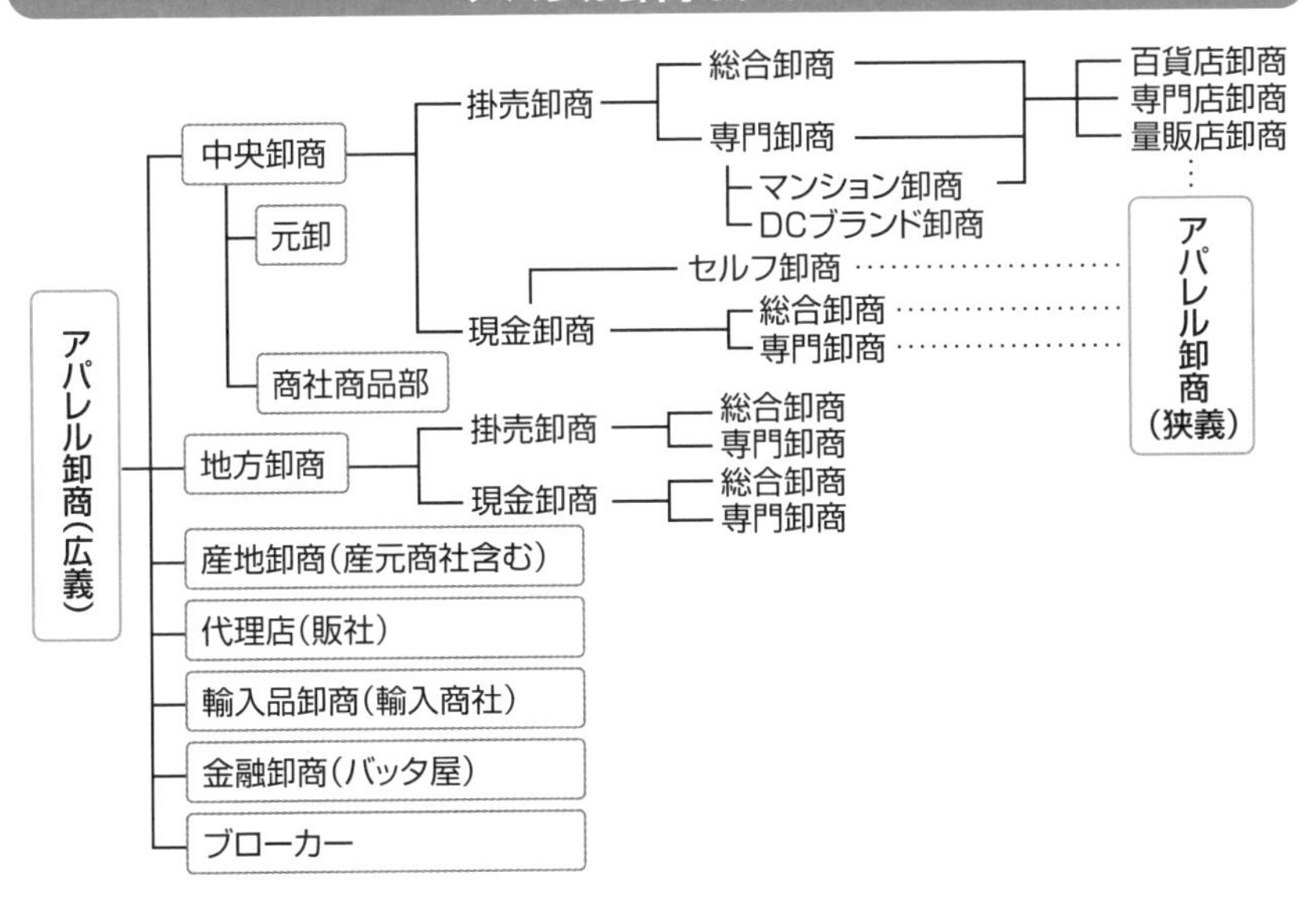

アパレル卸商の分類

分類		卸商の呼称
規模別		商社、販社、マンション卸商
地域別		中央卸商、集散地卸
段階別		元卸、産地卸商、産元商社、商社製品卸、中央卸商、地方卸商、2 次卸商
販売方法別		現金卸商、セルフ卸商、掛売卸商
販売先別		元卸（地方向け卸商）、（市中卸商）、百貨店卸商、専門店卸商、量販店卸商
仕入先別		輸入品卸商・輸入商社、代理店・販社、金融卸商
商品別	大分類	総合卸商、専門卸商（織物卸商）
	中分類	婦人服卸商、紳士服卸商、子供服卸商、ベビーウェア卸商、ニット総合卸商、レディスファッション卸商、メンズファッション卸商など
	小分類	ブラウス専門卸商、フォーマル専門卸商、L サイズ専門卸商、ドレスシャツ専門卸商、ジーンズ専門卸商、レディスニット専門卸商、ランファン専門卸商、靴下専門卸商など
その他		海外提携品卸商、DC ブランド卸商、デザイナーズ卸商、キャラクターズ卸商、
		製造卸商

【卸商】 もともとは商品を仕入れて小売業に卸すという主要機能があったことからこう呼ばれてきました。しかし現在では単に商品を卸すという役割だけでは十分ではなく、企画力を背景にした卸が必要になっているのです。

11

総合商社の果たす役割

日本のアパレル産業の中で国内外にわたるネットワークを活かしてアパレル流通を支えているのが国内商社です。アパレル業界を横断的に結ぶプロデューサー兼コーディネーターとしてその役割は欠かせない存在となっています。

アパレルの川上から川下にまで幅広く顔がきき、原料から最終商品までをネットワーク化してコーディネートしているのが商社です。

これまで見てきたように日本のアパレル流通は非常に多段階性・複雑性をもった業界です。その中で金融面でのフォローや在庫リスク、情報機能などは商社抜きには困難な状況を抱えているのです。特にアパレル業界の国際化が叫ばれている中で海外にも広くネットワークを持つ商社の存在はますます重要になっています。

しかし、他業界と同様、商社の繊維製品売上は厳しく、特にコロナ禍によって減収減益が続きましたが21年からは復調の兆しがあります。しかし従来通りのやり方では利益をだしづらく、総合商社同士での繊維子会社のM&Aも活発になってきています。商社は多くの**外資系ブランド**＊の輸入も手掛けていますが、単に有名ブランドのライセンスをとり輸入販売するだけでは儲かりません。伊藤忠商事のように一気通貫のビジネスモデルを作る動きも必要です。「繊維原料・テキスタイル」から、「繊維資材・ライフスタイル」、「ファッションアパレル（OEM・ODM）」、「ブランドビジネス（輸入・ライセンス・商標権獲得・M&A）」にいたるまでをトータル事業としてとらえる動きです。以前からSCMの構築が進んでいましたが、デジタル化の推進によりバリューチェーンが一気に出来上がりました。今後は無駄のないアパレル流通が実現

＊**外資系ブランド**　日本に進出している海外ブランドの多くは商社を経由しています。世界中から有望なブランドを発見し、それを日本市場で販売するやり方をとります。アパレルでは伊藤忠商事、三喜商事、最近では三井物産のブランド戦略に定評があるようです。

し、さらに取引金額も上がるというオールWIＮの状態を作ることも期待できます。

一方でただ右から左へと商品や原料資材を流すだけの商社では存在意義がなくなります。

グローバル化とデジタル化を上手に活用することができれば、総合商社の活躍の場は広がっていきそうです。

商社のつくるSCM

【総合商社の繊維関連取扱高推移表】（単位：百万円）

企業名＼年度	総売上高（単体）			
	2018年度	2019年度	2020年度	2021年度
伊藤忠商事	4,983,051	4,411,184	3,575,369	3,317,288
日鉄物産	2,205,968	2,037,389	1,688,795	1,245,531
蝶理	169,190	147,665	121,103	146,897
豊田通商	3,535,670	2,939,577	2,472,924	1,514,045
住友商事	2,353,642	2,021,074	1,622,317	－
合計	13,247,521	11,556,889	9,480,508	6,223,761

（単位：百万円）

企業名＼年度	繊維部門売上高										
	2018年度		2019年度			2020年度			2021年度		
	売上高	構成比	売上高	構成比	伸び率	売上高	構成比	伸び率	売上高	構成比	伸び率
伊藤忠商事	319,000	6.4%	268,900	6.1%	84.3%	204,200	5.7%	75.9%	203,300	6.1%	99.6%
日鉄物産	122,200	5.5%	110,200	5.4%	90.2%	81,600	4.8%	74.0%	－	－	－
蝶理	96,200	56.9%	87,400	59.2%	90.9%	67,600	55.8%	77.3%	70,400	47.9%	104.1%
豊田通商	89,900	2.5%	84,500	2.9%	94.0%	75,600	3.1%	89.5%	83,600	5.5%	110.6%
住友商事	3,800	0.2%	1,100	0.1%	28.9%	－	－	－	－	－	－
合計	631,100	4.8%	552,100	4.8%	87.5%	429,000	4.5%	77.7%	357,300	5.7%	83.3%

（出典：各社決算データに基づき弊社にて作成　－部分は非公開データ）

【総合商社】　ありとあらゆる商品を取り扱い、国内外に幅広い取引市場をもつ大規模商社のことです。これは日本独自のスタイルで世界の各地で商社マンの行っていない地域はないと言われるほど広く情報や商品の収集にあたっています。

12 総合アパレルメーカーの戦略

日本のアパレル企業はその売上高だけで言えば世界のアパレルメーカーの中でもトップクラスの売上を誇ります。しかし2010年以降は総合アパレルの苦境が目立ちます。今後は売上ではなく利益で評価すべき時がきているように思います。

日本の総合アパレルメーカーは世界のアパレル企業と比べても抜きん出た売上高でした。しかし、近年は売り上げが伸び悩み、リストラや大規模閉店せざるを得ない状況となりました。

アパレルメーカーの市場内でのポジショニングは卸とSPA業務の両方を行い、展開ブランド数が多いというのがこれまでの特徴でした。百貨店から専門店にいたるまでの総花的な展開が効果的でした。しかし展開ブランド数が多いほど営業利益率は低くなり、企業としての業績は低迷する結果になりました。リストラでブランド数を絞ったアパレルは復調し始めています。

一方で、比較的好調を維持している世界的SPA企業は展開ブランド数は絞られていて、卸はやらず自社の直営店展開が基本です。結果的に好調を維持しています。

アパレルメーカーに求められている本質は「質の高い商品企画力を身につけること」に尽きます。各社がSPAを次々と開発したのは売上と利益を確保するためですが、もう一つの理由としては、直接お客様の声を聞く場を持つことにあったのです。製品卸だけではお客様の動向が見えませんから自前の売場を持つことで、よりお客様視点に立った商品開発が可能となるわけです。お客様の顔を見て、お客様が本当に欲しがっている商品をいち早く開発していく企業が勝ち残る企業となります。

【マーケティング】 広義には、商売のやり方全般を指します。もっとも有名なマーケティングの要素としてはマッカーシーの唱えた4Pが有名です。製品、価格、流通、プロモーションの4つを核として企業戦略を組み立てていくという考え方です。

総合アパレルメーカーの方向性

好調企業のポジショニング
苦戦企業のポジショニング

SPA志向
卸売志向
ブランド絞込み型
多ブランド展開型

ルルレモン・アスレティカ(米)
ZARA(西)
ユニクロ
しまむら
ワールド
TSIホールディングス
イトキン
(インテグラル傘下)
G.U
ワークマン
オンワード樫山
三陽商会
ワコール
ミズノ
アシックス
グンゼ

【ブランド数と営業利益率の関係】

営業利益率%(高)
15%
10%
4%
0%
ブランド数(少)
ブランド数(多)

【アパレルメーカー】　既製服の製造業のことです。一般的には大手のアパレル製造会社を指しますが、本来的には企画、生産、販売、物流の機能を持つ企業はすべてアパレルメーカーであり、広義ではアパレル卸商の中に含まれます。

13 問屋力が小売を支える力になる

世界とのネットワークを構築するサポートをしているのが商社であるとすると、国内の地方小売業のサポートとして役割を果たしてきたのが地域卸です。地域卸のあり方が微妙になってきました。

製品卸の中で地域卸、いわゆる地方問屋の業績ダウンが深刻です。

もともとは地方の専門店が自店の品揃えをする上で卸問屋は欠かせない存在でした。卸によって取扱商品に違いがあるため、強固な取り組みを進めてきました。専門店はそれぞれの強みを使い分け、強固な取り組みを進めてきました。ところが地方専門店は消費不況の影響から売上を落とし、中には廃業する企業もでてきました。地域卸は新たな販路を開拓しようと躍起になっていますが、百貨店やGMSとの取引をするには商品量、納期、ブランド力という点で物足りないことから新規開拓ができないのが現実です。以前は現金卸という利点を活かして、大量仕入・大量販売で顧客の支持を得ていた地方問屋も価格メリットがだしづらくなり低価格だけでは売上を上げづらくなってきました。

地方問屋も大手量販店が本部一括仕入れに変わるなどメーカーとの直接取引が増えたことで業績が厳しくなっています。最近では地方問屋でもEC通販に進出したり、雑貨店開発やアパレルFC業態を展開している企業もあります。有名ブランドを持っていなくとも、品揃え力と機動性を発揮する新事業を展開することで低迷を抜け出している企業があるのです。

既存顧客で売上を拡大することが難しいのであれば、既存は減らしてでも新規への取り組みを本格化すべきです。いずれにしても企業の独自性を徹底的に発揮した経営方針の徹底が必要です。迷いは利益と顧客を失います。

【既存顧客と新規顧客】 企業が売上を上げるためにはこの両者をきちんと把握することが大切です。アパレル業界においては新規顧客獲得には既存顧客を維持するコストの14倍のコストがかかると言われています。

地域卸のあり方

メリット

1. 小売店が頻度よく現物を見に行くことが可能
2. 大量の買い付けではなく、単品買いが可能
3. 現金卸のケースが多く、その分、仕入コストを抑えることが可能
4. クイックな店頭フォローなど、商品、人の両面で貢献
5. 想定範囲を超えたおもしろい商品の仕入機会多し

課題

1. ナカヌキ現象
   メーカーによる小売店への直販
2. 専門店の弱体化
   主販路である専門店売上ダウン

方向性

1. 価格性の追求
   徹底した現金主義を貫き、超低価格販売によって差別化していく
2. 価値性の追求
   独自ブランドの開発による差別化。ただし、お客様の目から見て明確な独自性が感じられる商品力が必要。デザイナーとの連携など外部メンバーの取り込みが必要
3. 新業態開発
   直営店開発など、直接、顧客に販売するチャネルを持つ

【地方卸】 地方卸には掛売卸商と現金卸商があります。そしてそれぞれに総合卸と専門卸が存在します。現金卸はキャッシュで仕入れなければいけない反面、信じられないほどお買い得な商品仕入が可能になるため今も多くの企業に活用されています。

勝ち残るアパレル小売業

アパレル商品が最終的に消費者の手に届けられるためには小売業の存在が欠かせません。国内の小売業のどこがアパレル商品をより多く販売しているのかを見てみるとアパレルに対する各企業の思いがわかります。

アパレル商品は各種の流通経路を経て小売業の店頭に並ぶことになります。小売業の種類については後述しますが、大きく分けて、①百貨店、②GMS、③専門店、④インターネット通販の4種類です。日本では従来は百貨店におけるアパレル商品の売上がとても大きかったのですが、最近では百貨店やGMSなどの大型店の衣料品売上高は下降し、衣料品専門店がアパレル市場の半分以上のシェアを確保し、もっとも伸び率が高いのは図表の「その他」に含まれるEC通販です。

衣料品を扱う企業で売上を伸ばしているのは、衣料品スーパーの「**しまむら**＊」、子供服経営に科学的管理手法を導入し成長を続ける「西松屋チェーン」、低価格トレンドカジュアルの「ジーユー」や3COINSが好調の「パル」などです。

アパレルマーケット自体が縮小している中で、売上を伸ばしている企業には共通点があります。

それは、「収益性の高い商品群への集中」、「ローコスト体制を強化した売場オペレーション」、「売れ筋を的確にフォローする商品投入体制と物流体制の整備」、「オンラインとオフラインを融合させたOMO展開」です。お客様に近いところで商売をしているという点で小売業には差はないはずですが、アパレル商品の売上にこれだけちがいがあるというのも不思議な話です。成長するアパレル小売業とは、真摯にお客様の期待を超えようと努力しつづけられる企業なのです。

＊**しまむら**　徹底したローコストオペレーションによりグループで2200店舗以上を展開する超優良企業。実用衣料という地味な分野に焦点を当て一番化を徹底したその企業姿勢をベンチマークする企業も多数あるようです。

日本の大型小売店アパレル売上高推移

（単位：億円）

部門名	年	合計			百貨店			量販店			専門店			その他		
		売上高	構成比	伸び率	売上高	構成比	伸び率	売上高	構成比	伸び率	売上高	構成比	伸び率	売上高	構成比	伸び率
合計	2017年	92,168	100.0%		18,698	20.3%		8,338	9.0%		50,162	54.4%		14,970	16.2%	
	2018年	92,349	100.0%	100.2%	17,945	19.4%	96.0%	8,137	8.8%	97.6%	50,674	54.9%	101.0%	15,593	16.9%	104.2%
	2019年	91,732	100.0%	99.3%	16,797	18.3%	93.6%	7,993	8.7%	98.2%	50,514	55.1%	99.7%	16,428	17.9%	105.4%
	2020年	75,158	100.0%	81.9%	11,777	15.7%	70.1%	6,351	8.5%	79.5%	39,500	52.6%	78.2%	17,530	23.3%	106.7%
	2021年	76,105	100.0%	101.3%	12,035	15.8%	102.2%	5,979	7.9%	94.1%	40,178	52.8%	101.7%	17,913	23.5%	102.2%
紳士服・洋品	2017年	25,678	100.0%		4,260	16.6%		2,843	11.1%		13,675	53.3%		4,900	19.1%	
	2018年	25,845	100.0%	100.7%	4,115	15.9%	96.6%	2,680	10.4%	94.3%	13,850	53.6%	101.3%	5,200	20.1%	106.1%
	2019年	25,453	100.0%	98.5%	3,896	15.3%	94.7%	2,537	10.0%	94.7%	13,800	54.2%	99.6%	5,220	20.5%	100.4%
	2020年	20,517	100.0%	80.6%	2,692	13.1%	69.1%	2,025	9.9%	79.8%	10,300	50.2%	74.6%	5,500	26.8%	105.4%
	2021年	20,415	100.0%	99.5%	2,648	13.0%	98.4%	1,847	9.0%	91.2%	10,197	49.9%	99.0%	5,723	28.0%	104.1%
婦人服・洋品	2017年	57,312	100.0%		12,850	22.4%		4,445	7.8%		32,397	56.5%		7,620	13.3%	
	2018年	57,314	100.0%	100.0%	12,260	21.4%	95.4%	4,417	7.7%	99.4%	32,724	57.1%	101.0%	7,913	13.8%	103.8%
	2019年	57,138	100.0%	99.7%	11,380	19.9%	92.8%	4,398	7.7%	99.6%	32,750	57.3%	100.1%	8,610	15.1%	108.8%
	2020年	46,769	100.0%	81.9%	8,165	17.5%	71.7%	3,504	7.5%	79.7%	25,800	55.2%	78.8%	9,300	19.9%	108.0%
	2021年	47,572	100.0%	101.7%	8,430	17.7%	103.2%	3,347	7.0%	95.5%	26,445	55.6%	102.5%	9,350	19.7%	100.5%
ベビー・子供服・洋品	2017年	9,178	100.0%		1,588	17.3%		1,050	11.4%		4,090	44.6%		2,450	26.7%	
	2018年	9,190	100.0%	100.1%	1,570	17.1%	98.9%	1,040	11.3%	99.0%	4,100	44.6%	100.2%	2,480	27.0%	101.2%
	2019年	9,141	100.0%	99.5%	1,521	16.6%	96.9%	1,058	11.6%	101.7%	3,964	43.4%	96.7%	2,598	28.4%	104.8%
	2020年	7,872	100.0%	86.1%	920	11.7%	60.5%	822	10.4%	77.7%	3,400	43.2%	85.8%	2,730	34.7%	105.1%
	2021年	8,118	100.0%	103.1%	957	11.8%	104.0%	785	9.7%	95.5%	3,536	43.6%	104.0%	2,840	35.0%	104.0%

（出典：経済産業省生産動態統計年報をもとに筆者作成）

アパレル販売好調企業例

	企業名	要因
1	しまむら	単品管理の徹底による売れ筋追求体制の維持
2	西松屋チェーン	繁盛店を作らない経営で伸び率の高い子供服チェーン
3	ジーユー	圧倒的な低価格トレンド商品の企画力強化で出店拡大
4	アダストリア	SC への出店加速。再上陸のフォーエバー 21 を運営
5	パル	3COINS が好調。雑貨部門がアパレルを牽引

（※全社売上に占めるアパレルの売上構成比が高く、比較的伸び率が高い企業を抜粋）

【小売業】Retailer　これはRe（再び）Tailer（仕立てる人）という意味です。小売業とは商品を仕入れ、そこに付加価値をつけて、お客様が欲しくなるように販売する事業者のことです。付加価値をつけていない事業者は小売業と呼んではいけないのです。

不況期の売れ筋3条件

2020年から3年続いたコロナ禍、2022年から始まったロシアによるウクライナ侵攻に端を発した世界的なエネルギー問題や物価高。私たちは常にこうした外的変化の中で生活をしています。時に好況がきますが、同じように不況もやってきます。私たちは、世の中が不況になったとしてもやっていける事業ノウハウをもって生きていったほうがいいようです。これを「不況期型経営法」と呼んでいます。不況期型経営法にはいろいろなものがありますが、ここでは不況期でも売れ筋を作るためのキーワードをご紹介します。

売れない時代にどんなキーワードがあれば売れる商品になると思いますか。

それには、以下の3つの条件があるようです。以下のいずれかを持ち合わせている商品や企業は、例え世の中が不景気になったとしてもお客様に支持される商品を開発することができるはずです。

【不況期型ヒット商品づくりの3条件】

1. ありそうだけどないもの
2. 特徴はあるけど、特殊でないもの
3. 一言で言えるストーリー性をもつもの

以上の3つがヒット商品を開発するためのポイントです。最近この3つの条件を持ち合わせた商品に出会いました。それが「開化堂」の茶筒です。

開化堂は京都で1875(明治8)年にブリキの茶筒づくりから始まった会社です。茶筒とは日本茶の茶葉を保管しておくための円筒形の容器です。同社はこの単品にこだわり、ブリキや真鍮、銅で茶筒を作り、3万円以上する商品ながら、世界的に注目されています。

150年前から同じ工程、同じ作り方でひとつひとつ手づくりされているという商品はありそうですがなかなかありません。開化堂の茶筒は、高い気密性を持つため茶葉だけでなくパスタの麺やコーヒー豆などのさまざまな食材を湿気から守り、保存することができる商品です。それでいてデザインも洗練されていて、スタイリッシュな仕上げになっています。まさに特徴はありますが特殊ではありません。

茶筒は130余りもの工程を経て作り出されています。簡素でありながら実用性があります。職人の技と感覚が商品に表れています。万が一へこんだり傷ついたりした際は修理をしてくれます。私は購入時に「100年間大切にお使いになってみてください」と言われ驚きました。100年後も使い続けられる商品というだけでもうストーリーが完成しています。それだけの商品のクオリティと販売後のメンテナンスが行き届いています。同社六代目の八木隆裕社長は「物柄よきものを目指す」と言っています。手間暇をかけて、丁寧にモノを作っていくことを意味します。素晴らしいストーリーが茶筒に見事に表現されています。

このような考え方は昔の日本の商売では多く見られたと思いますが、今ではありそうだけどない商売になってしまいました。しかし開化堂のように軸を明確にした商売をアパレルの世界でも実践すれば、お客様に支持される商品は作れるはずです。

不況期の売れ筋3条件でお客様に長く支持される商品を世の中にだしていきましょう。

スターバックスの哲学

「スターバックス リザーブ ロースタリー」という店がアメリカのシアトルにあります。同店はスターバックスの戦略業態。元カーディーラーの店舗をリノベーションして作った450坪の店です。毎日、地元のお客様がつめかけ、人気になっています。現在では、ニューヨーク、上海、東京にも出店をしています。

同店は、同社が契約した決められた農家から買った豆だけを使ってコーヒーをいれてお客様に提供する店です。いろいろなバックグラウンドを持っている農家の豆を使って、そのストーリーを説明しながら販売するという同社の理想形を表現した店です。同店を訪れて、同社の哲学を感じることができました。

同店にはスターバックスの実質的創業者であるハワード・シュルツ氏が毎日のように訪れるというほど、トップの思いが詰まった店になっています。

同社の幹部が語ってくれました。

「スターバックスのカルチャーは、コーヒー販売だけでなく、一杯のコーヒーを通じて人々とハートフルなつながりを作りたい」

そのためにスターバックスが大切にしていることは、お客様への親身なサービスです。お客様への意識。いかにお客様のために働けるかを育むために、一人ひとりへのスタッフへのサポートを充実させているのだそうです。スタッフに誇り、自信が生まれるからお客様に対して親身なサービスができるようになるのだ　と教えてくれました。

同店の雰囲気の中で同社の考え方に触れて、スターバックスが成長してきた理由がわかりました。哲学を持ち、それを店で表現し続けること。多店舗化しても揺るがないブランドはこうして作られるのです。

第4章

アパレル業界の仕組みと仕事

アパレル業界の流通構造が多岐にわたることからそこに関わる人々もさまざまな役割を担っています。それぞれがプロの仕事をし、世界的にも高品質な商品を作り上げています。良い商品を作り上げるのは、それに生命をかける人々が存在するからなのです。

1 モノと情報の流れ

アパレルの流通を整理する上で大切なのがモノと情報の流れです。2つの流れをきちんと確認することはアパレル業界で成功するために欠かせないポイントです。

アパレルビジネスを構築するためには、商流と情流の2つは欠かせないビジネスフローです。このどちらが欠けても、良いものがお客様のもとに届くことはありません。ですからアパレルに携わる人にとっては、2つの中身を知ることが必要なのです。

まずは「商流」です。商流とはモノの流れのことです。アパレル商品は前章にて記載したようなさまざまな企業の方々を通して製品から商品へと変化を遂げていきます。もともとは羊を覆っていた毛を刈り、それを糸にして仕様書にしたがって編み、ブランド名をつけてトラックで店に運び、プライスカードがついて店頭に陳列された時にウールのセーターが「商品」になるのです。すべての商品が同様ですが、アパレル商品は特にたくさんの人の手を渡ってできあがる商品と言えます。店頭のワゴンで980円で売られるようなセール品であったとしても、それを大切に扱う気持が売る側も買う側も必要なのです。

次が「情流」です。モノは作るだけではお金にはなりません。お客様に興味をもっていただき、購入していただくことが必要です。ですからメーカーや小売業者はどんな商品であれば買っていただけるかを入念に調査した上で企画に入っていきます。この基礎となるのがマーケティング戦略です。作り手側に何らかの仮説があり、それが本当に市場に受け入れられるかどうかを調べ、裏づけをとり、満を持して市場に投入するのです。それが的を射ていれば以前のユニクロのフリースのように爆発的ヒットとなります。一方、外れていれば在庫の山を抱えることになるわけです。高度

＊**購買頻度**　ある商品を1人の人が年間に何回購入するのかという割合のことを言います。これを数値で表したものを「購買頻度指数」と呼びます。婦人靴は年間1回、舶来時計は100年に1回、缶ジュースは年間150回というようにモノによって購入する回数が異なることから売り方が変わるという法則です。

たが、今はそれでは売れません。プロダクトアウトからマーケットインへと戦略を転換することが求められているのです。売り手側が良いと思った物を作れば売れた時代から、買い手側が欲しいと思う物しか売れない時代です。

アパレル市場は他業界に比べてマーケティング力が弱いと言われています。自動車や電気製品に比べて単価が低いことや**購買頻度***が比較的高いこともその理由としてあったと思います。しかし、これからはアパレルでも、マーケティングが必須です。マーケティングのない販売はあり得ません。したがってどのような情流を会社の中に作り上げるかが重要なポイントになるのです。

これから支持される企業は、お客様を戦略の中心においたマーケット発想だということを忘れないでください。

経済成長時代であれば作ったものを流せば売れまし

アパレルの商流と情流

商流	情流
紡績メーカー テキスタイルメーカー 縫製メーカー アパレルメーカー 小売業 お客様	**I 外部環境分析** 1 人口環境調査 2 所得指数分析 3 商圏人口調査·分析 4 競合企業分析 5 消費者購買意識調査 ↓ **II 内部環境分析** 1 トップのビジョン 2 企画コンセプトの整理 3 ターゲット設定 4 商品力分析 5 価格力調査·分析 6 販売戦略分析 ↓ **III マーケティング戦略構築** 1 コンセプト策定 2 収支計画策定 3 商品戦略策定 4 販売戦略策定 5 プロモーション戦略策定 6 物流戦略策定

【商流・情流】 商売には3つの流れがあると言われています。それが「商流・情流・金流」です。アナログ的な売り方でもネットでモノを売る売り方でも必ず必要になってくるのがこの3つの流れです。商流と情流をつなぐものにお金の流れがついてくると考えるとそれぞれの関係性が掴めます。

2 アパレルマーチャンダイジングフロー

アパレル業界には感性と科学*が必要だと言われます。感性的な面ばかりが注目される業界ですが、実はそれと同等かそれ以上に科学＝数字が重要な要素です。このバランスをしっかりとることが大切です。

マーケティング戦略に基づいて実際の商品を店頭に流していく際に、よりお客様に近い視点で商品を企画・製造・販売していくための具体的な戦略が必要です。その際に用いられるのがマーチャンダイジングです。

マーチャンダイジング（MD）とは、一般的には「商品政策」のことを指す場合が多いようです。これ以外にも多くの定義のされ方があり、一概にどれが正しく、どれが誤りであるかは決めることはできません。しかし実際の現場では、商品を販売するためにさまざまなプロセスが絡み合ってはじめて商品が売れていくものです。つまりMDとは商品政策に限定するものではなく、お客様の満足を得るためのすべての活動を指すのです。したがってここではMDとは「商売のやり方」と定義します。

商品が企画され、発注され、店舗や各種流通手段にのり、お客様の手に渡り、顧客満足を達成するまでの流れ、そしてこの流れの間におこるすべての具体的な活動がマーチャンダイジングフローです。いわばマーケティング活動を実現するための実践的かつ効果的な活動です。このマーケティング活動を遂行し、顧客満足を達成するためには、「完全な品揃え」と「完全な売場展開」を実現しなくてはいけません。この2つがMDの精度を高めるためには非常に重要なKFSとなります。そして、この流れを作り上げていくために、さまざまな役割を持つ人々がプロとしての仕事をしています。そのための必須項目がMDの6適と言われる6つのポイントです。

***感性と科学**　アートとサイエンスとも言われファッション業界に携わる人にはこの両方が必要だと言われます。どちらが欠けてもだめで両者のバランスをとっていくことが成功のポイントです。

4-2 アパレルマーチャンダイジングフロー

マーチャンダイジングの位置づけ

❶ 事業計画

▼

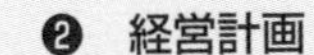
❷ 経営計画

▼

❸ 販売計画

営業計画(マーケティング)

商品政策(MD)

▼

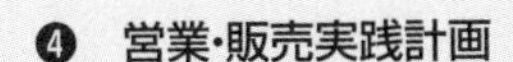
❹ 営業･販売実践計画

マーチャンダイジングの目的

社員	企業の目標	基本ポリシー
働きがい = 生きがい	①販売目標の必達 ②粗利目標の必達 ③販売効率の向上	①プライスMD ②カラー MD ③サイズMD ④ブランドMD ⑤ギフトMD

▲

お客様の満足を得るための6適

▲

①適　　時:お客様の欲しいときに	→ 季節期間区分	→	4S3C
②適　　品:お客様の欲しいものを	→ 商品分類	→	アイテム数
③適　　価:お客様の欲しい価格で	→ プライスゾーン	→	A、2A、1/2A
	→ プライスライン	→	中心価格
④適　　量:お客様の欲しい量だけ	→ 販売スピード	→	鮮度管理
	在庫日数	→	回転率 交差比率
⑤適サービス:お客様の欲しいサービス	→ 精神的サービス 物質的サービス		
⑥適　提　案:お客様の欲しい提案で	→ V.M.Dの確立	→	V.P

(出典:ムガマエ株式会社「BUYER'S MANUAL」より)

【6適】 MDの基本項目です。適時・適品・適価・適量・適サービス・適提案の6つです。これはお客様の満足を得るための6ヶ条とも言います。MDとはこの6適を徹底していくことが重要です。

3 商品企画とは何か

アパレル商品はいかに時流を半歩先取りした商品企画をするかどうかが重要です。そのためにアパレル業界に携わる人はあらゆるところを情報源として、より幅広く、より先取りした情報を収集することが求められます。

こんな商品を作ったら喜ぶかな、このままだと平凡かななどと想像を働かせながらアイデアを練り上げていくことをアイデアメイクと呼びます。

アイデアメイクの上でもっとも重要なことは次の3点です。

❶情報量と情報の質

「情報量は移動距離に比例し、質は経験に比例する」という言葉があります。アパレルの最新情報を得たいと考えたらとにかく最新の情報を自分で確認することです。パリコレを見たり、ミラノ**コレクション***に出掛けたり、ヨーロッパのモデル店舗を見に行くなどの情報を集めるための自らの行動がポイントです。

❷企画力・構想力

企画力はもともと持っている才能と努力して花開く部分とがあるようです。いわゆるデザイナーの多くは、もともとの感性レベルが高いものです。しかしそれも感性を磨く努力（美術館や自然を見に行くなど）をして磨いている方もたくさんいます。

❸マーケティング・マーチャンダイジング力

❶と❷を磨いた上で、お客様にどのように買っていただくかという具体的な詰めに入ります。売り方ありきではなく、まずは企画の磨きこみが必要なのです。

***コレクション**　世界的に有名なデザイナーが自分の感性を最大限に活かして、次の時代を先取りする新企画をステージ用商品として発表する場です。世界5大コレクションはパリ・ミラノ・ロンドン・ニューヨーク、そして東京コレクションと言えるでしょう。

アパレルトレンド情報収集

時期	企画内容	情報源
2年前	糸の企画	・国際流行色協会（インターカラー）による流行色の予測
1年半前	テキスタイル企画 メインカラー トレンド	【民間団体のトレンド情報】 ・日本流行色協会による色情報 ・CAUS　米国色彩協会 ・CCI　国際綿花評議会 ・CIM　フランスモード工業組合 【情報企画会社の情報】 ・プロモスティルジャパンなど
1年前	アパレル商品企画	・糸の見本市 ・テキスタイル製品見本市
半年前	メーカー展示会 小売業の仕入れ	・アパレル見本市 （MAGICなど） ・メーカー展示会 ・各種デザイナーコレクション
実需期（今）	お客様の購買活動	・ファッション雑誌 ・テレビなどの媒体記事

【インターカラー】　国際流行色選定機関であり、同組織が世界の流行色を予測して、およそ2年前に流行になるであろう色を発表し、提案しています。日本には日本流行色協会があり、シーズンの1年半前に加盟企業に対して流行色を提案しています。色は作られるものなのです。

4 展示会の意義

多くのアパレルメーカーは商品を市場に浸透させるための手法として展示会を開催します。展示会とは次のシーズン商品の内見会兼受注会です。展示会の成功はメーカーの売上に大きな役割を果たします。

アパレルメーカーにとって展示会は必要不可欠なイベントであり、一大営業の場です。

メーカーは展示会を一つのゴールとして商品企画を進めます。一時期はコスト削減で展示会場を会社の中で開催したり、展示会自体を大幅縮小する企業もありました。しかし最近はブランドコンセプトを打ち出せるような場所で開催する企業が増えてきました。また、新興アパレルや資金や集客面で単独開催が難しい企業が集まって、合同展を開くことも増えています。合同展は小売店にとってはおもしろい仕入先発見の場として重宝されています。

展示会では取引先のバイヤーが次のシーズンの売上計画に則り、各社の数値計画を基準に、何（アイテム）を、どのくらい（量）、いつまでに（納品時期）、いくらで（下代*）購入するかを決定していきます。アパレルは年間4シーズン～6シーズンを基準に商品構成を決定していきます。しかしこの展示会発注方式では予測と現実のギャップが大きく、売り上げに結び付きにくくなっています。また生産過剰、在庫過多という業界特有の問題を引き起こしてきた要因でもあります。

これを避けるために、受注生産方式に切り替え、本当に必要な商品だけを生産し納品する形をとるように変化しています。

これからの展示会はリアルとバーチャルの併用により、効率的な運営方法を検討していくべきでしょう。

***下代**　（げだい）　仕入原価のことです。店頭販売価格を上代と呼ぶのに対して原価を下代と呼びます。利益をのせて店頭販売する前の下の価格の意味で、展示会の場では「下代は上代の5掛けで」（卸値は店頭販売価格の50%の意味）などと表現されます。

取引先別仕入条件確認リストの例

項目＼メーカー名	A社				
1. 掛け率	55%				
2. 取引形態 買·委·条件買· 条件委·消	条件付買取				
3. 返品対応	○				
4. 納期	毎月20日				
5. ペナルティ 条項	納期遅れの場 合のみ掛け率 3%変更可能				
6. 追加発注	△				
7. 値引対応	○				
8. 期末対応	×				
9. 商品交換	○				
10. 掛け率交 渉の有無	○ (月額500万 円以上で可)				
11. 補足	毎月メールで 消化率を報告				

【展示会】 売り手であるメーカーが決めた展示会期間中（3日間程度）に取引先を順次集め、1社ごとの受注内容を確認していく場です。同業他社の状況を聞いたり、自社の今年の傾向について取引先から意見を聞くなど情報収集の場としても活用しています。

5 マーチャンダイズシミュレーション

展示会終了後メーカーにとっては眠れない日々が続いていきます。取引先のチェック状況に応じて修正点を確認し、マーク別の数量集計をして、最終数量確認を行い、初めてそれらが生産工場にまわります。

展示会においてメーカーの営業担当者は展示会場に陳列しているサンプル商品を基準に次の項目の最終チェックを行います。

❶アイテムに関して

色・柄傾向、型・デザインのディテール、サイズピッチとサイズ別アソート、価格設定、素材感等の最終確認をします。必要であれば内容を修正し、実際に納品する段階では修正されたものを投入していきます。

❷数量チェック

全取引先別マーク別数量把握を実施します。展示会でのサンプル商品はテストの意味もあるため、場合によっては生産中止が展示商品の半数以上を占めるということもあります。

❸ディテールチェック

商品化を決定した物について取引先の意見をベースに、ディテールの最終チェックを実施します。デザイナー、パタンナーが再度、デザイン、パターンを微修正します。併せて生地手配、副資材のチェックを行います。また**マーチャンダイザー**＊が最終仕上がりと生産金額、数量のトータルチェックを行い、晴れて商品がラインに乗ります。慎重に慎重を重ねて商品は工場に流れていくのです。

＊**マーチャンダイザー**　メーカーや小売業で商品を中心としたマーチャンダイジングの全体戦略を策定し、実行に向けた計画を組み立てる統括責任者のことです。これからの日本のアパレルでもっとも注目される職種となるでしょう。

小売業者用取引メーカーチェックリストの例

【小売業者用　取引先メーカーチェックリスト】

メーカー名 項目	A 社				
展示会時の商品の企画・生産・供給力	△				
3 サイクル別の強み	整理期に強い				
商品の独自性はあるか	アウターが強い				
時流適応性はあるか	○				
コラボレーションや PB 開発への協力体制はあるか	× （特定の店舗とは実施中）				
在庫のフォロー体制はどうか	○				
コミュニケーションはどうか	△				
営業担当者は気がきくか	×				
自社のコンセプトを理解して提案してくれるか	○				
クレーム時の対応はどうか	トップの考え方は明確か ○				
補足事項	コートを中心に仕入れ				
仕入可否	○ 準主力取引先				

【ディテール】 Detail　アパレルアイテムの細かな、詳細な部分、つまり目には見えにくいけれども大事なところを意味します。一見するとどうでもいいような細かいところにお洒落感や差別化のポイントをおくというのが最近のファッション傾向です。

6 生産管理の本質

日本のアパレルメーカーの生産拠点は今もアジア諸国においている企業が多いです。距離が離れている分、特にこの生産・品質管理のレベルを維持しなければ日本のお客様に支持される商品はできません。

縫製工場は一般的には、生産ロットが少なく、単価が高く、ディテールにこだわるような商品の場合は国内工場で生産されます。一方、生産ロットが大量で、単価はそれほど高くなく、一定の基準をクリアすれば良いというような場合は海外工場となるケースが多いものです。

縫製工場にはそれぞれ得意、不得意があるのが特徴です。ニットが得意な工場、ジャケットが得意な工場、カット物などの布帛が得意なところというようにアイテムごとの差があります。またメンズが得意、レディスが得意とか素材による違いなどもあります。ですから通常、工場を選定する場合は、ここは何が得意分野かということを入念に確認してから選定します。

最近では国際アパレル人権NGOである公正労働協会（FLA：Fair Labor Association）が2020年に加盟企業に対して、**新疆ウイグル自治区**＊で生産される原材料や仕掛品、最終製品の調達を禁止すると発表しました。これからのアパレル企業は単に安くモノづくりをするだけではだめで、倫理的にも正しい商品であることを証明しなければならなくなっています。

欧米企業を中心にアパレル企業はサプライチェーン全体を管理することが求められています。原材料の調達リスクを完全に把握し、商品の安定供給を測れるような管理体制への早期移行を進める必要があります。生産管理体制が未整備な企業は存続できなくなっていくでしょう。

＊**新疆ウイグル自治区**　ウイグル自治区では綿花の栽培が活発に行われています。ウイグル自治区で栽培された綿花は「新疆綿（しんきょうめん）」と呼ばれていて、世界3大綿の一つに数えられています。ウイグル地区のコットン生産量は、中国で生産されるコットンのうち約85%を占めると言われています。

生産管理上のチェックポイント

縫製工場名／チェックポイント	A	B	C
ブランド特性と合致した強みを持っているか			
縫製技術などに強みはあるか			
縫製仕様書の受け渡し			
訪問したか			
工場トップの考え方、基本スタンスは			
進捗確認のやり方は明確か、その方法は			
リスクヘッジはあるか（経済環境、気象条件の変化などへの対応）			
技術指導、品質指導、納期管理などの状況はどうか			
工場の相談窓口の設定			
その他特記事項			

【生産ロット】 生産量（金額・数量）のこと。それぞれの工場によってどのくらいの量を一度に作れるのかというキャパシティ（生産能力の範囲）が決まっています。自社の要望するロットを取り組みたい工場が持っているかどうかは取組条件の重要事項です。

7 品質管理がなければ商品にはならない

これからはメーカーにとってますます、品質に対しての責任が重くのしかかってきます。これは法律ということ以上に、その商品の品質に対してきちんと責任をもっているかどうかをお客様が重視する時代になってきたのです。

日本では1995年7月から本格的にPL法（製造物責任法）が施工され、メーカーの作る製品に対しての責任と義務が強化されました。この品質管理にいち早く本格的に取り組んできたアメリカの婦人服SPA企業があります。同社は30カ国以上、およそ200の契約工場で生産をしていました。

同社では5C戦略をベースに品質管理を徹底してきました。5Cとは、コンフィギュレーション（編成）、コンソリデーション（統合）、サーティフィケーション（認定）、コンサーン（懸念）、コスト（原価）を指します。この5つの方針にしたがって、最適な技術、時間、経費をベースに最適生産地を決定し、商品調達先を絞りました。結果的に生産国、生産工場の絞り込みに成功し、一工場あたりの生産量を倍に増やし、基準を徹底する**監査官**＊をつけ世界中の工場をまわって定期的にチェックをするという徹底ぶりです。併せて各国の人種の違いを念頭においた（懸念）教育指導を行い、世界のどこでも同レベルの品質を維持できるようにしたことで、米国を代表するファッションブランドの地位を築きました。

また新たな動きとして、品質に加えて人権や環境に関する定期的な監査をファーストリテイリングやインディテックスでは強化し始めています。アパレル業界の生産管理と品質管理は、トレーサビリティーの把握が絶対条件となるでしょう。

＊**監査官**　監査官チームは同社の品質監査基準に基づいて工場や素材、付属等の仕入先にまで出向き、実態を評価し、だめな場合は一定期間内での改善を促すという現場監督です。品質はここまでやらなければ守れないものなのです。

品質管理のチェックポイント

アパレル製品の品質管理

品質管理が徹底できていない企業	品質管理が徹底できている企業
・品質が悪いと主導権がとれない ・品質が悪いとクレームが増える ・クレームが増えるとクレーム対応が増える ・値引きを要求される ・返品、交換を要求される ・ブランドイメージが落ちる ・企業としての信用がなくなる ・生産性の低い企業となる	・品質にこだわっているので取引の主導権が握れる ・品質に自信があるため積極的な提案ができる ・値引き、返品がなくなる ・サンプル代はかかるがアフターフォローにかける時間は少ない ・収益性が向上する ・生産性の高い企業となる

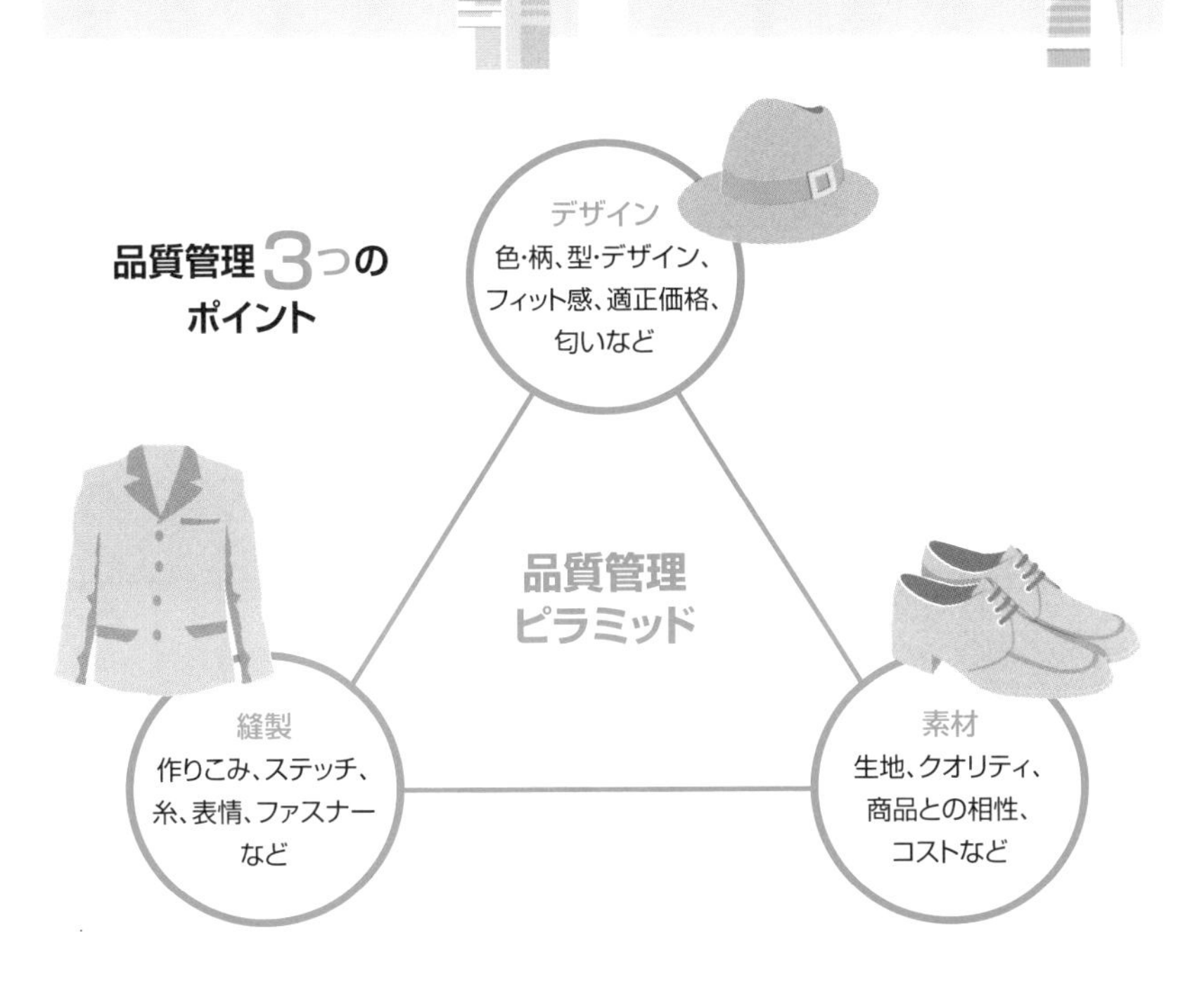

【PL法】 製造業者等が、自ら製造、加工、輸入又は一定の表示をし、引き渡した製造物の欠陥により他人の生命、身体又は財産を侵害したときは、過失の有無にかかわらず、これによって生じた損害を賠償する責任があることを定めた法律です。

8 アパレル流通を支えるロジスティクス

アパレル業界では今、川上・川中・川下のすべてに関わる企業がロジスティクスに対して真剣に議論をし、改革に取り組み始めています。ロジスティクスを戦略的に進めることが顧客満足度の向上につながるのです。

生産管理、品質管理を徹底して出来上がってきた商品が店頭に並ぶためには物流は欠かせない、重要な役割を果たします。工場で生産された商品は物流センターに集められ、色・柄別、型・デザイン別、サイズ別等に分類されます。それらが取引先別にさらに分類されます。それが取引先指定の納品日にトラックで配送されて小売業の物流センターに入庫されます。それらを検品した上で伝票を取り交わし、店舗別に再整理されてそれぞれの店の**バックヤード**＊に入庫されます。

ロジスティクスにはこのような商品の流れをより効率的にしていくという意味があります。一つ一つの過程をいかに効率よく、二度手間をなくすかがポイントです。併せて、お客様の求める商品を自社、あるいは物流業者の倉庫にストックしておき、お客様の必要な時に即座に店頭に陳列できるように常に準備しておくことを狙いとしています。商品というものはどうしても面積をとるものです。アパレル商品も一つ一つは薄くて軽いものが多いのですが、まとまるとかなりの重さと大きさになるものです。ですから売れ筋を確保しようとすればするほどバックヤードの面積が足りないということになりがちです。

●金の卵になるか、ゴミの山となるか

ある大手百貨店でも物流問題は大きなテーマになっており、常に議題に上がるのですがなかなか面積

＊**バックヤード**　小売業には基本的に売場にだせない、あるいは時期的に早いのでまだだしたくない商品を保管・管理しておく倉庫があります。一般的にはバックヤードと呼ばれています。効率的なバックヤードづくりを各社は進めています。

を広げられずに困っていました。しかし、答えは簡単なところにありました。まずは売場に陳列する在庫金額を減らし、同時にバックヤードにストックする在庫も減らしたのです。これで倉庫問題は解決しました。倉庫にある商品はいずれお金に変わる「金の卵」です。しかし、放っておくとあっという間に「ゴミの山」に変わります。

ロジスティクスを戦略的に活用するためには、まずは今できることを確実に実行すること、その上でロジスティクス戦略を構築することが必要なのです。

ロジスティクスの位置づけ

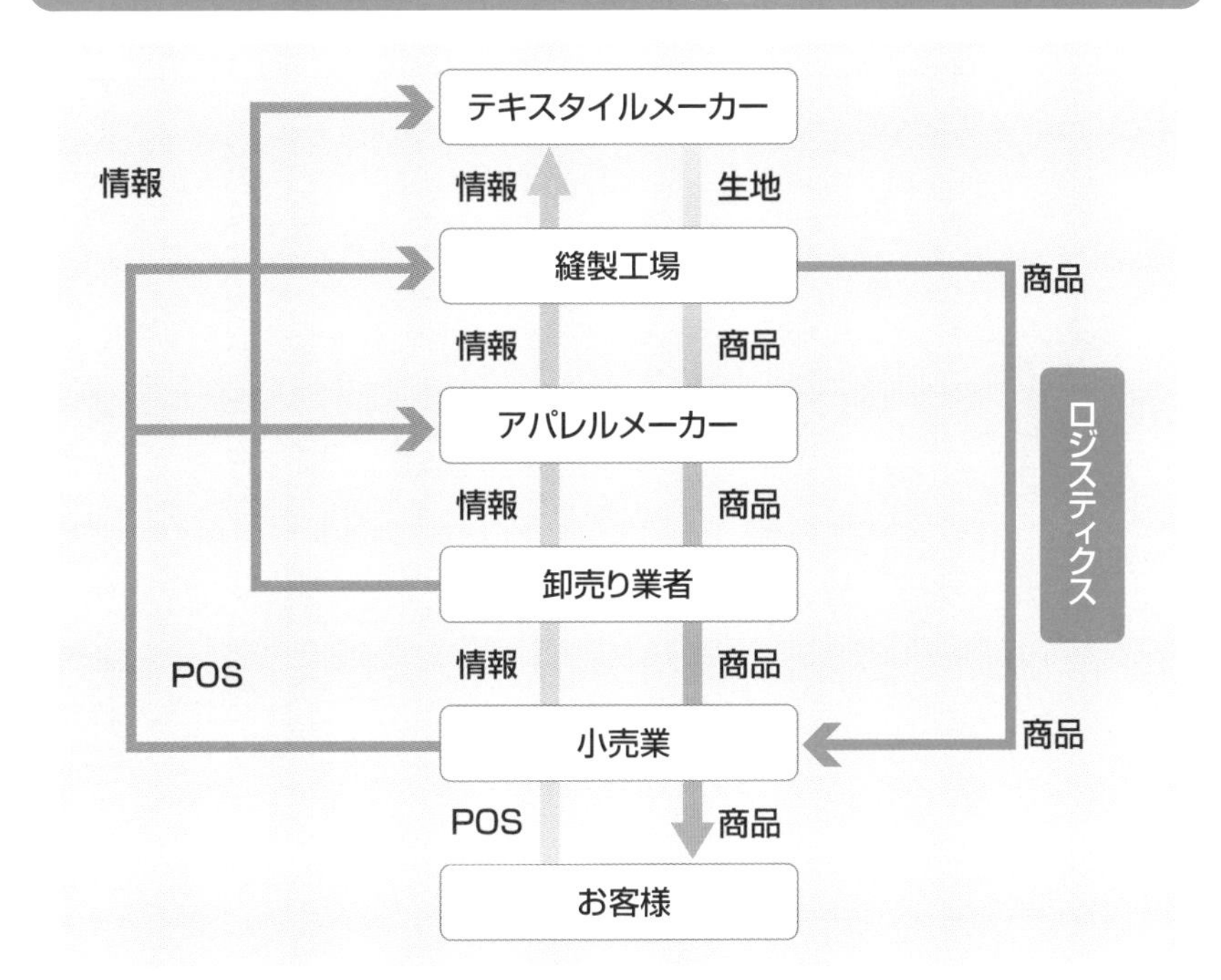

ロジスティクスの最も大きな狙いは、

1. ムダなコストの圧縮
2. 適時適品を実現するための仕組みづくりにあります。

【ロジスティクス】Logistics　もともとは兵站学（へいたんがく）のことで軍隊が最前線で必要とする兵員、軍需品を補給するという意味です。これが企業における原材料の調達から生産・在庫・販売にいたる物的流通の管理活動という意味になったのです。

9 販売計画とプロモーション戦略

販売計画とプロモーション*戦略という2つの策は切っても切り離せない関係にあります。どちらかだけがあればいいというものではありません。これらは互いに重なり合って戦略を実現に導くものなのです。

「良い商品は確かにできた。品質管理も完璧。ロジスティクス戦略も完成した。これで売上はあがるはず」というのでは戦略が十分ではありません。アパレル商品を自社の意図をきちんと伝え、それに共感していただき購入にまで結びつけて、最終的にかかった経費や原価を差し引いても利益がでるという状態にならなければそのマーチャンダイジングフローは失敗と言えます。これはアパレルに限った話ではありませんが、どんなに素晴らしい商品を作ったとしてもそれが売れてなんぼです。ですから販売計画は必ず必要になります。

併せて、今の時代に売れるポイントは、「自社の哲学、理念、考え方、価値観をお客様に伝えること」が必要です。さまざまな情報やメディアが氾濫する中で、どの媒体を使い、どのような伝達手法で自社商品の告知をしていくかで結果は雲泥の差となります。特に今は「クチコミ」が大きな要素を占めています。今はインフルエンサーを上手に使い、消費者により身近な見せ方やトークで商品提案していかなければ伝わらない時代です。結果的には現在のアパレルのプロモーションはWeb広告が中心となり、インスタやLINEで集客を図る手法が一般的です。自社のターゲットを見極めて媒体選定を行うことがポイントです。

押し売り的な広告宣伝ではなく共鳴・共感型のコミュニケーション戦略が肝となります。

＊**プロモーション**　Promotion　一般的には広告戦略を指します。広義にはマス媒体を使ったアドバタイジングから狭義には店内POPなどのセールスプロモーション、クチコミのような情報伝達までの広告・販促手法全般を指す言葉として利用されています。

【アパレル企業のプロモーショントレンド】

以前は大手アパレルがTVCFを打ち、雑誌広告を展開し、それをもとに新商品を全店に一気に投入していく流れがありました。

現在では完全にオンラインでの情報発信が主流となり、SNSではインスタやLINE、写真から動画広告、リアル接客からオンライン接客、SEOからMEOへと媒体も変化しています。投資対効果が見えることと、媒体費用が低くても拡散されることも増えています。自社のターゲットと時代の流れを読みながら、どう媒体ミックスするかが大切です。

【クチコミ】 口(クチ)コミュニケーションという日本語と英語のミックス言語。重要な情報、信頼できる情報は知り合いを通じて伝播されるというもっとも原始的なコミュニケーション手法のことで、ここ数年あらためて注目されている手法です。

10 社長の仕事

アパレル企業を成長させるためには売れる商品があることは当然ですが、それを作ろうと決断した社長がいることを忘れてはいけません。企業はトップで99・9%決まるのです。

アパレル企業における社長というのは他業種とは何か異なる部分があるのでしょうか。かっこいい業種だからセンスの良い人が社長になるべきでしょうか。それとも流行を作り出せる人が社長をやるべきでしょうか。いずれも正解ではありません。「売れる商品、話題となるブランド、世の中に影響力を与えることができる物を作り出せる人材が育つような環境を作ること」が社長の仕事です。良い商品ができたけれどこれをきちんと販売できる営業マンがいないので即、採用しようと動きがとれる人です。コンサルティングをしていたある大手アパレルメーカーは業績不振が続いていましたが、トップが交替して「人材育成こそがすべて」ということに気づき社員教育を徹底し始めてから、急激に業績が伸び始めました。社内の誰よりも会社のことを考えて、社員のことを自分以上に考えることができる人でなければ社長をやるべきではありません。

私は**企業の目的**＊を次の3つだとお伝えしています。

1. 社会性の追求
2. 教育性の追求
3. 収益性の追求

企業のトップは常にこの3つの順番で経営に当たることが大切です。社会に貢献し、人材を育成するという環境を作れたときに、収益は結果としてついてくるようです。トップの仕事とは、社員がイキイキと働ける環境を作ることにあるのです。

＊**企業の目的**　企業の目的は上記の順番であることが重要です。収益性の追求は企業経営においてはもちろん重要なことですが、これを優先するあまり、協力企業や協力してくれたメンバーのことを無視して経営を進め、結果的に潰れてしまった会社も多いのです。

社長の仕事10の鉄則

(1) スーパーサポーターに徹すること

❶リーダーシップとヘッドシップは違う
❷アメーバ発想（お客様中心・社員中心という考え方）

(2) 長所伸展法に徹せよ

●企業の人格と個人の人格を使い分ける

(3) 社員が自慢したくなる社長になれ（仕事ぶり、身だしなみ、家庭）

(4) コミュニケーション力を磨け

●対話・討論・会議を使い分ける

(5) 宣言し、約束を守れ

❶スタンスを明確にすること
❷夢のある中長期ビジョンを示せ
❸それは実現可能と思えることで、喜びを分かち合えるものであること

(6) トップも実績で評価せよ

●嘘をつかず、常に責任をとること

(7) グレートカンパニーをめざせ

●社員が自社に誇りを持てて、友人・知人に口コミをしていく会社をめざせ

(8) 時流に適応せよ、現場主義たれ、そして時代性をもった企業をめざせ

(9) いかなる時流下においてもローコストオペレーションに徹せよ

(10) 現場のモチベーションアップが社長のモチベーションアップであることを認識せよ

【トップで99.9%決まる】　船井幸雄・船井総研創業者の言葉です。企業を成長させるのも衰退させるのも、すべてトップの考え方、行動様式で決まるという法則です。今が厳しくてもトップの思考が変われば企業は生まれ変わることができるのです。

11 売れるデザイナー・売れないデザイナー

デザイナーという職業はいつの時代も憧れの対象です。どことなく華やかな香りがしてライトアップされたステージをモデルと歩くイメージ。しかしこうしたデザイナーは世界のデザイナーの1%もいないのです。

デザイナーとは自分のアイデアを形にできる人のことです。ですから有名無名を問わず、こうした仕事をできる人はみなデザイナーです。

しかし、どんな人でもそうですがアイデアが湯水のように湧き出てくる人はそう多くは存在しません。またアイデアはでるけれどまったく誰の興味もひかないというのではデザイナーを続けるのは難しいでしょう。特にアパレルのように年に何回もデザイン企画をしていかねばならない世界では、考えることが大好きでなければ難しいでしょう。デザイン画を描いていたら知らない間に朝になっていたというくらいアイデアを練ることに夢中になれる人でなければ務まらないのです。同時に、アイデアの卓越性だけではなく、常にその商品が売れるか売れないかを客観的に見ることができることが重要です。**売れるデザイナー**＊とは企画したものが売れることが絶対条件だからです。

一方で売れないデザイナーもたくさんいます。と言うよりも、ほとんどのデザイナーは売れていません。売れないデザイナーは、そこまでデザインに情熱を傾けられない人です。世界で活躍するデザイナーも下働きをし、地道な努力を続けて、自分のブランドを創り上げています。

お客様の支持を得るデザイナーはデザイナーを天職と考え、お客様が次に欲しいのはどんなものなのかを追体験できる人だと言えるでしょう。

＊**売れるデザイナー**　最近ではニューヨークのデザイナーがパリの老舗ブランドをデザインするケースが目立っています。マーク・ジェイコブス（ルイ・ヴィトン 1997-2014）、トム・フォード（イヴ・サンローラン・リヴ・ゴーシュ 2001-2003）、他にマイケル・コースなどアメリカ的な斬新さを伝統に加えるという手法で注目されています。

日本人デザイナーの出身学校

学校名	主なデザイナー	代表的なブランド
文化服装学院	・岩谷俊和 ・高田賢三 ・高橋盾 ・田山淳朗 ・津森千里 ・NIGO ・渡辺淳弥 ・丸山敬太 ・山本耀司 ・コシノジュンコ など	●ドレスキャンプ ●KENZO ●アンダーカバー ●アツロウ・タヤマ ●ツモリ・チサト ●A BATHING APE ●ジュンヤ・ワタナベ ●ケイタ・マルヤマ ●ヨウジヤマモト ●ジュンココシノ など
エスモードジャポン	・宇津木えり ・カミシマチナミ ・黒田雄一 など	●メルシーボークー ●カミシマチナミ ●ラッドミュージシャン など
バンタンデザイン研究所	・桑原直 ・高原啓 ・濱中三朗 など	●スナオクワハラ ●ロエン ●ロアー など
桑沢デザイン研究所	・滝沢直樹 など	●ナオキタキザワ など

【デザイナー】　デザインとは一般的には、「計画・設計」という意味があります。ファッション関係デザイナーも同様で、アイデアメイクからスタイル画、素材選定、サンプル作成、パタンナーとのやり取り、工場への指示、販売にいたるまでとその領域は広いのです。

12

洋服はパタンナーで決まる

洋服はデザイナーだけがいればできるものではありません。デザイナーの考えたデザインに忠実に基づいて洋服に仕立て上げていく仕事が必要です。この重要な仕事をパタンナーが行うのです。

パタンナーとは和製英語です。デザイナーのデザイン画をもとにパターン（型紙）をおこして、洋服の原型を作っていくのが主な仕事です。洋服はパターンで決まると言われるほどアパレル関係の仕事の中でも重要なポジションです。どんなにデザイナーの感性が鋭くてもパターンが悪ければデザイナーの価値はなくなってしまいます。逆に多少デザイン力は低くても、パターンのレベルが高いことで質の高い洋服に仕立て上げることができるのです。

パタンナーはデザイナーの陰に隠れてあまり目立つ存在ではありません。しかし、著名なブランドや有名デザイナーには必ずと言っていいほど腕の良いパタンナーが存在します。

では腕のいいパタンナーとはどんな人を言うのでしょうか。基本的にはデザイナーの考え方、コンセプトを理解して、それを図面化し、型紙をおこし、その設計図にもとづいて工業生産のラインにのせられる技術力と表現力を持つ人です。優秀なパタンナーの作った洋服は着た瞬間にわかります。腕の良いパタンナーになればなるほど、それを着た時に身体のラインがもっとも綺麗に見える**フォルム**＊を想定して型紙をおこします。つまり、それを可能にする技術力と表現力、そして着た時の想像力に優れた人が適しています。

今後、デジタルファッションが盛んになってきたとしても、それが人気になればなるほどフィジカルな洋服に仕立て上げるニーズは高まります。また、デジタル上でよりディテールに凝ったパターンも求められるでしょう。パタンナーの価値はますます高まります。

＊**フォルム**　Form　形、形態。アパレル業界では通常、商品の輪郭、全体の形を示すときに使われます。ラインという言葉とはちがい、フォルムはより立体的な全体観を指し示す言葉です。

優秀なパタンナーになるための 10 条件

1. パタンナーという仕事に対して誇りと自信を持っている
2. デザイナーの思い、哲学、大事にしている考え方を十分に理解したうえで製作にとりかかるように心掛けている
3. 毎回のデザインに対するデザイナーのコンセプトを確認し、理解するようにしている
4. 人間の身体の特徴、男女差、体型差の違いなどの基礎知識を持っている
5. 流行素材の情報収集、素材特性、副資材の情報と知識がある
6. 生地の打ち込み具合（例：逆毛はないか、伸びはどうかなど）について、詳細にチェック、確認ができ、工場とのやりとりができる
7. 生地方向、柄合わせ、地縫い、および部分始末、ポケットの始末、仕上げ方法など、最終商品化までの一連の流れについてもきちんとおさえている
8. 以上を縫製仕様書に記入して内容を正確に工場に伝え、きちんとしたモノづくりを進めていくコミュニケーション能力がある
9. コスト感覚にも優れ、ムダを排除するプロセス策定の意識がある
10. CAD などを適度に使いこなせる

【パタンナー】Pattern Maker　デザイナーの作ったデザイン画にもとづいて工場のラインにのせアパレル製品化するための型紙をおこす人です。とにかく技術力の高さが大前提のプロが求められる職種です。

13 プロデューサーは現場監督業

テレビや音楽業界では聞きなれたプロデューサーという言葉。実はこれはアパレル業界でも必要になってきました。現場がいいサイクルでまわるように全体調整をはかる役割が重要になっているのです。

アパレル業界は比較的、キャラクターの強い人が多いものです。特に、デザイナーなどは個性的な人が多く、プライドも人一倍高い人が多いようです。こうした人とパタンナー、また営業やプレスなどのそれぞれの仕事に一貫性を持たせ、スケジュール通りに円滑に仕事を進められるよう調整していく仕事です。

つまり、作ったものを売るというプロダクトアウトではなく、お客様の欲しい物は何かを知り、その意向をデザイナーや関係者に伝え、市場とのギャップが生まれないように調整する仕事とも言えます。作り手と買い手の間をつなぐ役目がプロデューサーなのです。

プロデューサーにはどんな役割が求められるのでしょうか。

1. **マーケット**＊やお客様から得た情報だけではなく、異文化・他業界からの情報を注入することができる
2. 自社・担当ブランドにとって必要な情報と必要でない情報の選別ができる
3. お客様（特に大衆）の気持ちを誰よりも知り、必要であればデザイナーに対しても冷静に助言しアイデア修正を依頼することができる

ドラマのプロデューサーもそうですが、キャスティングされた大物タレントに対して明確な根拠のもとで指示をだせなければ質の高いドラマにはなりません。

優秀なメンバーを活かせるかどうかはプロデューサーの統括力、調整能力で決まるのです。

用語解説

＊**マーケット**　Market　一般的には「市場」と訳されます。ビジネスの現場では「お客様」を表現す場合に使われます。マーケットという言葉が注目されたのも顧客に主導権が移ったことが一番大きな理由です。

プロデューサーに求められる資質

提案 → プロデューサー ← 提案

・ブランドやプロジェクト全体像の共有
・商品化、生産、販売計画、PR、展開方法の指示

デザイナー ⇔ マーチャンダイザー

デザイン企画
生産管理・指示

売上数量管理
販売企画・指示

商品企画製作・生産管理スタッフ ⇔ 企画・製作・営業・物流スタッフ

そもそもプロデューサーをおいていない企業では、マーチャンダイザーが全体統括をすることもある。

プロデューサーは内部の収支計画から人員手当、配置、モノづくりと販売の調整、そして外部取引先などの全体業務を統括する役割であるため、売り上げ規模の大きなブランドになると登場するケースが多い。

プロデューサーをブランドマネージャーという肩書にする場合もある。

【プロデューサー】Producer　本来は製作者の意味で映画、テレビ、音楽などの製作上演にあたり、企画、キャスティング、予算決め、運営の統括責任者のことです。アパレルでは商品企画〜店頭展開までのビジネス化を統括する人という意味にまで広がりました。

14 マーチャンダイザーですべてが決まる

アパレルメーカー、小売業においても欠かせない職種になってきたのがマーチャンダイザーです。マーチャンダイザーはバイヤーの親分。もっともバランス感覚の優れた人材が担うべき仕事です。

マーチャンダイザーは通称、MDと呼ばれています。もともとMDとはマーチャンダイジングの意味です。そのマーチャンダイジングを統括する仕事ということで、同じMDという表現をされるのです。

マーチャンダイザーの仕事の領域は本当に幅広いものです。と言うのも、マーチャンダイジングとは「商売のやり方全般」のことを指しますから、売ること、買うこと、宣伝することに関わるすべての仕事の意味を理解し、実践できる人がMDなのです。

アパレルメーカーのMDと小売業のMDとではメインの仕事内容が以前は違っていました。しかし、小売業でもモノ作りを積極的に進めるようになり、今や両者のMDに求められる資質や仕事内容は同じです。

必要な知識や能力は左ページのようにさまざまなものが必要です。しかし、現場のMDにとって本当に大事なのは、「社内・社外とのコミュニケーション能力」でしょう。MDとは売上・利益責任を持つ立場ですから、当然、商品が売れるようにさまざまな仕掛をしていきます。その際に、社外の取引先には自社が求める高い品質を維持してもらうよう働きかけなければなりません。そこに一切の妥協は存在しないのです。一方で社内のデザイナー、パタンナー、バイヤー、FA、プレスといったすべての部門を一体化させて、盛り上げて売るのだという社内の雰囲気を作ることが大切です。

このようにすべてを一体化させ、自社が主導権を持った仕事の進め方ができるように仕向けていくことがMDの必要条件です。

【マーチャンダイザーの条件】 成功するMDは「科学と感性」の両面を持ち合わせています。もちろん多いのはどちらかが圧倒的に優れたMDです。しかし、MDは両者のバランスをとれる人でないと長続きはしないようです。

マーチャンダイザーの仕事と役割

(1)常にお客様を中心におき(=顧客中心経営)、お客様の動きを敏感に捉えるセンスを持っている。
(2)誰に、何を、どのように販売していくのかという商売の基本をおさえている。
(3)自社の独自性とは何か。それをお客様に伝える。

1.コンセプト策定能力

お客様

2.実行計画策定能力

(1)自社がおかれている現状を客観的に把握している、または把握するためのデータ収集、分析を行っている。
(2)売上計画、利益計画、在庫計画を立案し、自社の目標数値を達成させるための行動ができる。
(3)目標数値達成に向けた適切なコストコントロールができる。

3.コミュニケーション能力

(1)社外関係者との交渉、折衝能力があり、自社への協力関係を作れる。
(2)社内スタッフをとりまとめ、目標達成に向けて一体化した組織体制を整備することができる。
(3)お客様との関係を1番に考え、時にはお客様の意向や思考を掴むための場づくりを心がけている。

【マーチャンダイジング】Merchandising　マーチャンダイジングとは商売のやり方のことを指します。お客様にとっての6適(適時・適品・適価・適量・適サービス・適提案)を満たすためのあらゆる活動がマーチャンダイジングです。いずれも欠けてもいけないのです。

15

アパレル営業の仕事の変化

お客様の価値観が劇的に変化しつつある現在、企業におけるマーケティングのあり方も変わりました。いわゆるプッシュ型からプル型への転換が求められています。これにより営業のあり方も完全に変わりました。

営業というとほとんどの方々は、何かを売り込む仕事をイメージされるのではないでしょうか。確かに以前はそういう時期もありました。アパレルメーカーの営業でも以前は全国の街をつぶさに回って、売れそうな店に飛び込みで営業をかけるというやり方が一般的でした。しかし時代は変わりました。あるものを売り込んでいくという営業から、自社に興味のあるお客様を見つけて、そのお客様に商品を提案する時代に変わったのです。従来のやり方を「プッシュ型営業」と呼ぶのに対して、後者は「プル型営業」と読んでいます。

私の知る都心百貨店の**外商***トップセールスの方はまったく売り込みをしません。その代わり、お客様からのご要望には徹頭徹尾応えています。「人生のコンシェルジュ」を心掛けたら結果的に売上がついてきてダントツトップの成績をあげています。今では同社の中長期経営計画の柱に外商が位置づけられ、会社の大きな収益源として認識されるまでになっています。

顔の見えるお客様で、自社に興味を持ってくれたお客様と商売をする。これが価格交渉に陥らず、自社が主導権を持った営業になるためのポイントです。

プッシュからプルへ。押すより引く時代なのです。

***外商**　百貨店には古くから外商（がいしょう）という販売形態があります。店売りに対して外売りとも呼ばれます。個人外商と法人外商がありますが、コロナ禍以降、各百貨店は個人外商が好調で、特に富裕層向けの外商事業を強化する動きがでてきています。

時代のアタマの営業戦略

	一般的アパレルメーカー	時代のアタマのアパレルメーカー	違いはココ!
事業発想	メーカー発想	顧客思考	常に顧客中心で考える
事業志向	金銭重視	理念重視	顧客は理念に共感する
マネジメント	日報管理	システム対応	結果を重視し、無駄な営業コストを削減
人材育成	じっくり型	即戦力型	できることから権限委譲
商品化	製品化	商品化	売りやすい仕組みづくり
事務所	機能重視	環境重視	従業員満足度向上のためオフィス空間を重視する
集客方法	ローラー作戦	反響型営業	顧客訪問前に、対象を明確にする
営業スタイル	スロー	スピード	正確さ以上にスピード重視
営業頻度	少なめ	多め	コミュニケーションを重視する
平均単価	高め	普通	取引額だけで決めず成長性重視
アフターサービス	各人任せ	仕組みで対応	リピート・固定客化へ

売れる営業・売れない営業

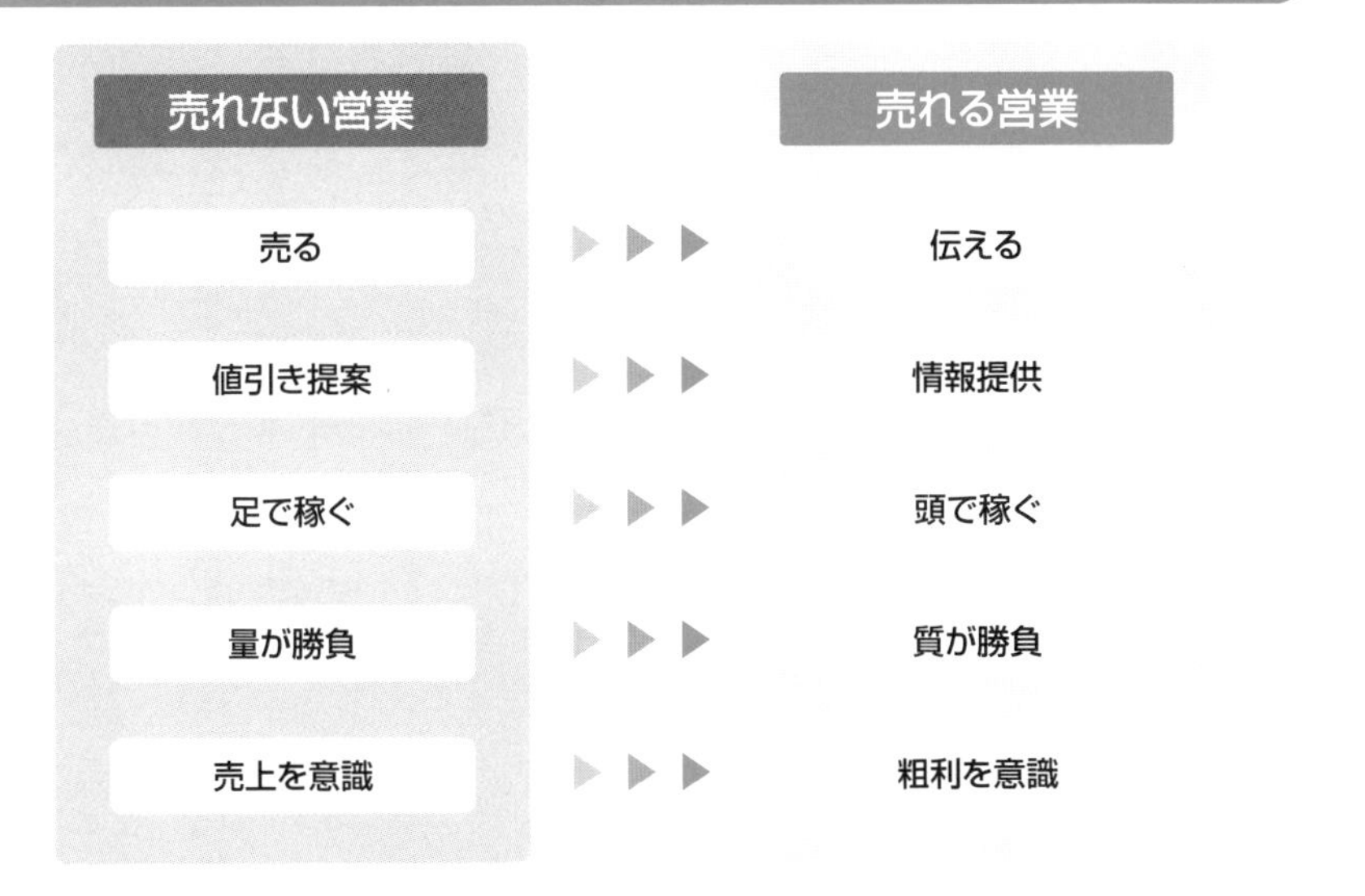

【プッシュとプル】 言葉の通り、プッシュとは押す、プルとは引くという意味で、こちらから無理やり押し込んでいく営業をプル型営業、こちらに興味をもってもらいお客様に来ていただく営業をプル型営業と呼びます。プル型が高く買ってもらうためのコツです。

16 アパレルにおけるプレスの役割

ファッション業界でもっとも憧れる職種の一つがプレスという仕事でしょう。特に女性の支持率が高い仕事です。メディアとの関わりが多い仕事ですが、今その仕事の範囲がさらに広がっています。

モノを販売するすべての企業にとって商品のプロモーション活動はなくてはならないものです。プロモーション内容によって売上が上がったり、下がったりということが現実にあるからです。こうした活動を陰で支えるのがプレス（アタッシェ・ドゥ・プレス）の仕事です。

特にプレスに注目が集まったのは、1980年代のDCブランドブームがきっかけです。マンションメーカーに近い規模のブランドが多かったこともあり、各ブランドは自社の知名度を一気に上げるためにプレス担当、いわゆるテレビや雑誌とのパイプ役をおいて、積極的に広報活動を仕掛けたのです。プレスからの情報はスピーディーに雑誌に掲載され、DCブランドの知名度は急速に高まっていきました。同時に各社の代表としてブランドコンセプトを説明したり、今年の売れ筋をプレスが答えるなどマスコミへの露出が増えていきました。こうしたことから、プレス=華やかな仕事という印象が広まりました。

しかし、プレスの仕事はブランドの認知度を高めるための「準備や仕掛けをする仕事」です。マスコミへ流す新商品情報を文書にまとめる、コレクションの案内をマスコミ各社にリリースを配信する、また写真、映像データの貸し出し、**衣裳協力***のためのストック整理など、裏で動く仕事です。つまり、自社のブランドコンセプトを正確に理解し、すべての商品に対して愛着を持ち、勉強する姿勢が必要なのです。現在は媒体が細分化し、SNSも多岐にわたるため、幅広い情報力とバランス感覚が必要です。

***衣裳協力**　テレビや雑誌でタレントやモデルが着ている洋服のほとんどはメーカー各社の衣裳協力商品です。マスコミ各社はそれらを安く、あるいは無料で借りることができ、一方のメーカーは宣伝してもらえるという相互メリットで成り立っています。

アタッシェ・ドゥ・プレスの仕事

ファッション業界においてはアタッシェ・ドゥ・プレスの仕事は「プレスリレーション」＝つまり、さまざまな媒体とのコミュニケーションをとり、自社のブランド宣伝の場を確保する仕事と言えます。一つ一つの仕事を丁寧にできる人が向いています。

主要な業務内容

- 商品の貸出・返却業務・商品管理
- 雑誌編集者やスタイリストへの商品掲載に向けたアプローチ
- 編集ページの競合／自社ブランド掲載内容調査
- 掲載雑誌の社内への報告業務
- ファイリング・ブック作製
- 海外デザイナー来日の際のパーティー・レセプション・展示会などのメディアへの告知など
- インフルエンサーへの情報提供、拡散、情報管理
- SNSなどへの情報発信内容のチェックなど

【アタッシェ・ドゥ・プレス】「Attachés de presse（仏語）＝報道担当官（あるいは大使・公使の随行員）」の意味です。ジャーナリストやメディアを指す「Presse」を担当する立場にある人のことで、一般には「広報・PR」のセクションにあたる企業にとって重要なポジションです。

17 FAがいなければ売上は作れない

作り手がいるだけではそれはお客様の手には届きません。作り手と共に必要なのが売り手です。アパレル業界には数百万人の販売員がいます。この販売という現場があってはじめてアパレルは成立します。

FAとはファッションアドバイザーのことです。いわゆる販売員です。なぜFAと呼ぶかと言えば、モノを単に販売するだけの役割では不十分で、今はファッションについてのアドバイスをすることが当然のように求められているからです。したがって販売員とは呼ばずにFAと呼ぶ企業が増えてきました。

FAは全社員の中でもっともお客様を間近で見て、お客様と接する仕事です。実際に売場に立って来店されたお客様に商品を手にとっていただいて、試着していただき、そこに何らかのアドバイスをしてお客様に「買いたい」と思ってもらう接客力が必要です。したがってよく来店されるお客様（固定客）にはファッション以外の話もできなければいけませんし、新規のお客様にはまた来たくなるような楽しさを提供することが大切です。

以前、渋谷の109には凄腕FAが存在しました。彼女達はテレビや雑誌に取り上げられて、**カリスマ店員**＊と呼ばれました。今はそれぞれ自分のブランドを創るなどして独立しています。彼女達は何が凄かったのでしょうか。それは、誰よりも自社の商品が好きで、誰よりもお客様のことが大好きで、お客様にもっともっとお洒落になってほしいと純粋に思っていた点です。ですから商品陳列、在庫管理、売場のクリンリネス、挨拶にいたるまで、アパレル以外のどの店よりも徹底していました。その結果、人気に火がつき、たくさんのお客様が両店に押し寄せたのです。

図表は全国1500店舗のファッションテナント接客調査結果をまとめたものです。年間に寄せられるク

＊**カリスマ店員**　90年代のギャルファッションをリードしたレディスブランドのFAはそのファッション、ヘアスタイル、メイクなどが若者たちのお手本になると共に、圧倒的な売り上げをあげていたことからカリスマと呼ばれていました。

レームにどんな種類があるのかを整理すると、専門的接客スキルに関するクレームはほとんどありませんでした。上位に上がったのは、店員の突き放した対応や上から目線の対応、無愛想な対応、いらっしゃいませの挨拶がない。レジ対応が遅い、店員同士の私語が多いといった基本的な内容に関するクレームが大半を占めました。売り手の基本接客力の高さこそが、販売業の中ではもっとも大切であることを教えてくれる調査結果です。

最近ではオンライン接客もＦＡの重要な仕事となり、ネット上でファンになった客が店に指名買いに来ることも増えています。オフライン＋オンラインの二刀流をこなせる人が現代のカリスマ店員と言えそうです。

FAに求められるスキル

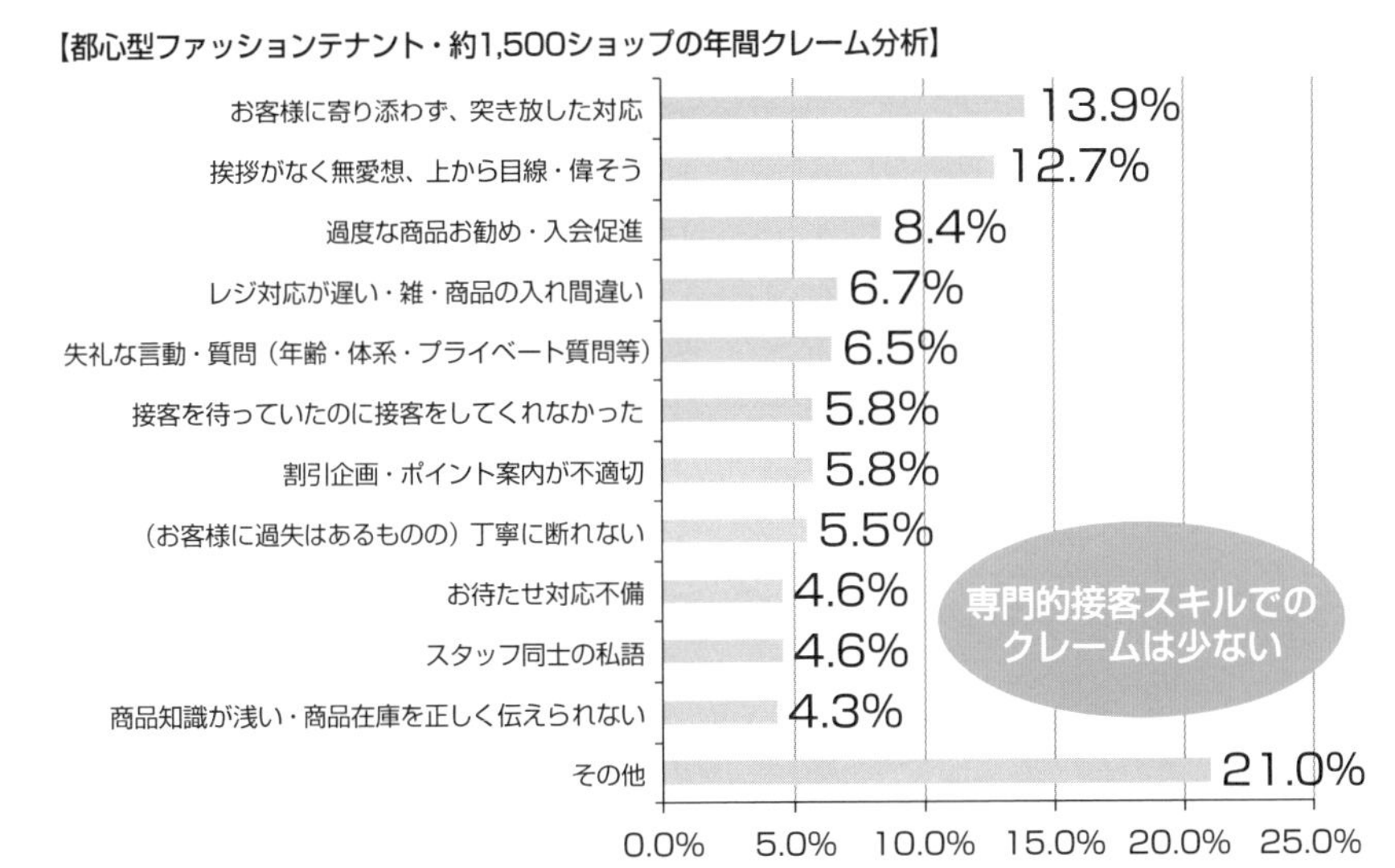

（出典：ムガマエ株式会社「ファッションテナント接客調査」より）

【渋谷109】　東急系のTMOというディベロッパーが運営し、平成ファッションをリードしたファッションビル。平成トレンドは109から生まれました。平成ブームであらためて注目されています。

18 社内インフルエンサーを育成する

現在のファッション業界では外部ではなく内部でインフルエンサーを育成する動きがでてきています。なぜ内部で育成するのでしょうか。

「インフルエンサー」とは情報発信によって人の嗜好や行動に影響を与えられる人のことを言います。インスタやLINE、ツイッター（現X）や自社サイトなどから、自社のブランドや商品を自分で身につけ、告知していく社内インフルエンサーの育成が急務になってきています。もともとインフルエンサーマーケティングは外部のインフルエンサーに委託したり、外部人材を採用していました。それが最近ではインフルエンサーは自社スタッフ、自社のFAでと考える会社が増えてきたのです。

社内インフルエンサーはその性質上、一から育成することは簡単ではありません。ですから多くのフォロワーがいたり、SNSの投稿が上手な人を採用するのが主流でした。しかし、そのようなお金を払って依頼したインフルエンサーでは、消費者の心が動かなくなってきたのです。もっと商品について知識があり、プロ目線もあり、身近な人で、かつ店舗に行くと直接接客を受けることも可能な社内インフルエンサーにたくさんのフォロワーがつく時代なのです。

社内インフルエンサー育成のメリットは2つあります。一つは社内の人間のほうが自社の商品やブランドの理解度が高く、自社ブランドコンセプトをきちんとお客様に伝えることが可能です。また、きちんと伝えてそれを売り上げにつなげたいという思いも当然強いため、社内インフルエンサーの方が社外に頼んだ場合よりも売り上げが高いと言われています。社内インフルエンサーの育成段階から商品開発やブランドコンセプトの構想に関わらせて思いを共有していくの

【キャスティング】Casting　もともとはマスコミ業界で番組や映画などに出演するタレントを決める際に使っていました。今は自社に必要な人材を積極的に採用する際、またインフルエンサーを選定する際などに使用されることが増えてきました。

がいいでしょう。

また、社内のスタッフに高いモチベーションを持たせることができます。今までは小さな店の一スタッフでフォロワー数十人程度のナノインフルエンサーだったのが、一躍、数万人のフォロワーを持つマイクロインフルエンサーになる例も増えています。これまでは一つの店に来店するお客さんの間だけの人だったのが、SNSによって日本で一番有名な販売員になることも可能なのです。これは今までの販売員というレベルを超えています。ステイタスも高く、やりがいがあります。オンラインを組み合わせれば、昔のカリスマ販売員をはるかに超える売り上げを上げることも可能になってきています。

消費者に商品やブランドをしっかり認知、理解してもらい、さらにリアル店舗への来店につなげていき、自社の固定客を作っていくためには、外部ではなく社内の人間をインフルエンサーにした方が効果的なのです。まずは一人の社内インフルエンサーを作りましょう。

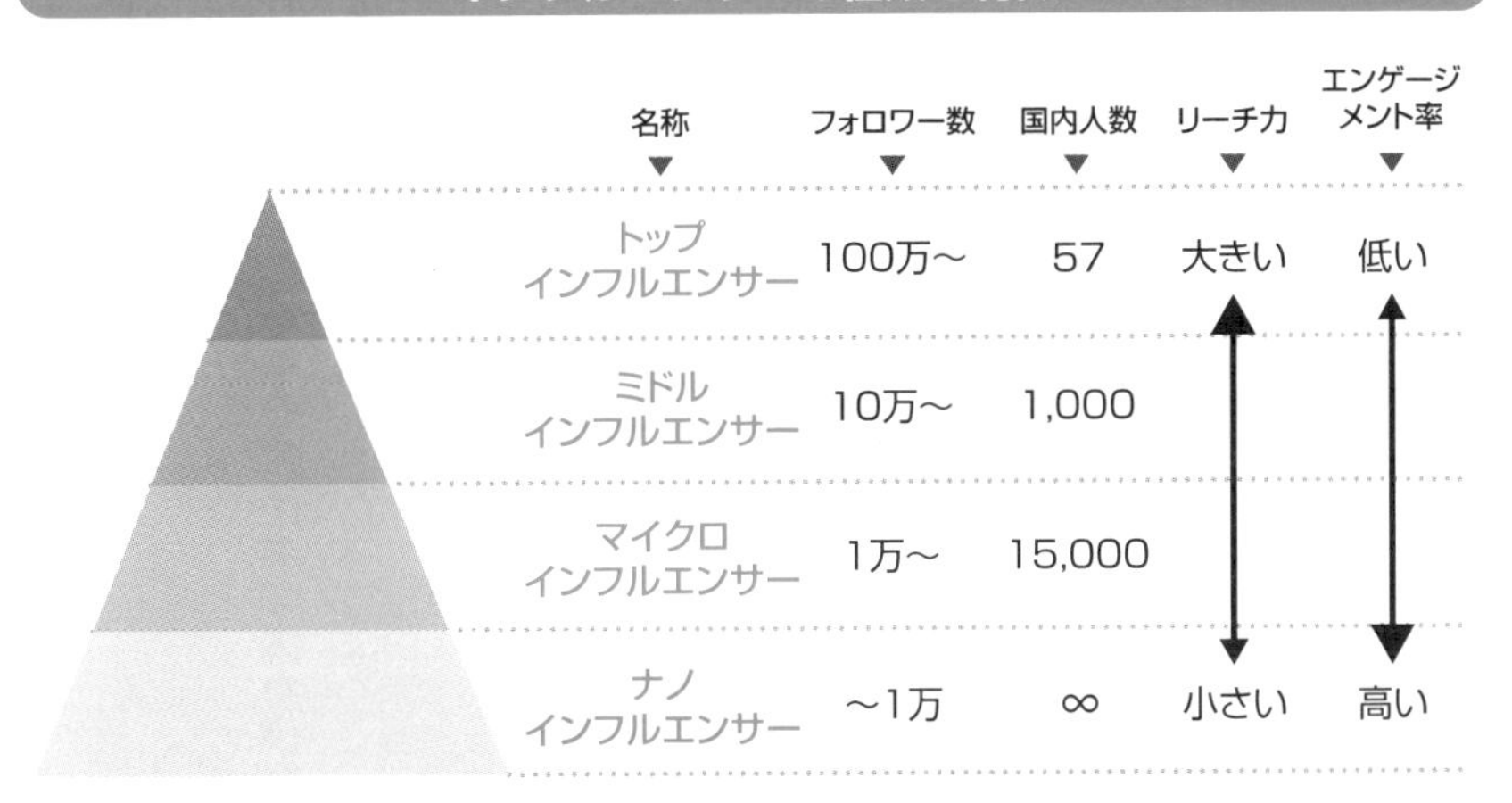

【インフルエンサーマーケティング】 商品PRの一環として社内外のインフルエンサーを活用して情報の拡散を仕掛けていくやり方。今は各社の露出を高めるための必須策となっています。

19 スタイリストは体力第一

スタイリストはプレスと同様、憧れの職業の一つと言われています。しかしその仕事は体力がないとやっていけない大変な仕事です。センスを磨く前にまずは体力をつけることから始めましょう。

中国から製紙技術が伝えられるまで、ヨーロッパでは樹皮に文字を書き込む方法のほかに、木片の表面にロウを流し、そこに鉄筆（Stylus：スタイラス）で文字を刻み付ける方法がとられていました。この鉄筆という言葉の「スタイラス」が「スタイル」の語源です。

つまり、スタイルとは、何もないところに新たな歴史を刻み込むという意味です。したがって、本来のスタイリストという意味は「ゼロから発想して、新たな形を作り出す仕事をする人」になるのです。

フランスではスタイリストと言うと日本のデザイナーを指します。アメリカでは企業全体のファッションスタイルを決定するというトップクラスの権限を持つ人のことです。つまり、海外ではスタイルを決定することに非常に価値をおいており、それを実現させるための重要な職種なのです。

もともと日本でスタイリストという職業の先駆けとなった**高橋靖子**＊さんのように、幅広く活躍をされている方もいます。しかしその一方で、単なる肉体労働をしている人もいます。私の友人の某有名タレントには専属スタイリストがついていますが、朝早くから夜遅くまで、重い荷物を抱えて走り回っています。確かに彼に似合ういい洋服を持ってきてはいますが、彼のスタイルを作っているようにとても思えません。そろそろ、本来のスタイリスト像に戻っていくべきではないかと思います。

＊**高橋靖子**　日本のスタイリストの草分け的存在。現在も、広告、CMなど第一線で活躍中。71年、ロンドンで山本寛斎氏とファッションショーを成功させ、その後、「ジギー・スターダスト」期のデヴィッド・ボウイの衣装を担当するなど幅広く活躍中。

スタイリストの仕事

仕事の流れ	仕事の内容
1.全体コンセプトの確認	企画から打ち合わせに参加する。テレビの場合は局、制作会社、代理店、監督、カメラマン、メイク、タレントやモデルなどとの調整や情報収集。
2.アイテム収集	企画コンセプトと打ち合わせ内容を踏まえて、クライアントの要望に見合い、コンセプトを適確に表現できる素材となる洋服、小物、その他をメーカーなどへ借りに行く。
3.貸出リストの作成	それぞれのアイテムの返却期日、ブランド、担当者名などを整理してリスト化することは重要作業。
4.ロケへの帯同	ロケに同行し、タレントやモデルのスタイリングを行う。必要であれば、その場で仮留めやアイロンがけなどを行う場合もある。
5.事後作業	貸出リストにもとづき、借りた商品を返却。また、媒体の商品協力に正確な企業名、ブランド名などがクレジットされているかなどを確認する。

【スタイリスト】Stylist　海外では企業のブランドコンセプトに基づいて色・柄、型・デザイン、素材などのディレクションをする人のことです。日本ではテレビや雑誌などの撮影で、あるーつのイメージに沿ったファッション提案をする人のことです。

20 売らないバイヤーは木偶のごとし

バイヤーはプロフェッショナルな技術と経験に裏打ちされた交渉力と時代を読む感性が必要な高度な職人技が要求される職業です。どこよりも早く、正しい決断力が必要な仕事です。

バイヤーとは特に小売業において、その企業や店の完全なる品揃えを実現するための責任を持つ仕事です。利益の源泉はバイイングにありと言ってもよいほど、バイヤー次第で企業の利益は変わります。百貨店においてバイヤー職はステイタス性の高い仕事であり、一度はバイヤーをやりたいと思われている職業です。

バイヤーとは、商品が企画され、それを仕入れ、店頭に並べ、最終的にそれが売れていくまでをトータルで見ることのできる仕事です。一般的には「仕入責任者」と思われているようですが、本来的には「商品を仕入れてから販売するまでを統括する責任者」なのです。前述のマーチャンダイザーが企業のMDに関わるすべての流れを統括していたのに対して、バイヤーは、ある部門やカテゴリー、アイテムについての仕入～販売までを管理することが多くなります。

基本は仕入業務にはなりますが、バイヤーは売場にも精通していなければなりません。仕入れても売れ残ってしまったら仕入れた意味がなくなります。また店頭でお客様の動きを見ていなければ適確な仕入はできないものです。つまり、バイヤーを志す人は、店頭を大事にできる人であり、お客様の思考の変化に柔軟に対応できるようになることが必要です。

特にバイヤーに必要な能力は「目利き力」です。この商品は次の売れ筋になる、世の中のトレンド商品になるはずだという商品の見立てです。今売れている物を集めるだけなら誰でもできますが、これから売れていく物を見つけることができるかどうかです。

＊**プロバイヤー**　プロバイヤーは夜討ち朝駆けの商売だと言われます。競合店よりもより良い物をいち早く仕入れるためには夜も昼もないのだという意味です。プロになるとはそれほど厳しいものなのです。

「売らないバイヤーは木偶（デク）のごとし」という言葉があります。ただ商品を買ってくればいいのだ、という仕事の仕方を続けていたら次第にお客様とズレが生じてくることを戒めた言葉です。「最近はプロのバイヤーがいなくなった」という声をよく聞きます。それはお客様と商品の両方を見ることができる人が少なくなったことを意味します。**プロバイヤー**＊はこの二つの視点を持つ必要があるのです。

バイヤーの必要条件

(1)「素直」であること
①知らないことを否定しない（肯定➡情報が集まる、否定➡情報が集まらない）。
②知らないことを否定してはならないが、納得したものしか信じてはならない。
③「賢者は愚者からも学ぶが、愚者は賢者からも学ばない」

(2)「勉強好き」であること
①どんなことにも好奇心をもつ。
②情報収集力をつける。
③分析能力、予測能力、計画能力の向上に向けて常にチャレンジする。

(3)「プラス発想」であること
①上司への「報・連・相」を踏まえたうえで、失敗を恐れず、チャレンジすること。
②失敗したことでも一番大事なことと考え、前向きにチャレンジすること。
「前進のための失敗は許される」

【バイヤー】 バイヤーが仕入責任を持つマネージャーであるとすると売場の運営責任を持つのがセールスマネージャーです。一つの店や売場はこの2人のリーダーが中心となって作り上げていきます。

21 アパレルショップ店長に必要な能力

アパレルショップにおいて大切なのはやはり現場です。店頭の力。これに尽きます。FAがいなければ売上は作れませんが店長がいなければ企業は成り立ちません。店の売上は店長で決まります。

アパレル業界を盛り上げるためのキーパーソンの1人が店長だと私は思っています。リアルショップでもオンラインショップでも、同じように店の売上を決めるのは店長と言っても過言ではありません。

私は各企業で店長教育をする際には、必ず次ページのようにやるべきことを**因数分解**＊することをお伝えしています。マーケティングとマネジメントの因数分解によってやるべき内容をまとめることができます。

現在、売上が厳しい店はターゲットを見極めきれなかったところが多いようです。新しい消費の牽引役であるカジュアル化の流れと団塊世代のリタイアなどが進み、市場は新しい価格帯へと移行しつつあるのに、この流れをしっかり把握できていなかったことが挙げられると思います。

マネジメント面の問題としては、企業の業績がどうなるかわからないために、会社方針で販売員・販売スタッフの頭数を据え置きにして対応したことが、販売員一人当たりの負荷を増やす結果となり、売上を落とした企業も多いのです。

表向きには業績が微増という状態であっても、このようにこまかく因数分解していくと、様々な課題と改善策がみえてきます。店長会議はともすると数字の報告と詰めに終始しがちですが、本来はこのような因数分解を議題にしたほうが実りあるものになるのではないでしょうか。店の売上は店長が客観的に店を見ることができるかどうかにかかっているのです。

＊**因数分解**　数学の世界では1つの整式がいくつかの整式の積に分けることができる時、その分けた整式を因数と呼び、因数に分けることを因数分解すると言います。マーケティングでは要因分析の際に使用します。

アパレルショップ店長が実行すべき因数分解

【業績を伸ばすためのチェック項目】

	項目	内容
マーケティング	①主力価格帯	お客様が想定する主力価格帯と自社商品の価格帯とのギャップ。
	②テイスト	店が売りたいターゲットに、開発したブランドや商品が合わない。
	③売上目標設定	好調だった前年度の売上を基準に、高く設定し過ぎた。
	④店舗力	わかりやすい売場づくりをし、適切な提案ができなかった。
マネジメント	⑤接客方法	お客様をフリーにしすぎて、積極的な接客につながらなかった。
	⑥人間関係	店長が忙しく、パート・アルバイトとの人間関係が希薄に。
	⑦新規顧客開拓	既存顧客との関係のみに依存し、新規来店増につながる動きがなかった。
	⑧販売員の能力	一人当たりの負荷が増えてオーバーフロー状態に陥っている。

【マネージャーとして知っておくべき店長教育に必要な項目】

参考）店長に求められる能力

営業力・稼ぐ力
- 新規顧客開拓(新業態参入のチャレンジ)
- 既存顧客（継続的に利益を上げる工夫）

コミュニケーション力
- 円滑な人間関係の構築
- 現場での情報収集

マーケティング・リサーチ能力
- 時流を的確に把握する

【主力価格帯・売れ筋デザイン】
【取引先業態の覇権動向】

事務処理能力
- プレゼン・企画書など販促資料の作成
- 見積書・契約書などの作成
- 社内文書・出張精算処理

【リアルショップ】　ネットのみでアパレル商品を販売する企業が増えてきたことから、ネットショップに対して、店舗で販売するタイプの店をリアルショップ（現実的に店があるという意味）と呼びます。

Googleの人材採用基準

すべての業種の課題とも言える経営テーマが人材採用です。アパレル業界をはじめ日本ではさまざまな企業が人材難に悩んでいます。これは米国でも同様のようです。そのような中で優秀な人材を世界中から集めている企業があります。それがGoogleです。

Googleにはおもしろい人材採用基準があるという話を聞きました。

Googleは人材の採用に非常に力を入れていて厳しい採用面接があります。少なくとも1人に対して10人以上の社員が面接をして採用を決定しているようです。

その中でもおもしろいのは「エアポートテスト」という基準です。テストとは言っていますが、これは面接官が自身に問いかける質問です。ある人を採用しようかどうしようかと迷ったときには、Googleでは次のような基準のもとに採用するか否かを決めるというのです。

「この人と、もし一晩空港に閉じ込められたら、耐えられるだろうか」

飛行機の最終便をとっていてそれが緊急事態で飛ばずに最終便で帰ることができなくなった。空港に泊まらざるを得ない。その時に、この人と一緒にいたとして、彼は俺のことを楽しませてくれる人なのかどうかを想像するというものです。

これは「一緒に仕事して楽しいか？」ということです。Googleのような企業で、一人一人の能力を重視しているようなIT企業でも、チームワークや和を重要視している証拠です。

いくら能力が高い人材でSEのようなプログラムを書ける能力に秀でていたとしても、まわりとのコミュニケーション能力が低い場合には採用しないと決めているのです。結果として、優秀なハッカー（頭が良くプログラムコードが書ける人）でコミュニケーション能力の高い人材がGoogleに集まるのです。

Googleでは入社時に次の4つのことを求めているそうです。1.一般的認識能力、2.職務内容に関連した知識、3.リーダーシップ、4.グーグルらしさ。4つめの「グーグルらしさ」こそが同社の成長支える採用基準になっていることがわかります。今や採用の基準は大きく変わりました。

これからの時代に大切な採用基準とは、その人と一緒に仕事をして楽しいかどうか。一緒にいたいと思えるかどうか。これこそが大事な人を見る基準なのです。

第 5 章

アパレル業界の流通構造

アパレル商品は川上から川中を通って川下に流れていきます。川上・川中でどんなに手をかけて良い商品を作っても、小売業の売り方が悪ければ売れ残ってしまいます。小売業の売り方は常にお客様中心でなければいけないのです。

1 流通方式革新の歴史

アパレル商品は日本のすべての業態で販売されている商品の一つです。すべての流通チャネル＊で販売したくなるほどそれは魅力的な商品であり、お客様も求めているのです。このアパレル流通が今大きく変化しています。

日本の流通に合理化や多店舗化という概念をもたらしたのはアメリカをはじめとした海外流通企業です。

日本の流通企業各社は海外視察などを繰り返し、海外から優れた流通システムを導入して、日本流にアレンジし、発展させてきました。現在の百貨店、GMS、CVSなども元は海外の仕組みですが、今はすべて日本独自の形態をとるまでに進化しています。この流通方式が激変期を迎えています。

アパレル流通の中でもっとも影響力を持っていたのは百貨店です。衣料品売上構成比も軒並み40％を超えていました。しかし1990年のバブル崩壊以降、アパレルの売上が落ち始め、2023年には衣料品売り上げを身の回り品が超す百貨店もでてきました。

また、低価格を切り口に拡大をしてきたGMSの中には衣料品をやめる企業もでてきています。

そこでしか手に入らないものを世界中から仕入れて販売するというセレクトショップの勢いがなくなり始め、紳士服、子供服などの専門店が減少しています。

今後はWeb3を活用しアナログとデジタルを一体化させた販売方式が主流となるでしょう。アパレル流通は新しい売り方の出現によって劇的に変化を遂げつつあるのです。

＊**チャネル**　Channel　マーケティング論では場所、流通経路などと表現します。お客様の購買活動にとってより便利なところに商品を位置づけるための経路です。メーカーにとってはどのチャネルが自社商品を販売するのに適しているかを見極める時代になりました。

流通業の歴史

年次	アメリカ（一部フランス）	日本
1852年	**百貨店方式** ボン・マルシェ（パリ）	
1872年 1886年	**通信販売方式** モンゴメリー・ウォード シアーズローバック メイシーズ、ワナメーカーなど	
1900年～		**日本型百貨店方式** 三越（三井呉服店）、白木屋
1910～1920年	**チェーンストア方式** A&P、J.C.ペニー、 ウールウォースなど	
1930～1932年	**スーパーマーケット方式** キングカレンストア（1930年） ビッグ・ベア（1932年）	
1950年代	**計画的SC方式**	**スーパーマーケット方式** イトーヨーカ堂、ダイエー、 ユニー、丸井など
1960年代	**コンビニエンス方式**	**計画的SC方式** 全国の銀座街、ターミナル型 百貨店
1960～1970年代	**ディスカウント方式**	**沿線型SC** 玉川高島屋SC（1969年） **コンビニエンス方式** セブン-イレブン、ローソンなど
1980年代	**GMS方式**	**日本型コンビニエンス方式**
1990年代	**価格訴求方式**	**郊外型SC方式** **通信販売方式の隆盛**
2000年～	**無店舗販売方式**	**価格訴求方式**
2005年～	**付加価値方式**	**付加価値方式**
2010年～	**ネット販売方式**	**価値観共鳴方式**
2020年～	**無人・ロボット販売方式**	**スマホ販売・スマホ決済方式**
2030年～	**デジタルとアナログの一体化方式（Web3によるOMOの革新）**	

【海外視察】 日本の流通業者は1950年代～70年代にかけて、こぞってアメリカやヨーロッパの流通視察を繰り返してきました。こうした海外流通視察から得た情報や技術、仕組みなどが日本に輸入され、日本流の流通システムを構築するきっかけとなりました。

2 百貨店業態の革新

前述のように百貨店はアパレル商品をお客様に販売する代表的企業として日本流通のトップに位置づけられていました。しかしさまざまな業態の進出により百貨店業態の革新が求められています。

百貨店という業態を世界で初めて作ったのは、1952年にパリで開業した「ボン・マルシェ」だと言われています。百貨店方式の特徴は、①定価販売方式の採用、②出入自由の原則、③返品自由の原則、④新奇豪華性の原則という4つでした。こうした百貨店方式を習い、日本では大手呉服店の一つ、三井呉服店（現・三越）が**座売り制**＊を廃止し、1904年に百貨店として開業したのが最初です。この百貨店を中心に銀座街が形成され街の中心部が賑わい、この街の沿線に街が形成されていったというのが日本の流通の歴史です。

日本有数の呉服店が百貨店として生まれ変わったという背景もあり、当初からアパレルを品揃えの中心として発展してきました。その後、食品や家具、雑貨などが付加され、いわゆる百貨（何でもある）を集めた日本独特の業態へと進化しました。1972年に三越がダイエーに抜かれるまで、小売業のトップは百貨店だったのです。

しかし、高コスト体質、ブランド偏重等の影響から徐々に業績不振となる企業が続出し、数々の名門百貨店が暖簾を下ろすことになりました。

現在の百貨店各社は経営統合が一段落し、新たな百貨店経営のあり方を模索しています。大丸・松坂屋（J．フロントリテイング）、三越・伊勢丹（三越伊勢丹ホールディングス）、阪急・阪神（エイチ・ツー・オーリテイリング）、高島屋。それぞれの経営戦略にも明確に違いができてきました。これからは百貨店同士の競争ではなく、日本の小売業界で生き残るための策が必要です。

＊**座売り制**　それまでの呉服店はのれんをくぐるとカウンターがあり、カウンター越しの座敷にいる丁稚さんや小僧さんがお客様に反物を見せて販売するという方式をとっていました。今のように自由に店の商品を手にとることはできなかったのです。

百貨店各社の取り組み

【業態別販売方式の違い】

項目＼業態	日本型百貨店方式	欧米型百貨店方式	SC・駅ビル方式
リーシング	◎	◎	◎
建物・施設環境	◎	◎	◎
店舗企画・運営	◎	◎	◎
集客（販促・催事）	◎	◎	◎
接客・販売	○	◎	×
顧客管理・アフターサービス	○	◎	×
仕入・商品販売計画	○	○	×
ロジスティックス・倉庫・保管業務	×～△	○	×
商品企画・製造	×～△	○	×～△

百貨店は強みであった接客や顧客管理、仕入などにかかる人件費や各種経費が重くのしかかり収益力が低下。
一方のSCや駅ビルはテナント各社へのアウトソーシングで収益力を上げてきた。

【百貨店各社の戦略】

企業名＼戦略	戦略	テーマ
J. フロントリテイリング	①リアル×デジタル戦略 ②プライムライフ戦略 ③デベロッパー戦略	「完全復活」から「再成長」へ
三越伊勢丹 HD	①高感度上質戦略 ②CRM 戦略 ③連邦戦略	高感度上質消費においてもっとも支持される特別な存在
H_2O リテイリング	関西ドミナント戦略	暮らしの元気パートナー
髙島屋	まちづくり戦略	街の魅力最大化

【ボン・マルシェ】 パリの天才商人ブシコーとその夫人が「不意打ちと驚愕」をテーマに発明した業態がボン・マルシェという百貨店です。小売業が忘れてはいけない原点がそこにあります。

3 GMSからアパレル平場が消える日

アメリカのチェーンストア理論を軸に日本の流通を大幅に変革してきた業態の一つがGMSです。アメリカのモノマネからスタートし、今では日本流の新GMS業態開発に向けて動いています。

GMSは長らく、量販店と言われてきました。衣料品、食料品、日用品を総合的に品揃えし、セルフサービス方式を中心にした販売形態によって、値ごろ感のある商品を大量販売する小売業ということから量販店という名がつきました。

1950年代にアメリカから入ってきたスーパーマーケット理論をベースに、大量生産・大量販売という新しい流通スタイルが生まれました。食品を中心に販売する業態をスーパーマーケット、衣料品を中心に販売する業態をスーパーストアと呼び、両者は融合と分離を繰り返しながら、総合スーパー（今のGMS）へと発展していったのです。家電量販店やその他のカテゴリーキラー業態が多数出現してきたこともあり、単品量販店と区別する意味でもGMSと呼ばれるようになりました。

GMSの基本になっているアメリカのスーパーマーケット理論の骨子は1930年に生まれました。アメリカの**マイケル・カレン**＊氏が世界で初めて開発した食料品のセルフサービス店、「キング・カレンストア」です。①ローコスト、②セルフ販売方式、③低価格商品の大量販売という考え方です。こうした理論をベースに日本でも1957年に「主婦の店　ダイエー」がオープンし、地位を一気に確立していきました。

現在、GMSは大きな転機を迎えています。セブン&アイはIY堂の衣料品事業から26年までに完全撤退します。イオンは低価格衣料店を全国200店舗以上展開していきます。企業によってMDのあり方が大きく変わっていきそうです。

＊**マイケル・カレン**　接客販売ではなく、お客様がもっと自由に、好きなように商品を手に取れるような販売方法があればと、セルフ販売方式を世界で初めて発明した人です。今は当たり前ですが、セルフで販売するという方式は20世紀の大発明の一つなのです。

GMSの新潮流

【GMSの変遷】

項目＼年	1990年代～	2000年代～	2010年代～	2020年代～
出店戦略	多店舗化 大型化 ナショナルチェーン化 標準化	商圏内競合激化（同業種だけでなく異業種も含めた競合激化）	大手企業への一極集中 寡占化	専門店化 地域・地方・地域産品 ドミナント化 個性化
業態特性	総合化 大型倒産	総合化・複合化 大型倒産	M&A 複合化 大型倒産	M&Aの進行 異業種コラボ、 異業種への転換 食への集中化 外資との連携
消費動向 ライフスタイルの変化	消費不況 高齢化 全国一律 生活不安	所得格差 ファミリー化 地域格差 所得不安	所得の二極化 単身高齢化 都心回帰と地域密着 所得・将来不安	超・二極化 おひとり様増加 都心一極集中から地方へ 生活・健康・老後・将来不安
法改正	規制緩和	改正大店法	まちづくり3法（改正）	個人情報保護法の改正
企業動向	ヤオハンジャパン倒産（1997年）	長崎屋倒産（2000年） マイカル破綻（2001年） 西友がウォルマートの傘下に（2002年）	ダイエー イオンの完全子会社へ（2015年） ファミリーマートとユニーグループHDが統合（2016年）	【セブン&アイ】 IY堂を40店舗閉鎖、不動産として再生。食品特化型店舗開発。 【イオン】 低価格衣料品専門店を6種類開発、全国展開へ

【GMS】 General Merchandise Store　アメリカでは食料品以外の衣料品、日用品を軸にした商品で構成された店のことです。アメリカでも専門店やDSの台頭により、その存在意義が問われています。

4 専門店の存在意義

日本の流通業界の大半は専門店と言われる業態でした。これは現在も続いていますが、従来型の専門店は急激に減少を続け、SPA的な専門店が凌駕しつつあるのが現状です。

専門店は展開規模を全国（ナショナルチェーン型）においているのか、それとも特定立地（リージョナル型）においているのかで大きく分類されます。

もともとはリージョナル型の専門店が世の中のほとんどでした。専門店とはその名の通り、ある特定のターゲットに向けて、業種やアイテムを絞り込んで品揃えをした店舗のことです。婦人服専門店や紳士服専門店などがその代表例です。ところがこうした店舗ではお客様のニーズに十分に対応できる品揃えにはならず、次第に減少していきました。

その一方で、全国を対象に商売を進めてきた専門店やメーカーなどは、自社商品を開発し、それらを主力商品として店舗を大型化し、多店舗化を進めていきました。これらが後のSPAであり、セレクトショップになっていきました。今では、大手チェーン企業でなければSCへの出店をすることも困難になり、専門店として生き残っていくためには、より大型化していくしかないような風潮です。

しかし流れはさらに変わってきました。ナショナルチェーンのような大手企業の店舗は、①店舗の標準化、②MDの均一化、③イメージの統一ばかりを重視するあまり、本来持っていた専門性や独自性を失いつつあります。チェーン店が飽きられ始めている一方で、**インディーズ系**＊専門店やリユース系専門店、またEC専業だった企業が専門店を開発するなど業態がさらに細分化されています。専門店の本質である「そこでしか買えない」という独自性を明確に伝えることのできる企業が専門店として求められる時代なのです。

＊**インディーズ系**　藤原ヒロシ、NIGOなど今はメジャーなデザイナーやクリエイターも、もともとは「裏原系」と呼ばれていた人達。彼らが中心となってインディーズの新しいムーブメントを作ってきました。

専門店の業態分類

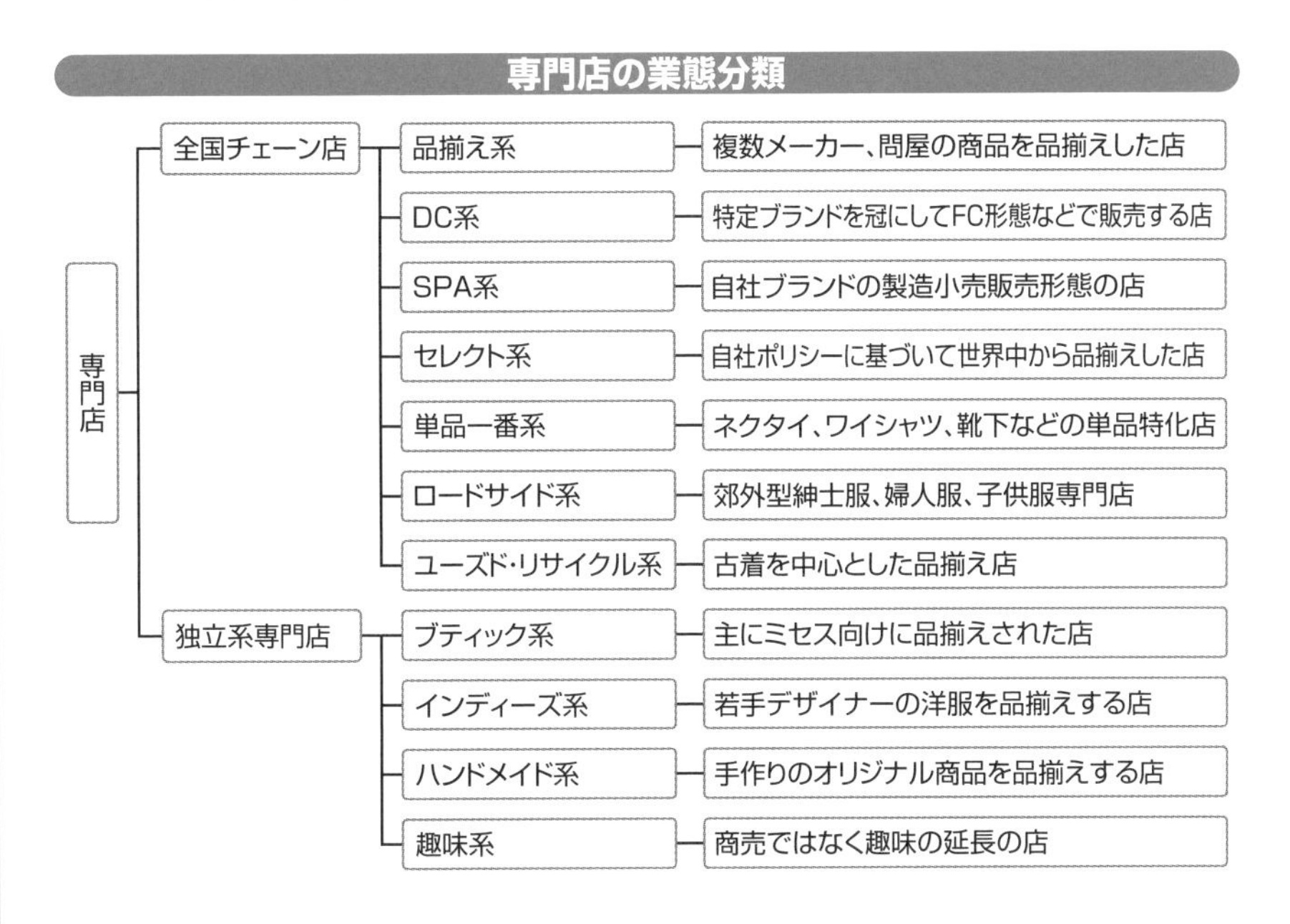

全国専門店企業別売上高

（単位：百万円）

順位	企業名	業種	2022年度売上高	2022年度営業利益	営業利益率	PBR
1	ユニクロ	カジュアル	2,301,102	297,325	12.9%	6.3倍
2	しまむら	婦人服	616,125	53,302	8.7%	1.1倍
3	アダストリア	カジュアル	242,552	11,515	4.7%	2.1倍
4	ワールド	総合	214,246	11,686	5.5%	0.6倍
5	ワコールHD	下着	188,592	-3,490	-1.9%	0.8倍
6	青山商事	紳士服	183,506	7,110	3.9%	0.4倍
7	AOKI HD	紳士服	176,170	10,235	5.8%	0.5倍
8	オンワードHD	総合	176,072	5,214	3.0%	0.7倍
9	西松屋チェーン	子供服	169,524	10,933	6.4%	1.3倍
10	TSIHD	婦人服	154,456	2,329	1.5%	0.5倍

（出典：各企業決算データをもとに作成）

【ナショナルチェーン】National Chain　全国展開を視野に入れて標準的・画一的な仕組みによって効率的に店舗展開できるように考え出された店舗です。FC（フランチャイズチェーン）はその代表的業態です。

5 セレクトショップの未来

セレクトショップとはもともとは、品揃え型専門店のことです。わざわざセレクトと呼んだのには理由があります。セレクトの枠を超えて、さらに新しいセレクトの未来を考える必要がでてきました。

品揃え型専門店とセレクトショップ。もともとは同じ業態だったはずが、今ではまったく違う業態になってしまいました。理由はただ一つ。品揃え型専門店の多くは顧客の年齢とともに商品の年齢を上げてコンセプトを崩しました。セレクトショップはターゲットを変えずに、ターゲットが欲しいと思う商品を横に広げてライフスタイル提案をしていきました。また年齢が上がったお客様には、それに対応する新業態を開発して明確に区分けをしたのです。お客様の欲しいと思う商品を、バイヤーの目利きで仕入れるというのが品揃え型専門店の本質です。

セレクトショップにはいくつかのタイプがありますが、セレクト御三家と呼ばれている、ビームス、シップス、アローズは、もともとピュアセレクト（純粋な品揃え型）を基本としてスタートをした企業です。インポート、国産にこだわらず、自社の価値観に合致したものを仕入れて販売する形式です。こうしたセレクト基準の高さがお客様に支持をされて成長をしてきました。

またそれぞれのファンがついてくると各社はオリジナル商品開発にも次々に力を入れるようになり、今では多くのセレクトショップがPBを軸にした商品展開へと移行しています。ここ数年は各社ともにオンラインに力を入れており、各社の売り上げ構成比の30～40％近くを占めるまでに成長しています。

今後、オンラインとオフラインが完全に一体化していくようになると、セレクトショップ再成長のチャンスです。商品力と接客力が復活の鍵となります。

【キュレーション】 もともとキュレーションとは、博物館などで専門的な知識を持ち、展示物の企画や運営をするキュレーターが派生してできた言葉。アパレルではアイテム別バイヤーという仕事から、テーマ別キュレーターという仕事が大切になってきています。

セレクトショップの業態分類

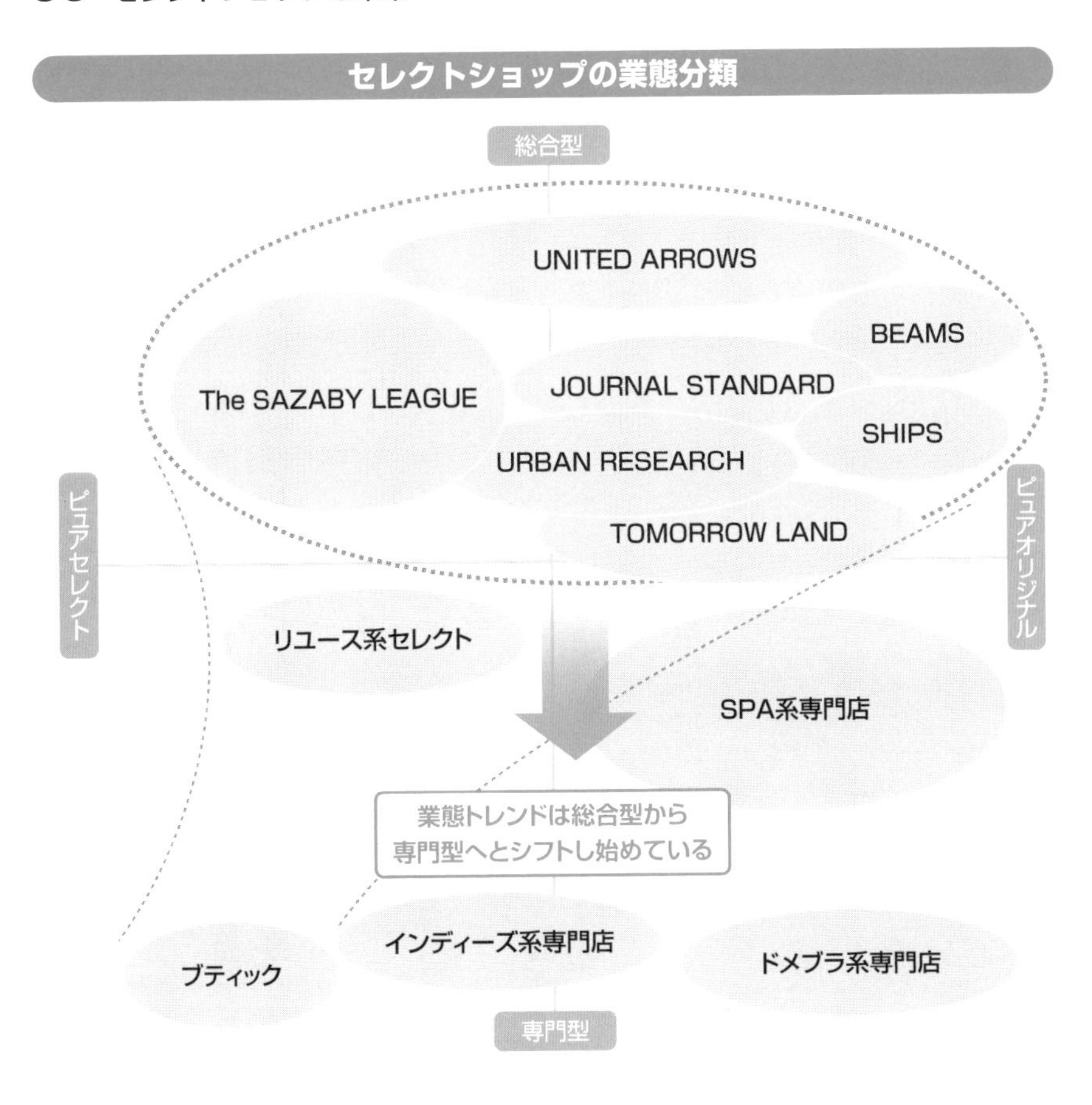

セレクトショップの業績比較

（売上高単位：百万円）

順位	企業名	業種	2022年度売上高	2021年度売上高	伸び率	期末店舗数	1店舗当り売上高
1	ベイクルーズ	セレクト	126,700	121,200	104.5%	433	293
2	ユナイテッドアローズ	セレクト	118,384	121,712	97.3%	310	382
3	サザビーリーグ	ライフスタイル	91,000	85,163	106.9%	575	158
3	ビームス	セレクト	73,500	70,600	104.1%	167	440
4	アーバンリサーチ	セレクト	49,400	48,500	101.9%	205	241
5	シップス	セレクト	21,150	23,800	88.9%	80	264

※シップスのみ2021年売上高は2020年売上高を記載
（資料：各企業決算数値データをもとに作成）

【ターゲット】Target　対象物、標的の意味ですが、マーケティング上は、対象とするお客様を意味します。セレクトショップのような業態開発の場合、ターゲットを間違うと失敗してしまいますので、明確なターゲット設定が重要になるのです。

6 SPAの業態特性

製造販売小売業と訳されるSPAは今では日本のアパレル業界でも当たり前の業態の一つになりました。一方でSPAの環境問題認識や製造過程における人権問題など解決しなければならない課題も増えています。

SPAとは自社のPB100%で商品構成を組んだ店舗のことです。製造販売小売業、製造小売などといわれています。従来の品揃え型専門店は自社商品を作ることは稀で、基本的にはすべて仕入によって商品構成していたのに対して、SPAはメーカー機能を持ち併せた品揃え型専門店というイメージです。

SPAがここまで急速に店舗網を拡大してきたのにはいくつかの理由があります。

❶高い粗利益率
❷自社のコンセプトを自社でコントロールし、常に一定以上のイメージ形成が可能
❸ロスの徹底排除が可能。無駄な在庫はもたない
❹システム化されたMDフォーマットを基準にスピード感のある出店開発が可能
❺多様な客層に対応できる商品構成

H&Mはスウェーデンの SPA企業ですが2001年3月にニューヨークに出店を果たしてからは破竹の勢いで店舗網を拡大してきました。しかし現在H&MやZARA、ギャップなどは店舗数を減らし始めています。オンラインとリアル店舗のバランスをとる時代に変化し始めました。

今後のSPA業態は地球環境へのダメージをできるだけ減らすようなモノ作りへの転換、リユース業態、サービスの開発、人権問題を配慮した生産管理の徹底などが経営上の大テーマとなります。

用語解説
＊H&M　同社のコンセプトは「Fashion & Quality at the Best Price」。常に最新のデザインを適正な価格で提供することを念頭にMD開発している企業です。今後は新しいSPAのあり方を新業態を通じて提言していくようになるでしょう。

世界アパレル SPA 営業実績比較表

企業名(国) ＼ 項目	売上高	前年比	営業利益	営業利益率	期末店舗数	前年比	1店舗売上高
インディテックス(西)	4兆6019億円	117.5%	7800億円	16.9%	5,815	-662	7億9100万円
H&M(瑞)	2兆8033億円	112.4%	899億円	3.2%	4,465	-336	6億2800万円
ファーストリテイリング(日)	2兆3011億円	107.9%	2973億円	12.9%	3,562	35	6億4600万円
ギャップ(米)	2兆374億円	93.5%	-90億円	−	3,352	-47	6億800万円
プライマーク(英)	1兆2412億円	137.6%	1220億円	9.8%	408	10	30億4200万円
ルルレモン(加)	1兆581億円	129.6%	1732億円	16.4%	655	81	16億1500万円
ネクスト(英)	8731億円	111.4%	1520億円	17.4%	466	-11	18億7400万円
ヴィクトリアズ・シークレット(米)	8277億円	93.5%	740億円	8.9%	837	-62	9億8900万円
アメリカンイーグル(米)	6510億円	99.6%	322億円	4.9%	1,175	42	5億5400万円
しまむら(日)	6161億円	105.6%	533億円	8.7%	2,213	9	2億7800万円

(出典：各企業 2023 年決算数値データより作成。1店当り売上高は売上高÷期末店舗数にて算出した単純数値を採用。1店当り営業利益も同様)

SPA 企業のMD特性

店舗名	トレンド（テイスト）	品質（素材・縫製）	価格
GAP	中～低	中	中～低
ユニクロ	中～低	中	低
H&M	高～中	中	低
ジーユー	中～高	中	低

H＆M＊が顧客の圧倒的な支持を受け伸びてきた最大の理由は、そのトレンド性と価格性にありました。ユニクロは商品をベーシックにし、トレンドはジーユーに任せています。GAP はトレンド性はある程度ありますが、相対的に価格が高い傾向が続いています。
SPA 企業はトレンドにも強く、同時に今以上に低価格を実現するビジネスフォーマットによって成長してきましたが環境問題、人権問題など新たな課題に直面しています。

【SPA】 アメリカでは小売業出身者がSPAになることが多く、日本ではメーカーが製造技術を行かしてSPAブランド開発を進めることが多いという違いがあります。ユニクロ、セレクトショップ御三家は小売系、コムサ、23区などはメーカー系です。

7 カテゴリーキラーの成長性

カテゴリーキラーと呼ばれる業態が米国や日本で成長してきましたが、ここにきて曲がり角に差し掛かっています。同業態は在庫数やアイテム数以外の要素を開発する必要があります。

カテゴリーキラーという業態はアメリカで生まれた業態です。カテゴリーキラーとは、一定のカテゴリー（業種・商品・領域）に品揃えを限定して、大型の店舗面積で、低価格・大量仕入・大量販売をする業態のことです。あるカテゴリーに関しては他の追随を許さない程に特化した商売をしていくために、その他の企業のシェアを奪うという意味で、カテゴリーキラーと呼ばれています。

アメリカには古くからカテゴリーキラーが業態として存在していました。「マーシャルズ」、「T・J・マックス」といった総合ディスカウント型から、完全に業種特化した「ベストバイ」（家電）、「IKEA」（スウェーデンの家具）、「コールズ」（衣料品）、「トイザらス」（玩具）、「ベッド・バス&ビヨンド」（インテリア用品）など、数え上げたらきりがないほど、カテゴリー別の圧倒的一番店が生まれてきました。

アメリカは一つ一つの街が距離的に離れているという立地特性から、街と街の中心あたりの田舎町に超大型SCを開発し、広域から集客をするやり方が一般的です。したがって、カテゴリーキラーばかりを集めた「**パワーセンター***」は開発しやすく、圧倒的な商品力によってその知名度と売上を伸ばしてきました。

一方、日本では地価の高さ、賃借料の高さ、商圏の狭さ、古くからの商慣習などの影響から、大型のカテゴリーキラーの出店が抑制されてきました。ですからアメリカのカテゴリーキラーが日本に出店しても採算が合わずに退店していった例も多々ありました。

しかし時代は変わりました。モノが溢れて、ある程

＊**パワーセンター**　アメリカにはカテゴリーキラーだけを数十店舗も集めたパワーセンターというSCが多数あります。一度に大量の商品を購入していくアメリカ型の購買スタイルには適していました。現在はネットに押され、パワーセンターの存在感が薄れています。

度の生活が満たされてくると、お客様はより品揃えが良く、より安いところで買物をしたくなるのです。特に、日常使用する商品、家電や薬、日用品、普段着などはできるだけ安く抑えたいものです。こうしたお客様の嗜好変化がカテゴリーキラーの成長を後押ししています。

最近ではヨトバシカメラなどの家電量販店が家電以外にも商品を拡大し、ネット販売も強化するなど総合的な品揃えと顧客に寄り添うサービスで新たなカテゴリーキラーを目指しています。一方の米国では「ベッド・バス&ビヨンド」が破産したり、一時は破綻した米国トイザラスが出店形態を変えて復活し始めるなど、ネット時代全盛になってさまざまな動きが起きています。もはや商品アイテム数や在庫数の多さではオンライン事業者に勝つことはできません。カテゴリーの強さを維持しつつ、きめ細かいサービスやアフターフォローが生き残りの鍵となります。

カテゴリーキラー

【主要カテゴリーキラーの業績比較 2022年度／2021年度　業績比較】　（売上高単位：億円）

企業名	業種	2022年度売上高	2021年度売上高	前年比
ヤマダ電機	家電製品	16,193	17,525	92.4%
エディオン	家電製品	7,137	7,681	92.9%
ヨドバシカメラ	家電製品	7,093	6,894	102.9%
ウエルシアHD	ドラッグストア	10,259	9,496	108.0%
ツルハHD	ドラッグストア	9,157	9,193	99.6%
コスモス薬品	ドラッグストア	7,554	7,264	104.0%
ニトリ	家具	8,115	7,169	113.2%
オートバックス	カー用品	1,782	1,779	100.2%
ジンズ	メガネ	669	638	104.9%
角上魚類	鮮魚	400	394	101.5%

（資料：各企業決算数値データより作成）

【カテゴリーキラー】　多店舗展開を前提としたスケールメリットを活かして、大量仕入、大量販売により売上を伸ばしてきました。しかしこれだけではネット事業者に優位性を発揮することは難しく、新たな業態転換が求められています。

8 アウトレットストアの意義

アパレルメーカーはどのくらいの量が消費されるのかわからないまま大量の商品を生産しなければなりません。したがって残ったものをどう処分するかという問題を常に抱えているのです。

アウトレットとは「はけ口」のことです。メーカーが生産して消化しきれなかった商品、いわゆる余剰在庫を値引き販売して消化するメーカー直営在庫処分店のことをアウトレットストアと呼びます。

アウトレットには大きく2種類存在します。一つは、メーカーが自社在庫を処分する目的で作った「ファクトリーアウトレット」。もう一つは、小売業が自社PBや仕入れた商品で売れ残った商品を格安で販売する「リテイルアウトレット」です。アメリカではその歴史は古く、アウトレットの元祖は1908年のフレミントンというガラス食器メーカーが工場横に作った店が最初と言われています。またファイリーンズ・ベースメントやノードストロム・ラックという百貨店のアウトレットもリテイルアウトレットでは有名です。

日本ではアウトレットという業態が出てきたのは1990年代からですが、実は以前から同様の商売は存在していました。昔は「小便（しょんべん）」と呼んでいました。いらないものを処分するという意味の隠語でこう呼んでいたのでしょう。上代の3％程度でアジア諸国に販売したり、ファミリーセールと銘打って工場周所の方々に内緒で販売するなどの手法でアウトレット的に販売していました。百貨店などの有力な取引先の売上に影響がでることを考慮し、メーカーはオープンな在庫処分をできなかったのです。

ところがバブル崩壊以降、メーカーは大量の在庫を抱え、これを処分しなければ企業としても経営が危ぶまれるほどの課題に直面しました。そこでできたの

【アウトレット用PB商品】 アメリカのアウトレットではアウトレット用のPB開発が当たり前になってきました。アウトレットで儲かるようにするための戦略です。これがアウトレットの魅力を低下させているという問題点もあります。

がアウトレット業態だったのです。

　1995年ごろまではアウトレットの出店立地は都心から100キロ以上離れたところ、取引先ではすでに販売をしていない商品のみとするなど、非常に限定した商売としてスタートをしました。しかし2023年には大阪の門真市に「ららぽーと門真・三井アウトレットパーク大阪門真」がひとつ屋根の下でオープンするなど、アウトレットストアが商売上、欠かせない存在へと変化しています。現在では出店立地も変化し、商品構成のレベルも格段に上がっています。特に、三井不動産や三菱地所・サイモンがアウトレッツモールの開発を進めるようになってからは海外の一流ブランドの出店が本格化しました。これによってアウトレットの価値が上がり、企業としても本格的に取り組む業態になってきました。

　アパレルブランドの中にはアウトレット専用業態で100億以上の売上を上げる企業がある一方で、赤字の企業も多数あります。アウトレット用PB開発をするなど儲かる仕組みを作ることが必要です。

マクネアの小売りの輪

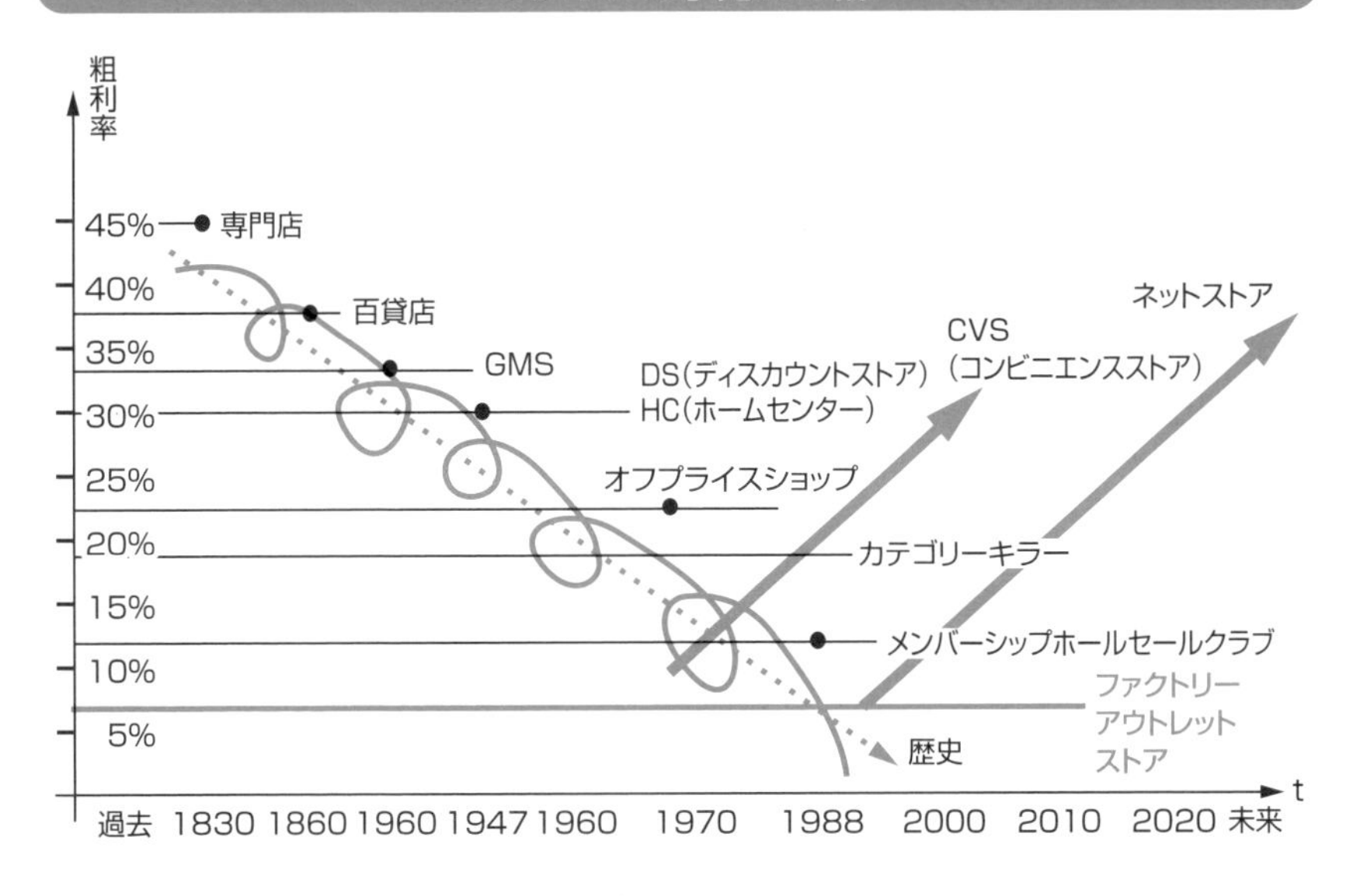

【ファミリーセール】　言葉の通り、会社に勤める社員の家族に対して感謝の意味を込めて割引販売するという感謝セールです。今ではファミリー以外も入れるセールになっているところが多いようです。

9 アパレルオフプライスストアの可能性

SDGsやゼロカーボンの取り組みが求められるアパレル業界において注目を集めている業態がオフプライスストアです。「環境に優しい」「安くて状態が良い」ことから新たなビジネスとして参入が続いています。

オフプライスストアとは企業の滞留在庫を集約し、常時割引価格で販売する小売店のことです。よく見られる形としてはブランド品からファストファッションのような低価格商材まで幅広く取り扱う店舗が多いことです。中には1ブランドに特化したオフプライスストアや低単価品だけに品揃えを集中させた店舗も存在します。価格を売りにした他の業態と比較するとどこに違いがあるのでしょうか。

もともとオフプライスストアは小売店が自社の滞留品、売れ残り品を中心に低価格で販売する方式をとったリテイルオフプライスストアが中心でした。米国では1973年創業の「ノードストロム・ラック」が有名です。百貨店のノードストロムの売れ残り品を集めて百貨店の入っている施設の隣に店を作り、そこで低価格販売しています。

日本では2019年9月にアパレル大手ワールドと在庫換価ビジネスを手掛けるゴードン・ブラザーズ・ジャパンの共同出資で作られたのが「アンドブリッジ」です。ゴードンが商品を集めてワールドが店舗運営をしています。埼玉に1号店をオープンした後茨城県に進出。約300坪の郊外型店舗で取扱商品の8割程度はワールド社以外の商品というのが特徴です。

今ではアパレル以外にもオフプライスの波は広がり、食品関係のオフプライス店も増えてきています。

【九州のオフプライスストア】 紅屋洋品店の作った店が最初です。郊外の目立たない場所でひっそりとメーカーのブランド商品を値下げして販売していました。当時は値下げはおおっぴらにはできなかったため、やむを得ず作った店だったのです。

オフプライスストア

国	企業名	特徴
米国	TJX (マサチューセッツ州)	1976年創業。「TJマックス」「マーシャルズ」の屋号で9カ国・4500店舗以上を展開するオフプライスストア。20年度売り上げ42億ドル（約5800億円）。
	ロスストアーズ (カリフォルニア州)	1982年創業。「ROSS dress for less」と「dd's discounts」の屋号で20年度売上は16億ドル（約2200億円）。
	バーリントンストアーズ (ニュージャージー州)	45の州で700店舗以上展開。定価の6割以上の割引率で販売している。20年度売上は7.3億ドル（約1000億円）。
	ノードストロム・ラック (ワシントン州)	1973年創業。米国とカナダに350店舗以上を展開。20年度売り上げは43億ドル（約6000億円）。
日本	ラックラック　クリアランスマーケット (ゲオクリア)	200～400坪の大型店に1万～2万着のアパレル、雑貨類を販売。全国に21店舗（ポップアップ含む）展開。
	アンドブリッジ (ワールド，ゴードン・ブラザーズ・ジャパン)	300坪ほどの郊外型店舗でSC内にも出店。ワールド以外の商品を積極的に扱う。8店舗展開。
	カラーズ／カラス (Shoichi)	大阪を中心に25～40坪ほどの店舗をファッションビルに展開。東南アジアにも早くから進出している。35店舗展開。
	オンワードグリーンストア (オンワード樫山)	環境貢献型オフプライスストアという位置づけでSC内に展開。

【ノードストロム】 北米を中心に展開する百貨店企業。絶対にノーと言わない接客をするサービス一番店として有名。同社では扱ったことがない自動車のタイヤを返品に来た客に返金に応じたという話は伝説になっています。

ショールームストアの可能性と限界

「売らない店」が増えています。実際には販売するのですが、その場では商品を持ち帰れなかったり、オンラインで注文したりという店です。ショールームストアは可能性がある一方で限界も見えてきました。

私がショールームストアの存在を知ったのは2016年から18年にかけての米国視察でした。当時、米国内で**D2C**＊ブランドが続々と誕生していました。彼らは店を持たない新興アパレルでした。商品を販売するという役割はECサイトに任せ、店を持たない経営をしていたのです。メンズブランドの「BONOBOS」はその先駆けです。しかしその後、同社でさえも実店舗を展開するようになりました。ただし、店舗は販売場所ではなく、ブランドロイヤリティを構築する場所として展開し始めたのです。これは従来の店舗の概念を覆す取り組みでした。

店舗では顧客に試着をさせ、オンラインで購入させるという方法をとるようになりました。これがショールームストアです。購入できるという点で単なるショールームとは異なりますが、購入して持ち帰れる在庫をほぼおいていないという点で従来の実店舗とはまったく異なるコンセプトでした。在庫を持たなくていいという点で既存アパレルも含めて多数進出しましたが、軌道に乗った店はまだありません。理由は「見せる」のか「売るのか」が中途半端に見えるからです。ショールームとしての位置づけをメインに打ち出すのか、販売する場所として訴求するのか。立ち位置を明確にする必要がありそうです。

＊**D2C**　Direct to Consumerの略。製造業者が直接、最終消費者に販売する業態を指す。通常は店を持たずにECによる販売で商品を直接届ける方式をとり、家賃や販売員という経費を抑える売り方をします。

ショールームストア

国	企業名	特徴
米国	EVERLANE	2010年創業。サンフランシスコに本社をおき、当初より製品情報の透明化を進め、製造工程にかかるすべての原価をオープンにして販売する仕組みが画期的と言われた同ブランド。2017年に実店舗を始め、10店舗以上を展開。
	Reformation	2009年にロスで創業。環境情報の開示にこだわり、各商品を製造する際に使用した環境資源の消費量を可視化。2017年にサンフランシスコにオープンした店は試着室とバックヤードをつなげた画期的な売場が話題に。
日本	ZOZO	2023年に表参道に正式オープン。服を売らないリアル店舗で、ZOZO独自の「niaulab AI by ZOZO」(似合うラボAI)とプロのスタイリストの知見を掛け合わせ、2時間以上1人の客に貸切体験を無料で提供する完全予約制店舗。
	ZARA	2018年に六本木ヒルズでポップアップストアとして限定オープン。
	b8ta	2015年シリコンバレーで誕生し話題を呼んだが本国の展開は終了。b8taジャパンとして国内で4店舗展開。来店客のデータをカメラやセンサーが感知し分析し出店者にフィードバックする仕組み。
	明日見世	2021年10月、大丸東京店にオープン。3カ月ごとに展開ブランドを入れ替え、これまでにアパレルや雑貨など100ブランド以上が出店。
	丸井グループ	2026年3月期までに「売らないテナント」を売り場面積の3割まで引き上げる方針。オーダースーツの「FABRIC TOKYO」、パーソナライズシャンプーの「MEDULLA」、b8taなどがすでに出店している。
	CHOOSEBASE SHIBUYA	そごう・西武が2021年9月に西武渋谷店にオープン。 22年2月には、この仕組みを取り入れた無人販売の期間限定ストアを西武渋谷店の本館内に設置。

【BONOBOS】 2007年創業のボノボスはメンズスラックスを中心にネットで販売するD2Cブランドの代表的企業でした。好調さを買われウォルマートが買収しましたが成長が止まり、23年にはWHPグローバルとエクスプレスに売却されました。

11 サービス化するショッピングセンター

日本でもっとも商業開発が盛んなものと言えばショッピングセンターでしたが、全国各地に開発され飽和し始めたことで、施設開発コンセプトやその業種構成に変化が生じてきました。

ショッピングセンターはSCと呼ばれています。SCはディベロッパーである不動産会社や開発業者が商業施設を作るために土地を造成し、開発する人工的な街です。広義には、駅ビル、ファッションビル、地下街、駅隣接の寄合型百貨店、計画的に作られた商店街なども含まれます。基本的には、核となる大型店を中心に1業種2店舗以上がテナントとして出店し、これらが一つの館で営業を行い、駐車場を兼ね備え、幅広い集客力を持った商業施設です。

SCは一般的には、ネバーフット型SC（商圏人口7万人以下）、コミュニティ型（7～18万人）、リージョナル型（18～50万人）、スーパーリージョナル型（50～130万人）の4タイプに分けられます。日本では当初、敷地面積確保の問題から、リージョナル型を中心に開発が進められてきましたが、近年開発されたSCは売場面積5万㎡以上、駐車場5000台以上、テナント数300店舗以上という超大型のスーパーリージョナルタイプも珍しくなくなりました（例：ららぽーと、イオンモールなど）。大型のSCが増えるとSCに入るテナントも大型化（テナントにも売場面積50坪程度を求める）、②企業規模重視、③経営安定性（すぐに退店しない、倒産しない）等の理由から、大手メーカーのSPA業態中心の出店が続いてきました。

2020年以降は物販依存型のSC開発だけでは独自性が発揮できなくなり始めたことから、サービス業種へのシフトが進みつつあります。飲食を始め医療、塾、スポーツ、遊び場、不動産、保険などモノからコトの動きがSCでも必要になってきたのです。

＊**日本のSC**　1969年に開業した玉川高島屋SCが日本における本格的SCの1号店と言われてから日本には3195のSCができています（2021年時点）。今後は淘汰が進み、それぞれの地域住民にとって本当に必要なSC以外はスクラップされていきます。

日本のSC*立地別開発数の推移(2000～2021年)

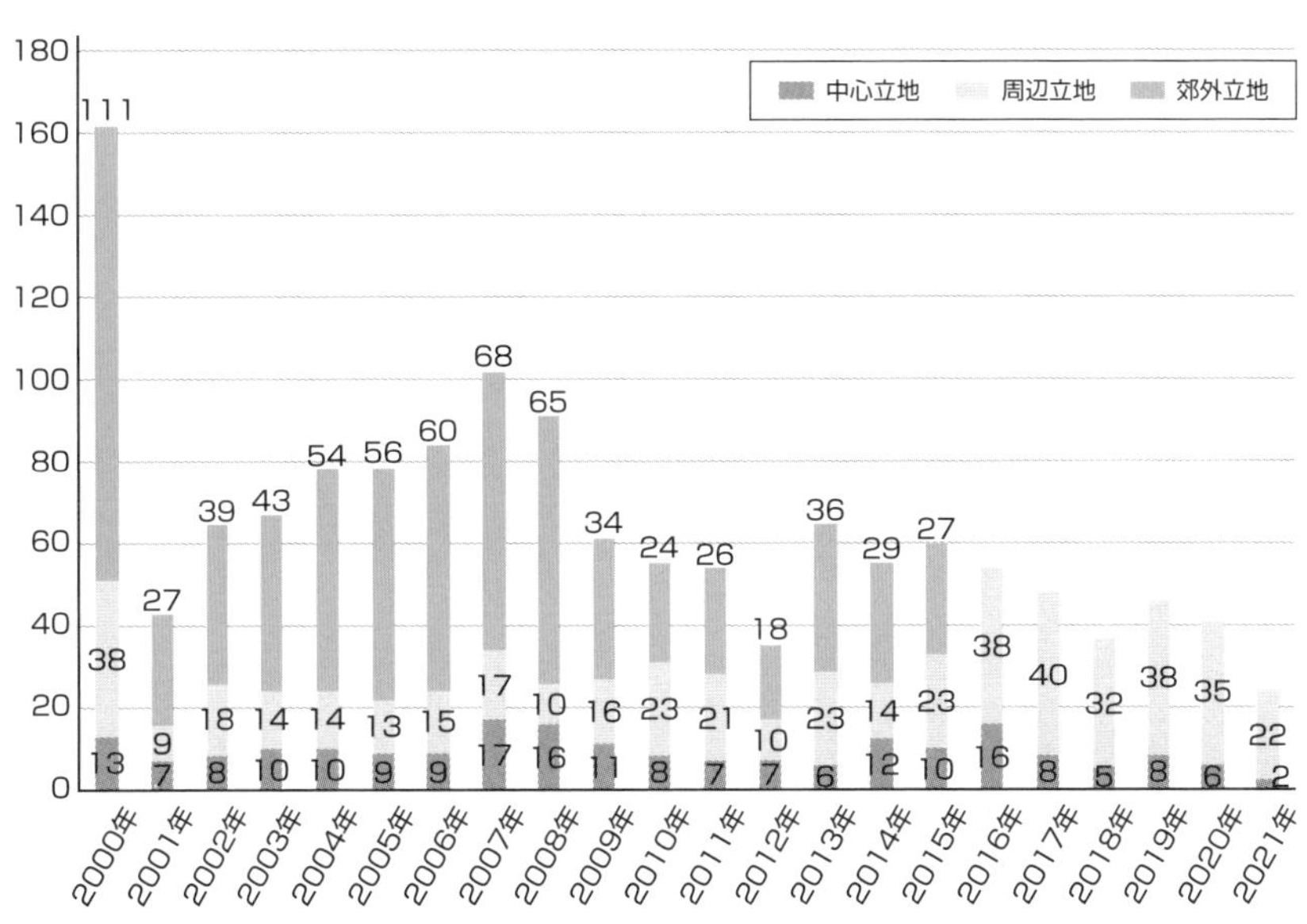

(出典：日本 SC 協会データをもとに作成。2016 年より立地区分が変化し郊外立地も周辺に含まれるように分類が変更になっている)

ららぽーと福岡の業種別構成と日本のSC構成比較表

大分類	カテゴリー	日本のSC平均	構成比	ららぽーと福岡	構成比
物販	ファッション			56	25.2%
	ファッショングッズ	100,220	62.0%	32	14.4%
	インテリア・雑貨			34	15.3%
	小計	100,220	62.0%	122	55.0%
サービス	飲食	29,344	18.1%	60	27.0%
	サービス・クリニック	32,179	19.9%	34	15.3%
	アミューズメント			6	2.7%
	小計	61,523	38.0%	100	45.0%
合計		161,743	100.0%	222	100.0%

(出典：日本 SC 協会 2021 年データを参考に作成)

【核テナント】 日本のSCでは従来は核テナントはGMSが務めてきました。しかし今後はより厳しい顧客ニーズに応えられる店として都市型百貨店を誘致する動きがより活発化していきそうです。

12 駅ビルのポジショニング変化

駅ビル・ファッションビルに注目が集まっています。アパレル中心にファッション関係のテナントを集め、時代を先取りしたビルが好調です。

ファッションビルという言葉は日本のオリジナルです。ファッションビルには一部の大型ビルを除いてキーテナントを持たないビルが多いのが特徴です。

ファッションビルのほとんどは駅前あるいは駅上に立地しています。**駅ナカ**＊を除けば、すべての小売業立地の中でもっとも好立地の場所と言えます。当然、家賃やその他の経費も高くなりますが、それ以上に圧倒的な集客力があるため、今も出店希望が後を絶たないのが駅ビル・ファッションビルなのです。

駅はマーケティングにおいては、強制集客要素と呼ばれるものの一つです。病院、学校、役所などと同様、そこに強制的に人が集まる場所という意味です。その意味で特に都心に住んでいる人にとって、駅はもっとも抵抗なく通行する場所ですから、帰りがけに立ち寄りやすいという最大のメリットがあるのです。

1990年代はファッションビルと言えば、渋谷パルコ、渋谷109、ラフォーレ原宿が三大ファッションビルでした。それが今ではJR東日本のルミネ、アトレ、JR九州のアミュプラザといったJR系駅ビルがファッションビルにとって代わろうとしています。

駅から離れたところにあるビルと駅上にあるビルがほぼ同じようなビルであれば、当然、お客様は近いほうの駅上に行きます。つまり、駅ビルで本格的に土地とビルの有効活用を考えはじめた結果、駅ビルのパワーがでてきたのです。最近はエキュートをはじめとした駅ナカ開発や駅の高架下開発も進み始めています。将来的には駅のホームや車両の中が一番の商売の場所になる日も近いかもしれません。

＊**駅ナカ**　2005年からJRは主要駅の中を本格的商業施設として開発してきました。大宮、上野、品川などは大きく変化しました。今後も乗降客数の多い主要駅が商業施設に変わります。アパレル各社も駅ナカに出店をしていますが高い売り上げをあげないとすぐに入れ替えられる競争の激しい立地です。

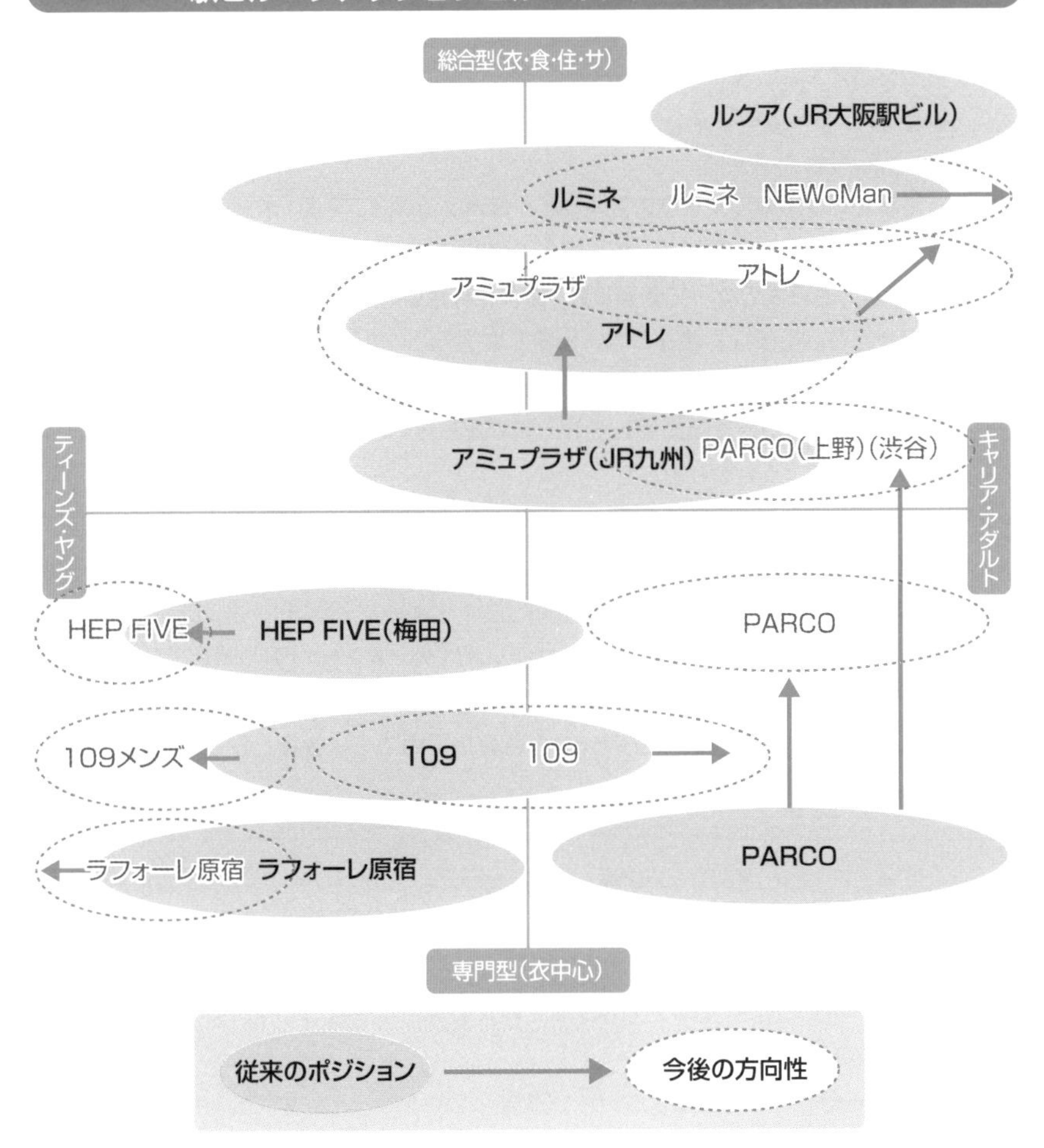

ファッションビル･駅ビルともに新たなMDコンセプトに取り組み始めています。

❶ より総合化(特定ターゲットに対して総合的な品揃えを提供する)
❷ より専門化(ターゲット･取扱商品も徹底的に絞り込む)

【ファッションビル】 最近ではアパレル関係の物販店舗よりも、飲食、食品、ベーカリー、ワインといったフード関係とコスメ、エステ、美容室などのビューティ・リラクゼーション系テナントが増えているのが特徴です。

ロンドンの百貨店に商売の原点を学ぶ

百貨店という業態の完成度が高く、存在感があるのは、英国、米国そして日本です。

中でもロンドンのハロッズ、ハーベイニコルズ、セルフリッジといった百貨店は、長い間、日本のお手本となってきました。日本の百貨店の今の形があるのは英国の百貨店がモデルとなったからと言ってもいいのです。特にハロッズ、ハーベイニコルズは、これまでのラグジュアリー路線を踏襲しており、その威厳をもってお客様をひきつけていると思ったのですが、実際にそれぞれの売場をじっくりと視察してまわると、それだけではないことがよくわかりました。

ハロッズは経営母体が変わり、別の路線へといくかと思われましたが、見事に従来のハロッズが持っていたDNAを継承し、伝統と革新をあわせもった業態へと進化を遂げていました。

これまで視察してきた百貨店の中でハロッズはダントツNo.1の百貨店です。

なんといってもそのたたずまいが違います。

売上高は1700億を超え、ヨーロッパの百貨店の中でも一番店と言っても差し支えないでしょう。

- 売場（コーナー）総数　330個
- 年間来店客数　1,500万人
- 一日あたり最高の来店客数　30万人
- スタッフ数　5000人以上（1849年に現在の場所に開店した当時の店員数 2人。ほかに使い走りを1人雇っていた）
- 店内レストラン（カフェ含む）数　28店

しかしハロッズは決して伝統と格式にあぐらをかいているのではなく、革新的な取り組みを常に続けてきた会社なのです。それは今も売場の随所で見ることができました。

もともと、ハロッズはエスカレーターの設置やドアマンの配置など世界初の試みをしてきた店ですが、総合的品揃えの百貨店という形式をとったのもハロッズが最初です。現在でも売場をまわると最新のデジタル機器を圧倒的に品揃えしたフロアがあったり、世界中の高級婦人靴だけを集めたコーナーがあるなど、常に時流を取り入れています。伝統と革新を常に両輪においてきたから、今もお客様からの支持率が高いのです。伝統と時流を両輪にして商売することこそが商売の原点であることを実感させられる店舗です。

ファッションとマーケティング

アパレルを広義に捉えるとファッションというカテゴリーに分類されます。ファッション産業は実に幅広く、さまざまな商品で構成された業界です。それぞれが協力し、また競い合いながら日本のファッション市場を成長させているのです。

1 ファッション市場の領域

日本のファッションビジネスは環境変化により縮小傾向にあります。一方で世界に目を向けるとファッション市場は成長しています。市場をマクロに分析することが重要です。

ファッション業界は冒頭のファッション・ドメイン・マップの通り、実にさまざまな業界にまたがって構成されています。アパレル業界はその中核に位置します。しかし日本国内の環境変化により影響を受けている業界が多々あります。

ファッションとは広義で捉えれば、世の中の流行のことを意味します。それは文化であり生活全般の動きのことです。衣・食・住・サービスは密接に関わっています。確かに以前は衣からトレンドはスタートしていました。それが今では食や住からでたファズ（一時的流行）が融合し、トレンドを作り、逆にアパレルにも影響を与えるといった流れが加速しています。これこそが、日本に本格的にライフスタイルというトレンドを定着させる大きなうねりとなっているのです。

つまり、ファッションとは流行そのものであり、それは人々の生活をとりまいているあらゆる生活環境=ライフスタイルのことなのです。

そのファッション市場は今さまざまな変化の中にいます。一番大きな変化は日本が人口減少社会に突入したということでしょう。ファッション業界で働く就業者は減少し、国内アパレル消費は9兆円を割り込みました。しかし国内のアパレル商品のEC化率は上昇しており、すでに2割以上がオンラインで消費されています。また、海外のアパレル市場は2・3兆ドル（約320兆円）に拡大しており、国内ESG投資も増加の一途をたどり、これが新しいアパレル市場の追い風になっていくかもしれません。国内の一部のデータだけを見ればアパレル市場はお寒い業界となりますが、

＊**お客様とのズレ・ギャップ**　売り手と買い手との間の溝のことです。この溝は意識しないとわからないものです。ズレがでないように、自社や自分の作った商品を常に客観的に見るクセづけをすることが大切です。

世界に目を転じ、時流に合わせていけばアパレル市場はまだまだ可能性のある業界です。

したがって、これからアパレル業界で成長をし続ける企業を作り、そこでお客様の支持を得るためには、アパレル業界の慣習や常識の中だけで動いてはいけません。非常に近視眼的になり、気づいた時にはお客様との間に大きな溝が生まれてしまいます。2010年代、アパレル業界の企業業績の低迷を生んだ最大の理由は、「アパレル企業と**お客様とのズレ、ギャップ**＊」にありました。

日本の消費者は世界一厳しいと言われています。品質に対する基準、価格に対する意識、トレンドを誰よりも意識するなど、その価値観は非常に複雑で、日々変わります。だからこそ、私たちはお客様の思考の変化をつぶさに捉え、時流に適応していくことがすべてなのです。

ファッション市場をとりまくさまざまな変化

繊維産業

人口構成の変化
就業者は減少し、繊維産業の働き手、担い手不足
2007年　68万人
➡2020年　40万人
（労働力調査より）

グローバル化
海外アパレル市場拡大
2019年　1.8兆米ドル
➡2025年　2.3兆米ドルへ

サステナビリティ
国内ESG投資拡大
2016年　0.5兆米ドル
➡2018年　2.2兆米ドルへ

デジタル化
国内衣料品EC化率
2019年　13.9%
➡2021年　21%へ

生活者の行動変容
コロナ禍を契機に衣料品等の国内市場規模縮小
2019年　11兆円
➡2021年　8.7兆円へ

（出典：経済産業省産業構造審議会 製造産業分科会 繊維産業小委員会 2022「2030年に向けた繊維産業の展望　繊維ビジョン」概要資料をもとに加工・作成）

【ファズ】Fads　局地的な流行、一時的な流行りのことです。これが広がりを見せ、世の中を動かすほどの流れになった状態をトレンドと呼びます。現在のファズは「地域密着」、「提携・協力」、「自由」、「本物」などが挙げられます。

2 顧客セグメンテーションの考え方

ファッション業界を捉えるためにはお客様のことを知らなければなりません。お客様のことを知るためにはお客様を何らかの区分けによって分類し、それぞれに合わせた企画開発を進めることが必要です。

ファッション業界のマーケティング戦略の中でもっとも重要な戦略の一つがターゲティングです。これは対象とするお客様を明確に定義するというものです。

対象となるお客様を明確にするための分類手法はいくつかあります。性、年齢、家族環境、所属グループ、住環境、仕事、ものの考え方などです。この中で非常に重要なセグメンテーション要因として、ものの考え方（価値観）と家族環境があります。

お客様の価値観は劇的に変化を遂げています。しかし変わらないのは、いつの時代にもファッションに興味があり、いち早くそれを取り入れるリーダー層（**スキミング層***）が存在するということです。スキミング層の動きを見ながらイノベーター層やフォロアー層が購買行動を起こしていきます。つまり時代の先を常に提案し続ける企業はスキミング層を狙うことが必要です。一方、大衆を相手に商売をすると決めている企業は、常にフォロアー層の動きを見ていなければ売れる商品は作れないのです。

次に家族環境です。日本のライフステージを捉える上で家族環境は重要な要素になってきました。今は晩婚化、少子化、高齢化、シングル志向と言われています。大卒、社会人、結婚、子育て、四人家族という昭和スタイルは標準家庭の型ではなくなりました。ですから企業はこれからの日本の家族のスタイルに合わせてモノ作りを進めていかなければ支持されるアパレルブランドは作れないのです。顧客セグメンテーションをしてターゲットを明確にすることです。

***スキミング層**　Skimming　いつの時代にも一定の割合でスキミングと呼ばれる、先を読む、いち早く流行をとりいれたい層が存在します。ファッションリーダーとも呼ばれるこの層が流行を作り口コミによって世の中に広げていきます。

セグメンテーションピラミッド

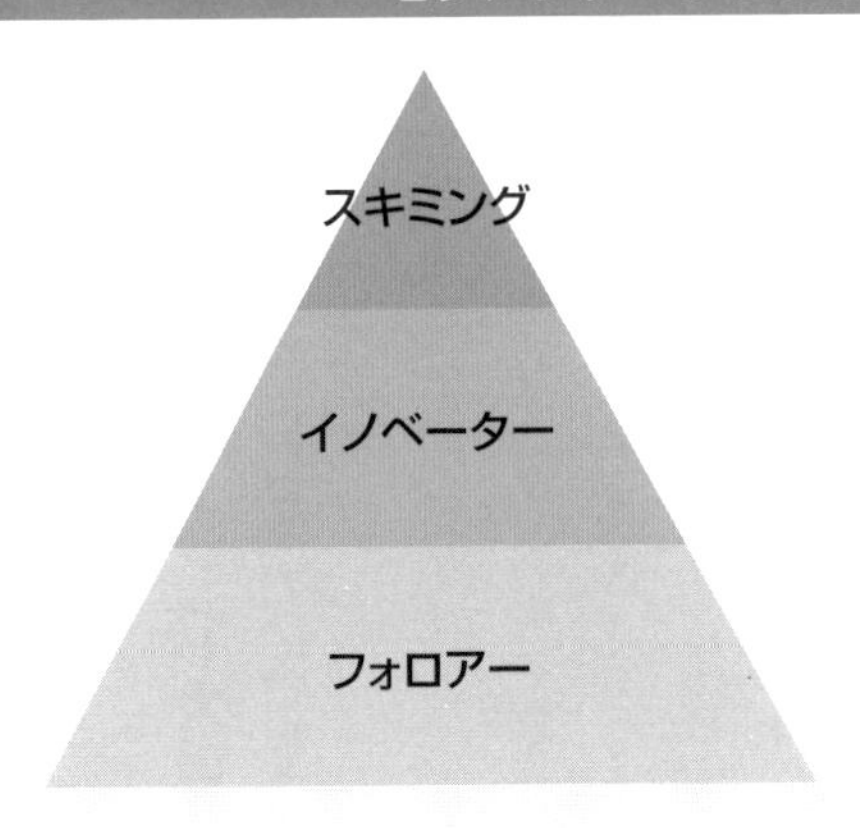

①スキミング層(5%)
自分なりの価値観を持ち、高額商品でも購入する。

②イノベーター層(15%)
スキミング層の動向を参考に、自分の価値観を形成する層。

③フォロアー層(35%)
横並び意識が強く、常に平均以上でありたいと願う層。

④ペネトレーション層(45%)
いわゆるバーゲンハンター。価格意識が強く、価値には反応しない。

顧客セグメンテーションストーリー

分類	グループ(例)	セグメンテーション例					
1. 性別		男性	女性	ユニセックス			
2. 年齢別		15歳未満	15～19歳	20～24歳	25～29歳	30～34歳	…
3. グループ別	(1) 家族環境	ヤングシングル	DINKS	ニューファミリー	3世代ファミリー	ミドルシングル	シルバーシングル
	(2) 仕事内容	営業系	製造系	サービス系	クリエイティブ系	金融系	シンクタンク系
	(3) 所得レベル	富裕意識層	中流意識層	下流意識層			
	(4) モノの考え方	先進的	中立的	保守的			
	(5) ファッショントレンド	スキミング	イノベーター	フォロワー	ペネトレーション		
	(6) 住環境	都心／地方	駅前／郊外	マンション／戸建			
	(7) 趣味	インドア	PC・ゲーム	手芸	DVD鑑賞	読書	料理
		アウトドア	ゴルフ	テニス	サーフィン	トレッキング	スキー

【セグメンテーション】Segmentation　細分化の意味です。マーケティングではお客様を属性別に分類してターゲットを選定する際に使われます。これを顧客セグメントと呼びます。セグメントによって企業のターゲティング(誰に売るのか)が完成します。

日本のブランドブームの変遷

3

日本は世界に冠たるブランド大国です。今のように世界中のラグジュアリーブランドがこぞって日本に来るようになるまでに日本ではさまざまなブランドの変遷がありました。

日本人は昔からブランドが好きだったのではなく、国民所得が一人当り100万円を超えた頃がそのスタートだったと考えられます。1975年の第一次ブランドブームがその走りです。雑誌「anan」が1970年に創刊され、1971年にマクドナルド1号店がオープンし、1975年に「JJ」、翌年に「ポパイ」が創刊された70年代前半に海外のファッションや音楽など若者にとっての憧れの情報が一気に日本に溢れ始めました。こうしたことが背景となって、海外ブランドを入手したいという欲求がますます高まり、自分のアイデンティティーを表現するアイテムとしてインポートブランドの購買がスタートしたのです。

当初はグッチやセリーヌのバッグ、サンローランのスカーフといった限定されたブランドアイテムの購買が中心でした。それがDCブランドを経験してある程度の品質を知ることになった日本人の目は厳しくなり、もっと本物を、もっとステイタスのある物へと購買対象が変化していったのです。

その結果、ルイ・ヴィトンは日本法人を1978年に設立し本格的に日本市場に進出してくるなど、日本に本格的なインポートブランドブームを巻き起こす主役となりました。

それが2011年の東日本大震災を境に日本人のブランドに対する価値観が大きく変化しました。環境や社会貢献、持続可能性、ジェンダーなど、地球環境や社会のことを考えて物作りをするブランドに価値を感じる人が増えてきました。新たな胎動を感じます。

【大規模直営路面店】 スーパーブランド各社は東京で言えば銀座、表参道、大阪では心斎橋に次々と直営路面店を出店させています。百貨店に入るよりも収益がとれると判断したことが出店の最大の理由です。2030年に向けてブランドショップの新業態店や旗艦店の出店が続きます。

日本のブランドブームの変遷図

年代	ファッショントレンド	人気ブランド・インポートブランド
1968年	サイケデリック・モード	イヴ・サン・ローラン
1971年	第1次アメカジ全盛期 ワンポイントブーム	アーノルド・パーマー
1975年	第1次インポートブランドブーム	サンローランのスカーフ、グッチ、セリーヌのバッグなど
1980年	クリスタル族	ディオール、セリーヌ、シャネル
1981年～1987年	国産DCブランドブーム カラス族	ボートハウス コムデギャルソン、ワイズ ビギ、ニコル、セーラーズ パーソンズ、ピンキー＆ダイアン
1988年	第2次インポートブランドブーム (フレンチからイタリアンブランドへ) 大学生を中心に渋カジ大ブーム	アルマーニ、ヴェルサーチグッチ、プラダ　など
1989年	セレクトショップ人気	ポロ・ラルフローレン、ビームス、シップス
1990年	バブル崩壊	
1992年	ヨーロッパブランド人気	グッチ、セリーヌ、ルイ・ヴィトン
1995年	第3次インポートブランドブーム	グッチ、シャネル、カルティエなど
1996年	スポーツブランドブーム	ナイキ、アディダス、プーマ
1998年	ビジュアル系ブランドブーム	プラダ、ヘルムートラング
2000年	第4次インポートブランドブーム	グッチ、エルメス、ヴィトン
2005年	第5次インポートブランドブーム	ヴィトン、コーチ、グッチ、エルメス、シャネル　等
2008年	ファストファッションブランドブーム	H&M、ZARA、アバクロなど
2012年	ドメスティックブランド＆エシカルブランド	国産ブランド、PEOPLE TREE（フェアトレードブランド）
2016年	ユーズドライク低価格カジュアル	WEGO、ジーユーなど
2020年	アスレジャー	ルルレモン、ワークマン、アシックス、ミズノなど
2025年	サステナブル&ESG&デジタルファッション	EVERLANE（米）、ブルネロクチネリ（伊）、On（瑞）、パタゴニア（米）

【1970年代】 日本のファッションビジネスが一つの産業として認知され始めたのが70年代です。Tシャツ、ジーンズ、ヒッピースタイル、クロスオーバーファッションなど日本のファッションの原型が見えるのはすべて70年代です。

4 ブランドとは何か

ファッション業界においてブランド力のあるブランドを開発することは売上を拡大し、ライフサイクルを長くするために必要な戦略です。ブランドとは何で、どのように作っていくべきなのでしょうか。

ブランドとは**商標***、銘柄の意味です。もともとは家畜の牛に焼き印を押して、牛を見分けるための印として使っていたものです。それが時代とともに変化して、今ではモノそれ自体よりも、ある意味、ブランドのほうに価値があると感じられるものもあるほどです。それだけブランドの持つ価値、ブランド化した物への信頼感は高いと言える時代なのです。

アメリカ・マーケティング協会（AMA）によると、「ある売り手あるいは売り手の集団の製品及びサービスを識別し、競合相手の製品及びサービスと差別化することを意図した名称、言葉、サイン、シンボル、デザイン、あるいはその組み合わせ」をブランドと呼ぶと定義しています。ブランドを構成するものはマクロ的要素（コンセプト、全体像）とミクロ的要素（ネーミング、デザイン、色などの視覚・聴覚的要素）とで成り立っています。このどちらが欠けてもブランドにはならないのですが、重要なのは、「私達はどんな志・ビジョンをもったブランドを育成するのか」という点です。ジーンズメーカーのリーバイスは、カリフォルニアの金鉱で働く人々の「丈夫なパンツが必要だ」という声を聞き、ジーンズの原点となる丈夫なワークパンツを創りあげたのが創業原点でありコンセプトです。

ファッションブランドの場合、ブランドのデザインや色といった視覚的要素のみに目を奪われがちです。しかし、これからはマクロ的要素である、そのブランドが訴求するコンセプトが良いか悪いかで購買決定するように変わっていきます。

***商標**　無断複製（違法コピー）から所有権者を保護する工夫がブランドの始まりで、18世紀の初めに、スコットランドのウィスキー輸出業者は、ウィスキーの樽に焼き印を入れて偽造を防ごうとしました。制作者の出所を表示し、商品の品質を保証するために「商標」（Trade Mark）が誕生したのです。

ブランディング・ピラミッド

Value
（企業価値）

ブランド
3要素

Vision
（方向性）

Concept
（哲学・思い）

永続するブランドの条件

1 コンセプト ………… どんな未来を顧客、従業員、株主と共有するかを決定する
2 一貫性 ……………… 商品、サービスにおいて守り抜く基準
3 社会公共性 ……… 未来目的の明確化（未来、顧客、社会、社員）
4 教育性 ……………… 社員の人生の目的を経営の目的と一体化させる

【Louis VUITTON】 1854年、ルイ・ヴィトンがパリに世界で初めての旅行鞄の店をオープンしました。丈夫で機能的。これがコンセプトでした。1896年、コピー商品の流出を防止するために、世界で最初にモノグラム柄を考え出しました。いわゆるヴィトンブランドを代表する柄がこれです。L、Vと花と星を組み合わせた模様は2代目のジョルジョ・ヴィトンが考案し、王侯貴族をはじめ、上流社会の人々を魅了するブランドとなりました。服作りのコンセプトは、“機能的”あるいは“実用的”。鞄と同様の志を感じ取れます。

【ブランド】 Brand 英語で焼き印を押すという言葉のburnedから派生した言葉と言われています。もともとは牧童が自分の牛と他人の牛を取り違えないように牛に押していた焼き印がブランドの始まりと言われています。

5 ラグジュアリーブランドの勢力図

ラグジュアリーブランドと呼ばれる企業群の合併・吸収は日常茶飯事です。トータルの企業価値を高めるためにさまざまな状況を想定して企業コンソーシアムを作り上げています。

ラグジュアリーブランドの売上にもっとも貢献してきたのはまちがいなく日本市場です。世界のラグジュアリーブランド消費の約3割を日本市場が占めると言われています。特にLVMHグループ（ルイ・ヴィトンなど）にいたっては売上高11兆円のうち約4割をアジアが、全体の7%を日本が担っています。

2008年ごろよりブランド崇拝は中国にシフトし、ラグジュアリーブランド各社はその勢力を北京、上海へと広げました。しかしその後の中国経済の不安定さとアフターコロナを見据えた戦略転換で、20年以降は再び日本にラグジュアリーブランドが出店したり旗艦店のリニューアルに取り組んでいます。

ラグジュアリーブランドの中で、もっとも**M&A***に積極的なのはLVMHでしょう。セリーヌ、ジバンシー、ケンゾーなどを次々とグループ化し、2011年にはブルガリ、2013年にはロロ・ピアーナ、そして2021年にはティファニーまでも買収してしまいました。世界の富裕層を魅了するブランドを多数傘下におさめたことで同社の企業価値は高まっています。

グッチを傘下に持つケリンググループも積極的に勢力図を広げています。常にLVMHと競合しながらも、サンローラン、ボッテガ・ヴェネッタ、アレキサンダー・マックイーン、プーマなどをグループの支配下においてさらに勢力を拡大しています。

これからのラグジュアリーブランドは、よりハイエンドなものと身近なブランドをどう組み合わせてバランスをとって提案できるかが問われています。

＊**M＆A（Mergers&Acquisitions）**　世界では当たり前だったアパレル業界のM＆Aが日本でも活発に起こり始めました。アパレルブランドはトレンドを作れれば予想を超える利回りがとれるというのが投資対象になっている理由です。同時に投資の判断がつきにくい業界でもあるようです。

ラグジュアリーブランドピラミッド

ビスポーク

価格帯	ブランド	区分
4,000,000円〜	Graff LEVIE	ウルトラハイエンド
400,000円〜	Harry Winston Patek Philippe Bottega Beneta、 Van Cleef & Arpels	スーパープレミアム
180,000円〜	HERMES Chopard、Cartier、BULGARI Berluti Tiffany、ROLEX、OMEGA Louis Vuitton	プレミアムコア
40,000円〜	デザイナーアクセサリー&ブランド GUCCI、PRADA Tod's、Miu Miu Tissot、Montblanc	アクセシブルラグジュアリー
18,000円〜	デザイナーウェア COACH、Max Mara Tiffany Silver Jewellery	プチラグジュアリー
	メーカー、SPA系ブランド その他エンタテインメント Swatch、G-Shock、Starbucks Restaurant/Entertainment Life Event/Sports Event	デイリーラグジュアリー

上図は各ブランドが取り扱う時計やアクセサリーの中心価格帯を軸に分類したものです。

価格帯別に分類するとそれぞれのカテゴリーに属するブランドの意味や位置づけがよくわかります。

デイリーラグジュアリーには普段の生活でも触れることがある身近なブランドが並んでいます。そこから一段階上がったプチラグジュアリーには「コーチ」や「マックスマーラ」が、「グッチ」「ティソ」「プラダ」「モンブラン」といったブランドは比較的身近なラグジュアリーということで、アクセシブルラグジュアリー、「エルメス」「ルイ・ヴィトン」などはプレミアムコア、その上がスーパープレミアム、そしてドバイやニューヨークなど一部の都市にしかないブランドを展開するウルトラハイエンド、最後の頂点に「ビスポーク」（手作りのカスタマイズ商品）が位置づけられます。ブランドでもこのような階層が存在しているのです。

【ラグジュアリーブランド】 日本では百貨店において高い効率をあげるインポートブランドの代名詞です。最近では百貨店から出て路面店を開発するブランドが増えました。主要ブランドはヴィトン、ディオール、グッチ、エルメス、シャネル、カルティエなどです。

6 日本からミドルプライスはなくなるのか？

日本のアパレル市場は長い間、ミドルプライスが市場を支えていました。ボリュームゾーンとも呼ばれる中間的な価格。今、ボリュームゾーンの商品が売れにくくなっています。

日本のアパレル市場は大きく分けると3つの市場に分かれます。

一つはラグジュアリー市場。主に欧州のラグジュアリーブランドやファクトリー系ブランド、または米国のラグジュアリー志向ブランドが該当します。これらはラグジュアリーブランドと呼ばれ、日本では百貨店の核ブランドとして、また最近では都心の一等地に構えるブランド直営店の印象が強いと思います。この市場で全体の20％の1兆8千億程度あると推計され、今も日本では根強い人気があります。

二つ目はマス・ボリューム市場で、いわゆる低価格カジュアル市場とでも呼べる市場があります。これは今では日本のアパレルの約半分の4兆5千億程度の市場です。ユニクロやジーユー、しまむらや西松屋などのいわゆるアパレルSPA企業が作ってきた市場です。店舗数も拡大し、大型化しています。

この二つにはさまれるようにして存在するのが、トレンド市場です。トレンド市場は大きく、日本型総合アパレルブランド、日本型セレクトショップ、欧米発SPAブランドが該当します。OMOに力を入れるセレクトショップは国内でも売り上げを伸ばし、欧米型SPA企業の一部は世界シェアも拡大しています。しかし、日本型総合アパレルブランドはコロナ禍の前にはすでに企業体力が弱まり、ブランドの廃止、数百店舗に及ぶ店舗閉鎖、**大規模なリストラ**＊を実施し、大きくそのシェアを落としました。価格で言えば中間ゾーンに該当するブランドはその方向性を大きく変えねば生き残れないのです。

＊**大規模なリストラ**　ワールド、TSIホールディングス、イトキン、三陽商会といった日本を代表する大手アパレル卸が2015〜2017年にかけて大規模なブランドの改廃、リストラを実施しました。ミドルプライスを売りにしてきたブランドから、日本品質を売りにするブランドへとシフトできるかが決め手となります。

日本のアパレル市場

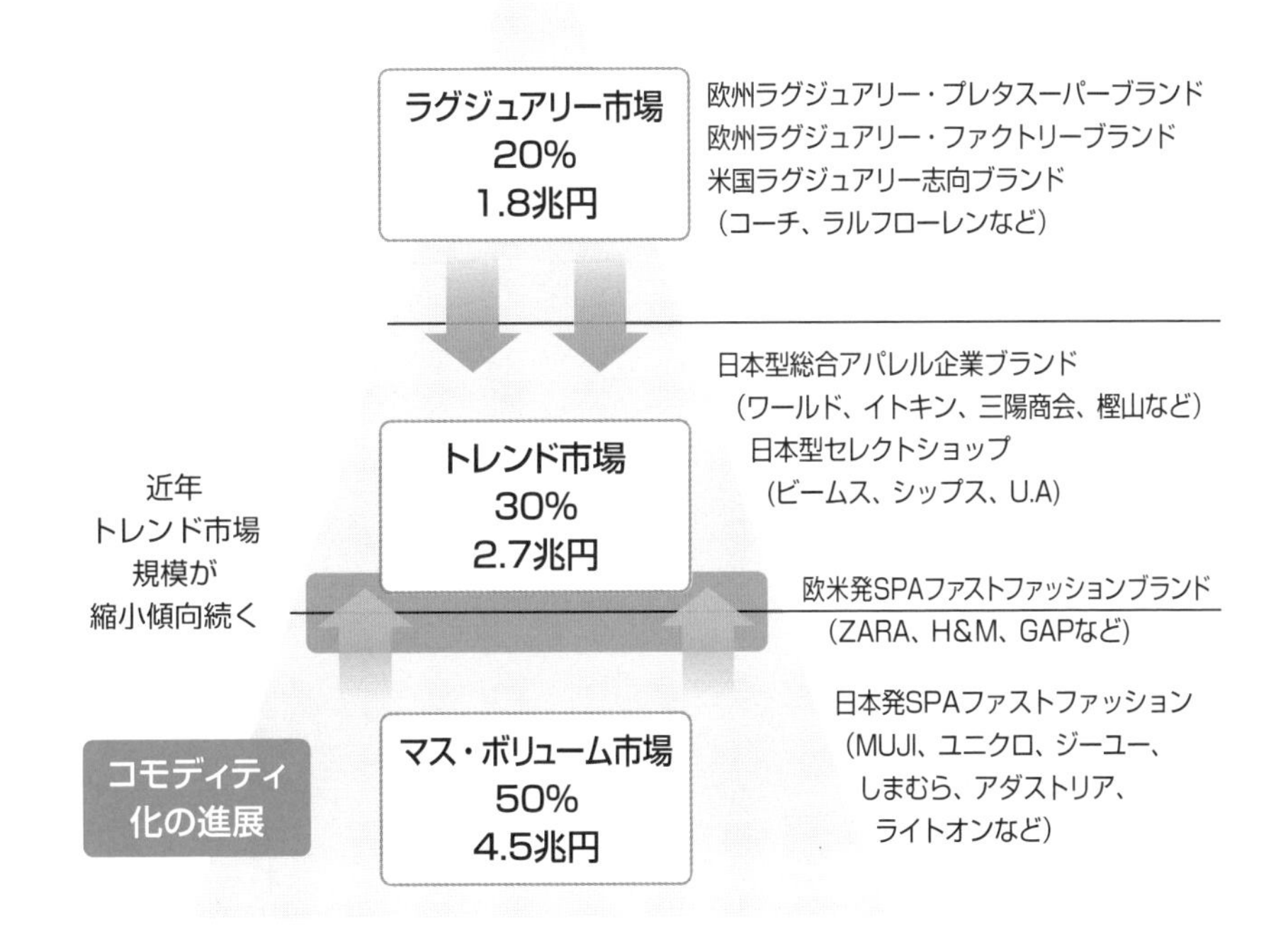

【生活者の所得意識と日本のアパレル市場の関係】

日本のアパレル市場はトレンド市場が５割程度あった市場ですが、日本の生活者の所得意識の変化に合わせるかのように、アパレル市場もマス・ボリューム市場がどんどん拡大しトレンド市場から顧客を奪うようになっていきました。結果的にマス・ボリューム市場が拡大し、トレンド市場が縮小し、今もその流れは続いているというのが実態です。日本のアパレル市場の弱体化は生活者の所得意識とも大きく関係しているのです。

【OMO】 Online Merges with Offlineの略称で、オンラインとオフラインを一体化させるという意味です。O2Oはネットから店舗への誘導といった一方通行型の概念でしたが、OMOはネットとネット以外の店舗などの垣根を超えたマーケティング概念です。

7 SNSが変えるファッション業界

テレビや雑誌は今も一定のトレンドリーダーではありますが、それ以上に力を持ってきたのが消費者主導型メディアの代表格であるSNSです。

ファッションとマスメディアは密接につながっていて、特にファッション業界の新商品は雑誌にのらなければ売れないという時代が長く続きました。雑誌はファッションやコスメ特集を組まなければ部数が伸びないというもちつもたれつの関係にありました。したがってお互いが上手に協調関係を作っていくことが両者の利益につながったのです。ところが最近では雑誌の販売部数減少にともなって廃刊、休刊が相次ぐなど、ファッション誌も単体だけでは成立しにくくなっています。雑誌のNYLONを発行するカエルムのようにデジタル系企業とのコラボレーション、ファッションイベントとの連携、従来の書籍流通の概念をすべて覆して海外にも販売網を広げるVI／NYL（バイ&ナル）などは業界人にも人気があるようです。

ファッション雑誌のすべてが厳しいわけではありません。

しかし今のミレニアル世代から**Z世代**＊にとって一番のメディアはツイッター（現X）やインスタ、TikTokなどのSNSです。特にZ世代はこれらのメディアを目的によって上手に使い分けています。ファッションや食などの知りたい情報や興味のあることを探すのはツイッター（現X）やインスタ、TikTokは暇つぶし、動画は好きなアーティストの曲を聴いたり見たりするのに利用しています。今はSNSこそが一番身近で接触頻度の高いメディアです。アパレル企業は一段とSNS対応力を高めて情報発信し、顧客をファン化していく仕組みづくりが必要です。

Z世代の若者たちは見たいものしか見たくないと

＊**Z世代**　ジェネレーションZとは、1990年代半ばから2000年代後半（2010年代前半まで含む場合も）に生まれた世代。彼らは生まれた時点でインターネットが利用可能であった人類最初の世代としてこれからのトレンドセッターになると言われています。

いう「タイパ世代」です。タイパが良さそうであれば興味を持ちますが、悪ければ二度と見ることはありません。つまりそれが雑誌なのかSNSかではなく、これらのメディアで見たいと思わせるようなコンテンツづくりがされていることが必要なのです。

アパレル企業はこうしたSNSの特性を理解して、適切な情報発信をしていくことです。発信媒体をまちがえると誰にも届かないこともあり得るということを忘れないことです。

各SNSサービス利用の目的

あなたはSNSや動画配信サービスをどのような目的で利用していますか。（複数回答）
Twitter n=354（男性169/女性185）／Instagram n＝316（男性139/女性177）
TikTok n=196（男性83/女性113）／動画配信サービス n=382（男性187、女性195）

順位	Twitter	Instagram	TikTok	動画配信サービス
1位	自分の興味があることを知る 49.2%	友達の近況を知る・DM等でやり取り 66.1%	ネタ・面白系・暇つぶし 52.0%	アーティストや曲などを見る・聴く 67.0%
2位	トレンドを知る 47.7%	自分の興味があることを知る 54.7%	トレンドを知る 42.3%	自分の興味があることを知る 56.3%
3位	自分の興味があることを調べる 45.5%	自分の興味があることを調べる 47.8%	好きなインフルエンサーを見る 39.8%	ネタ・面白系・暇つぶし 54.5%
4位	ネタ・面白系・暇つぶし 43.8%	自分の日常や好きなことを投稿 47.5%	自分の興味があることを知る 33.7%	好きなインフルエンサーを見る 45.5%
5位	好きなインフルエンサーを見る 30.5%	トレンドを知る 44.0%	自分の興味があることを調べる 28.6%	自分の興味があることを調べる 45.0%

（出典：SHIBUYA109 lab.「Z世代のSNSによる消費行動に関する意識調査」をもとに作成）
※Twitterは現在はX

【コラボレーション】 基本的には異なる企業同士の協業を意味します。単なる役割分担関係や下請け関係による共同作業はコラボレーションとは呼びません。コラボレーションは新たな創造性があるか否かが重要で、閉塞感から抜け出すための施策です。

8 音楽とファッション

ファッション業界において音楽の存在は欠かせません。特にミレニアル世代からZ世代に人気のファッショントレンドは音楽トレンドから生まれてきていると言っても過言ではありません。

2021年に東京で開催された東京2020オリンピックではアーバンスポーツと呼ばれるジャンルのスケートボードやBMX競技に注目が集まりました。彼らの多くはミレニアルからZ世代。ストリートファッションに身を包み、好きな音楽をワイヤレスイヤホンで聴きながらメダルをかけて争う姿がとても印象的でした。まさに新しい時代のスポーツが音楽とファッションと共に生まれた瞬間でした。

1960年代から70年代にNYに生まれたストリートファッションはそれまでのファッションの常識を覆しました。ファッショントレンドはファッションデザイナーが作るものというそれまでの概念を崩し、ストリートからヒッピースタイルという文化が生まれたのです。彼らがよく足を運んだのがクラブ。以降、クラブシーンに集まる若者達にどのくらい支持をされるかが流行を作るためのポイントになっていったのです。

特にヒップホップカルチャーの誕生は衝撃的でした。スラム街で生まれたヒップホップは、1992年にMTVでラップ専門番組を開始するやいなや、全米でラップの人気が急上昇しました。大都市のサブカルチャーとしてスタートしたラップが郊外の中流層、中西部、南部のMTV世代キッズに対してラップ音楽とともにラッパーのクール・ファッションを届けたのです。

日本でもヒッピースタイルは音楽からきましたし、竹の子族の**クロスオーバーファッション**＊はストリートから生まれました。また、裏原宿系ファッションの

＊**クロスオーバーファッション**　従来の感覚では異質と思われるものを組み合わせるファッションです。野球のユニフォームと民族風のフードなどを日常着と合わせて着るなどの日本独自のファッションがストリートから生まれたのです。

仕掛人の多くはデザイナーでありDJなどのミュージシャンでもあるという二刀流が多いのも特徴です。

2010年代に入りアーティストがファッションアイコンになることは以前よりは減りましたが、それでもビリー・アイリッシュやレディー・ガガなどの世界的人気のアーティストは独特のファッションセンスもあって音楽と共にファッションが必ず取り上げられる存在になっています。ビリーはドレスをオーダーする際にはリアルファーを不使用にしたりなど彼女の態度こそがファッションスタイルそのものであり主張です。こうしたスタンスが音楽の世界観にもつながり、それが若者の共感を得ています。

音楽とファッションは同じようにトレンド発信の情報源であり、また特に若者にとってはどちらもなくてはならないものだと言うことです。そしてどちらも自身のアイデンティティーを表現するのに欠かせない手段なのです。

音楽・スポーツとファッションの関係

ファッションスタイル	特徴
1. プレッピー	ジャンクフード、POPミュージックを好み、今も大学は名門校にこだわるがそれほど勉強熱心ではない。クラブよりもバーで時間を過ごすことが多い。キレイ目のカジュアルを作ってきた顧客層である。
2.HIP HOP	ヒップホップ系やテクノミュージックを好む。キャップ、ピアス、チェーンは定番アイテム。3on3などのストリートバスケも人気。ストリートファッションの代表格。
3. ヒッピー	1950～70年代の音楽を好み、健康志向。古着、ヴィンテージを好む。
4. クラブ	メジャーブランドを嫌い、自分の個性を際立たせるファッションをノンブランドでコーディネイトする感性がある。
5. スケーター	オルタナティブ系ロック。HIP HOP系から派生したファッションも多い。
6. パンク	チェーン、レザー、ピアス、タトゥーなどのパンクファッションは今もコアなファンが多い。
7. ベッドルーム・ポップ	ライブを通したリアルな音楽活動ではなくTikTokやYouTubeなどのSNSを通して行う自室で完結する音楽。コロナ禍で自室にこもりルームウェアやスウェットなどのイージーファッション拡大ともリンクする。

【クール・ファッション】 クールとはズバリ、かっこいいという意味です。かっこいいファッションと言われなければ、それは流行とはならないというほど重要な言葉です。ちなみにクールブランドとなるための条件の第1位は「Quality」だそうです。

9 景気とファッションサイクル

ファッション業界は長い目で見ると1つのサイクルの中で動いているようです。6年で1つのテイストが入れ替わるファッション業界。そこには景気との関連も大きく関わっているようです。

好景気・不景気については60年に一度の大恐慌（大不況）が特異点ではあるものの、その間に約9年～10年周期で小さな好景気・不景気の循環があります。日本においては、2000年～2001年はITバブルがありましたし、2008年のリーマンショック、2011年の東日本大震災によって先が見えない非常時に突入しました。2015年初めまでは持ち直したものの2016年以降、再び不透明な時代に入り、2020年に世界中の経済をストップさせた新型コロナウイルス感染拡大が起こり、2021年以降はアフターコロナの動きが活発化しています。

しかしこれを景気のサイクルで見ると、好景気・不景気はおおむね9年～10年周期であることがわかります。

ここに**ファッショントレンド***を重ね合わせると1つの流れが見えてきます。それは、6年を1つのサイクルにして、エレガンスとカジュアルが入れ替わるという循環です。年度ごとに入れ替わりの調整期がありますので年を越えた瞬間に入れ替わるわけではありませんが、人の嗜好が1つの循環の中で動いていることがわかるでしょう。2012年はロンドンオリンピックでカジュアル・スポーティーなトレンドがきましたが2015年でカジュアルトレンドは終わりました。2019年まではエレガンストレンドが進み、2021年の東京2020を境にスポーツを中心としたカジュアルトレンドにシフトしました。ファッションは景気によって左右され、ファッションから景気を良くすることもできるのです。

***ファッショントレンド**　ファッションには色の傾向もあります。景気が悪い時には黒系統がよく売れ、保守的なデザインを好むようになります。好景気になってくるとカラフルな色が好まれ、ミニスカートなどの攻撃的なスタイルへと変化していきます。

日本の景気循環図 1929 ~ 2027

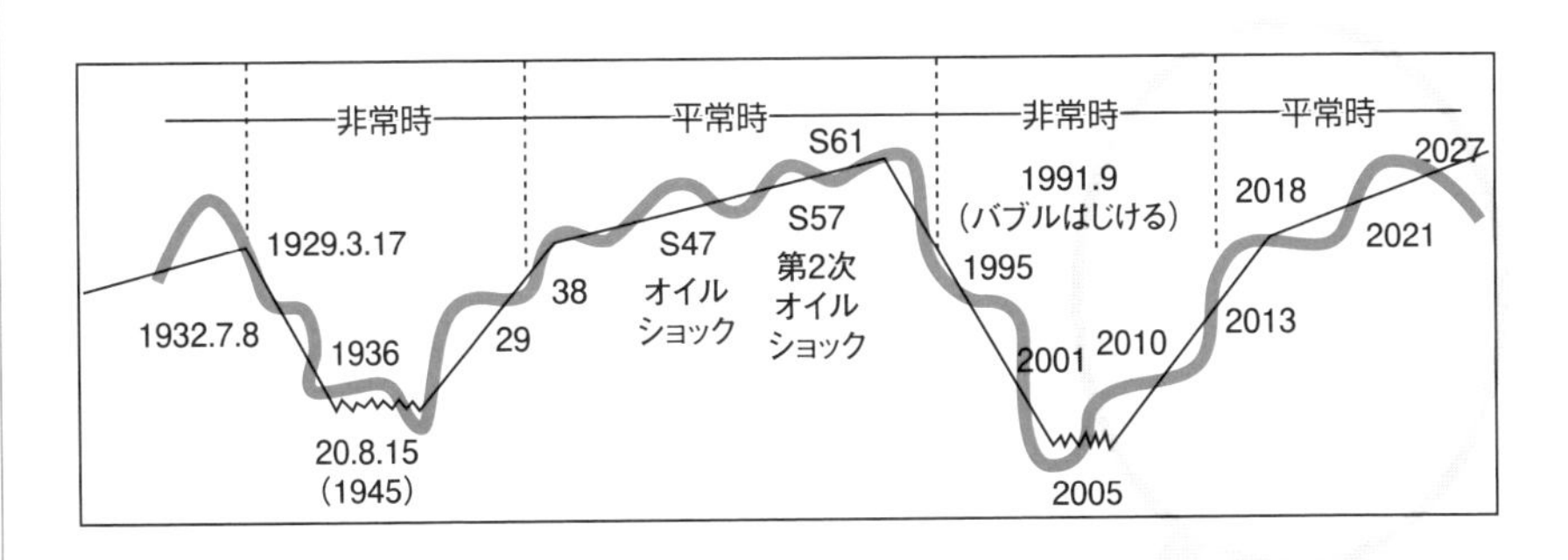

日本のファッションサイクル 2009 ~ 2027

年度	2009~2011	2012~2014	2015~2017	2018~2020	2021~2027
ファッション	カジュアルトレンド		エレガンストレンド		カジュアルトレンド
期間	6年		6年		6年
レベル	ライト~ リアルクローズ	スーパーカジュアル	ライトエレガンス~エレガンス	エレガンス~ スポーツカジュアル	リアルクローズ~ スーパーカジュアル
色・柄・素材	黒の流行 安くてかわいい	黒の継続 ナチュラルと アースカラー	アースカラー、 エコロジーカラー系	きれいめ シンプル カラフル色	黒の流行 レザー、ベロア 本物とフェイク
テイスト	ミリタリーテイスト 80年代風シルエットの復活	サーフ＆トラッド スポーツカジュアル系	カジュアルとエレガンスのせめぎあい エレガンスへのゆり戻し	エレガンスからスーパーエレガンスへ その後、スポーツカジュアルへ	2000年代への ノスタルジー 80年代ビッグシルエットの拡張 スポーツカジュアル
アイテム	ペアワンピ コンビネゾン 盛りアイテム	ジーンズ カーゴパンツ ボーダーシャツ ポロシャツなど	スーツ ジャケット ハイゲージ ニットなど	ワンピース ジャージ、 プルオーバー シューズ	プレッピー ローライズ、ミニボトム、 フーディー ボリュームアウター
ブランド	ファストファッションブランドの流行	サーフ系 トラッド系 スポーツブランドの復活	ラグジュアリー系ブランドの新ブランド、新業態出現	ラグジュアリーブランド スポーツブランドの成長	ラグジュアリー＆コア スリフト＆サステナ リユース＆リメイク アスレジャー定着
社会・文化ほか	東日本大震災 (2021)	スカイツリー (2012) ロンドン五輪 (2012)	リオ五輪 (2016) トランプ現象 (2017)	ラグビーW杯 (2019) 新型コロナ (2020)	東京五輪(2021) パリ五輪(2024) ラグビーW杯 (2023)

【オリンピックイヤー】 オリンピックの開催される年から2年間、靴はスポーツシューズが飛ぶように売れます。そして2年後にブーツが売れ、また2年後のオリンピック時にスポーツシューズという循環です。

10 オムニチャネルで伸びるファッションブランド

トレンドを掴むためにはレディスアパレルを見ろと言われるほど流行の激しい業界がレディスウェア市場です。アパレル市場の中で最大のシェアを誇り、成長を続けてきたレディス市場も抜本的に方向転換すべき時がきたようです。

レディスアパレル業界は大きく4つの業界に分かれます。

❶婦人服業界（重衣料。スーツ、ジャケットなど）
❷トップス業界（ニット・カット、シャツ・ブラウスなど）
❸ボトムス業界（パンツ、スカートなど）
❹フォーマル業界（パーティドレス、喪服など）

これ以外に、コート、革、イレギュラーサイズなどを製造販売する企業が存在します。単品ごとに多数の専業メーカーが存在するのも特徴です。

それぞれは卸商と製造（縫製、ニッター）に機能分担されて成り立っていますが大きな売上をとっているのは卸商です。日本の婦人服総小売市場規模は4兆572億円であり、2016年から1兆円減少しています。

長らく大手卸商のシェアが高かった市場ですが、大手メーカー中心に大幅な売上ダウン、リストラ、店舗閉鎖などが相次ぎ、上位のシェアが急激に落ちています。結果的に婦人服単体で見ると年間1000億円以上販売する婦人服卸は日本にはなくなりました。一方で成長性の高い中堅企業も見られるようになりました。

ワールド、イトキン、TSI、オンワード樫山、三陽商会など、大手婦人服卸はいずれも大きな経営改革

【スーパーエレガンス】 普通のエレガンスに飽きたお客様はもっと女性らしい、知的な物を求める方向に動きます。これがスーパーエレガンスです。2009年からのカジュアル、2012年からスーパーカジュアル、2016年から続いたスーパーエレガンスは終わり、2021年からはカジュアル時代に入ります。

に着手しています。総合型で経営をしてきたレディスアパレルメーカーは方向性を整理し、今後の自社のポジショニングを早急に作り上げる必要があります。

　レディスアパレルは日本のファッション業界を牽引する重要な役目を持っています。新たな流行もここから発信されます。しかし最近は日本のレディスアパレルがトレンドを作っているのではなく、日本の消費者がトレンドを作りそれが世界から注目されているのが実態です。レディスウェア業界はお客様のトレンド変化にいち早く対応し、次を提案しなければならない業界です。現在の消費者がSNSを情報収集の入り口にしていることが前提と考えると、店舗とオンラインを別々にするのではなく、両者を一体化させたOMOこそが取り組むテーマです。バロックジャパン、アダストリア、パルなど伸びている企業はOMOを徹底しています。

　変わりゆく消費者の変化を忠実に集め、商品企画に素早く活かすモノづくりか、国産にこだわり手間をかけ、長く支持される本物商品の開発が成長のポイントです。

オムニチャネルで伸びるレディスブランド

企業名	重点取り組み事項
バロックジャパンリミテッド ・EC売り上げ 104億円 ・EC化率　20.2%	① 選択と集中　利益率の向上 ② ブランド競争力の向上　作り過ぎないモノ作り体制 　OMO強化を通じた事業効率化と顧客利便性の向上 ③ 新たな文化の発信
しまむら ・EC売り上げ　28億円 ・EC化率 5% 250億円目標	① オンラインストアの拡大 ② インフルエンサー企画とチラシの連動 ③ ESG課題への取り組み
パルグループ ・EC売り上げ　432億円 ・衣料品EC化率 40%	① 雑貨業態「3COINS」事業への注力 ② EC販売強化による利益率の向上 ③ オンライン接客の強化

【三陽商会】　日本でのバーバリーのライセンスを得て業績を伸ばしてきましたがバーバリーのライセンス契約終了後は苦戦を強いられています。1ブランド依存型商売のリスクを感じさせる事例です。

11 メンズはオーダースーツに活路あり

メンズウェア業界はアパレルの中でもっとも厳しい状況が続いてきました。今後はオーダースーツを始め、変わりゆく市場変化に柔軟に対応すべきです。

メンズは基本的にレディストレンドの影響を受け動いていく市場です。特にビジネスで使用されるスーツ関係は大きなデザイン変化がないために、卸商も自社製造工場を持ち、生産から販売までを統括している企業が比較的多い業界です。

メンズウェア業界は大きく3つの市場に分かれます。

❶紳士服業界（重衣料。スーツ、ジャケットなど）
❷布帛業界（ドレスシャツなど）
❸カジュアル業界（ニット、カジュアルウェア）

ビジネス市場はメンズスーツの売上が激減し、大手の老舗メーカーが次々と倒産していきました（ロンナー、メルボ紳士服、トレンザ等）。カジュアル市場は比較的堅調でしたが、海外SPA企業の拡大や低価格カジュアルチェーンの出店増加に伴って、日本のメンズカジュアルメーカーの経営も厳しくなりました。加えてコロナ禍によりオフィスに出社しなくなったことでスーツ、ビジネスシャツ、ネクタイといった市場が激減しました。

このような中でできた新しい動きが、メンズオーダースーツという業態です。スーツの既製服品市場が縮小する中で、オーダースーツを専業にした会社が成長しています。「グローバルスタイル」（グローバルスタイル株式会社）は都心一等地への出店を加速させています。2023年7月期の売上高は105億円を見込んでおり、19年同期比110%です。メンズスーツ市

【紳士雑貨】 帽子、手袋、マフラー、化粧品、ステーショナリー、喫煙具、眼鏡、ネクタイといったアパレルの周辺グッズのことです。ファッションの必須アイテムとして今後の成長が期待されている分野です。

場規模は2021年度1259億円と対前年比81・3%です。ロードサイドメンズ専門店も紳士服販売の構成比は年々小さくなり、婦人服や服飾雑貨、また飲食などの異業種の売上構成比を上げざるを得ない状況が続いているのとは対照的です。

これまで1着10万円以上などの高嶺の花だったオーダースーツが、1着3万円台などの若者でも買える価格設定に変わったことが一番の要因ですが、これまではおじさんの買う物だったオーダースーツを、若者が着たら身体にフィットしてカッコよく着れることを提案したことが価値観の変化を生みました。

今後メンズ業界では新業態店の開発が進んでいくと思われます。ライフスタイルショップ、セレクトショップにこだわるのではなく、お客様に本来の商品の品質の良さ、スタイリングで勝負する必要があります。グローバルスタイルももともとは毛織物卸商です。2009年にスタートしたオーダースーツ専門店が市場を作ったのです。メンズ業界は従来の売り方やコンセプトを根本から見直して、お客様の課題解決に向けて大胆に新業態へシフトすべきです。

代表的なオーダースーツ専門店展開企業

ブランド名（企業名）	特徴
GINZA グローバルスタイル（グローバルスタイル株式会社）	1928年、毛織物卸商「丹後屋羅紗店」を大阪に開業。2009年にオーダースーツ専門店のグローバルスタイルを開業。従来のオーダースーツ専門店は40, 50代以上の大人層、富裕層の専門店だったのを成人式用オーダースーツを始めとして、20～30代顧客が約55%。40代以降の顧客層が約45%と全世代に強いのが特徴。
オーダースーツ SADA（株式会社オーダースーツ SADA）	1923年、服飾雑貨卸商を開業。二代目が「佐田羅紗店」として再建。生地卸から縫製業へ進出し、「工場直販オーダースーツSADA」を開業。80店舗で売上高58億円（2023年度）。全国に出店網拡大中。
麻布テーラー（青山商事株式会社）	2022年に青山商事は、エススクエアード傘下（メルボメンズウェア運営）で全国に30店舗弱展開する麻布テーラーを買収し、オーダースーツの販売強化へとシフトし始めている。将来的にはスーツ総売上に占めるオーダースーツの構成比を50パーセントにまで高めるとしている。

【重衣料】　アパレルは一般的に、重衣料、中・軽衣料とに分かれます。製造工程や外観、着用感、実際の重量などによりアイテム分類した呼称です。

12 人口減少時代のベビー・キッズ市場

子供服市場自体は減少傾向です。しかし広い意味でのキッズマーケットはここ数年大変注目されています。この市場を新しい目で見ることができるかどうかです。

2022年の日本の出生数は77万747人となり、1899年の統計開始以来、初めて80万人を割り込みました。**合計特殊出生率**＊は1・26となり2005年と並んで過去最低となりました。出生数はこの5年間で20万人近く減少しています。日本政府も「子ども未来戦略方針案」において2030年代に入るまでが少子化脱却のラストチャンスと明記しています。異次元の少子化対策を推進するとも宣言しています。

ベビー・子供服市場は21年で8100億円ですが、5年前から1000億円減少しています。また出産祝い・出産内祝い市場は4430億円。減少はしていますがなくならない市場とも言えます。出生数が減ることで当該市場は縮小しているものの、対象となるファミリーやパパママの価値観変化を捉えれば、同市場で成長することも可能です。

以前は6ポケットと呼ばれていましたが、今では10ポケットと言われるほど子ども市場を支えるお財布は潤沢です。結果的に子ども一人にかける費用は増加傾向にあります。西松屋やバースデー（しまむら）などのベビー・子供服専門店チェーンでは「安全、安心、高品質、高機能、高感度」なPB商品を開発して好評です。サービス面ではプレスクール、習い事、お受験塾などの教育系サービスへの消費は年々上昇しています。ベビー・キッズ市場は新しい目で見れば可能性がある市場です。

＊**合計特殊出生率**　出生率計算の際の分母の人口数を、出産可能年齢（15～49歳）の女性に限定し、各年齢ごとの出生率を足し合わせ、一人の女性が生涯、何人の子供を産むのかを推計したものです。

出生数及び合計特殊出生率の年次推移

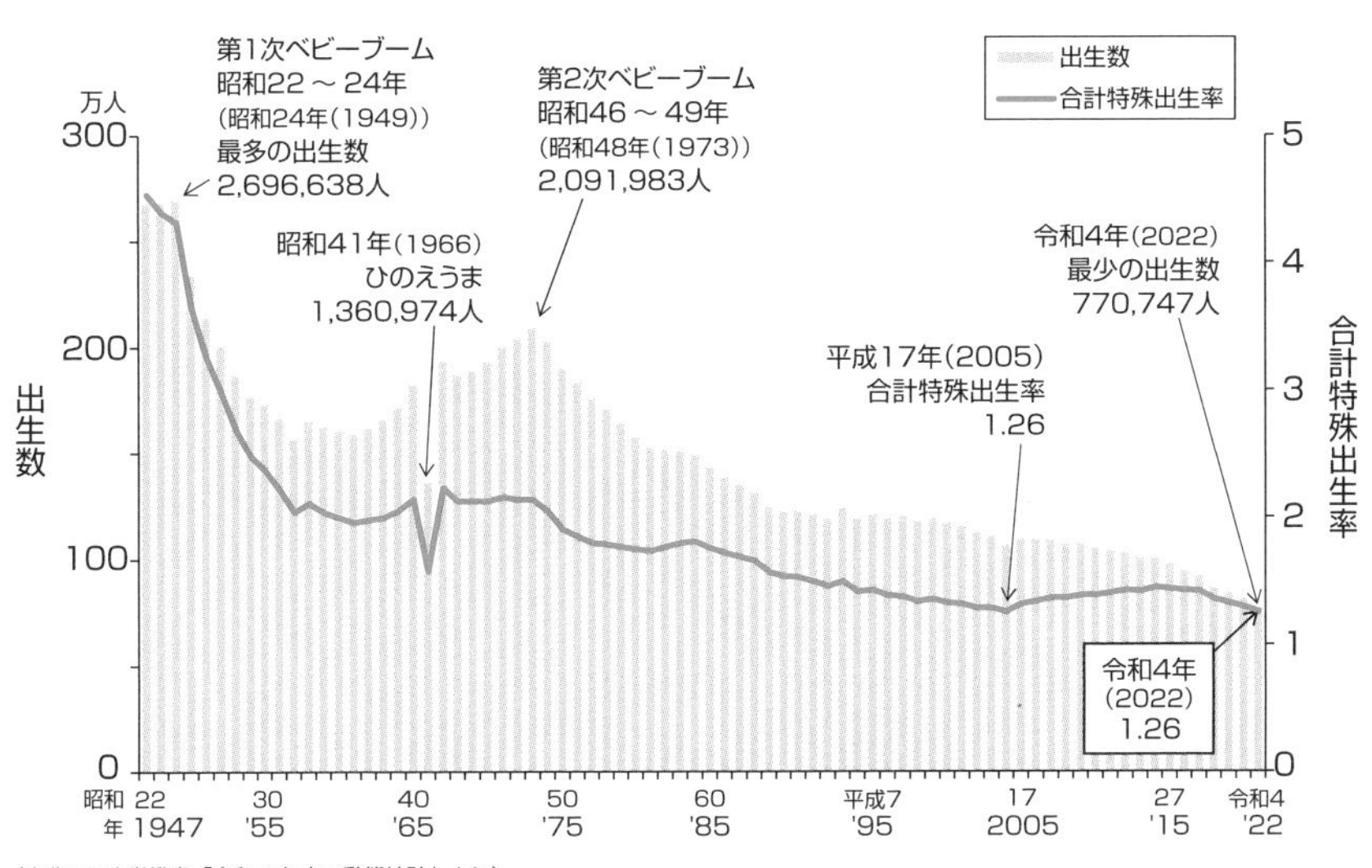

(出典：厚生労働省「令和４年人口動態統計」より)
https://www.mhlw.go.jp/toukei/saikin/hw/jinkou/geppo/nengai22/dl/kekka.pdf

キッズマーケットで成功するためのポイント

内容	令和時代のパパ・ママ
1. ライフスタイル	節度ある生活
2. 商品	こだわり、本物、ナチュラル、シンプル重視
3. 情報	クチコミ、SNS
4. 価値観	環境に良い、(子どもの) 身体に良い、持続可能性
5. 購買優先順位	デイリー消費は節約し、記念日ギフトやお出かけ着、ランドセルはジジババにプレゼントしてもらう
6. 消費性向	日常はできるだけ倹約＝スリフト お受験、教育、家族旅行などに投資
7. 満足感	自分達らしさとは何か、その子らしさ
8. 育児・子育て	イクメン、パパの育休も当たり前 ママが働きパパが主夫となるケースも

【10ポケット】 両親。それぞれの祖父母、両親の兄姉（伯父・伯母）と弟妹（叔父・叔母）がモノを買ってくれることから一人10個のお財布があるという意味で10ポケットと言われています。

13 制服市場に見るジェンダーレスの流れ

ファッションにおけるジェンダーレスの流れは、これまでほとんど変化のなかった学校制服市場において急激に表れています。

日本の抱える社会的問題の一つに少子化があります。少子化によって日本の学校にも変化が表れてきています。日本の高校、中学校、小学校の総数（国立・公立・私立合計）は年々減少しています。特に小学校はこの10年間で2000校近い学校が減少、中学校も600校以上が減少しています。伸びているのは幼保連携認定こども園と通信制高校だけです。全国各地で学校の統廃合が進みつつあり、日本の学校体制が変わり始めています。

学校が減少すると、その多くが採用している制服市場にも変化が生じてきます。日本では男女別の学校制服の歴史は長く、その誕生は明治期となります。長らく制服は定番化していて消費者から見て特に大きな変化はありませんでした。それが2010年代以降、学校のブランディングのために制服をリモデルし、生徒獲得を進める動きや、ジェンダー平等、多様性への配慮が求められるようになり、制服にもさまざまな変化が生じ始めています。

ジェンダーレス制服の一つの形としてブレザー・スラックススタイルにモデルチェンジする学校事例が増えています。また、キュロットの採用など**第3の制服**＊と言われるような新しいスタイルの制服を導入することで、学校の多様性をアピールする例も見られます。中には制服そのものをやめて私服に変える学校も出てきているなど、まさに制服という市場は激変期にあります。

物作りをするメーカーは原材料の高騰、人材不足などで、生産体制や物流業務に支障がでるような状況も

＊**第3の制服**　男子は詰襟にスラックス、女子はセーラー服にスカートという従来パターンに加えて、ブレザーやキュロットなども加えて自由選択性という性別にとらわれない制服選びのこと。

でています。コロナ禍を機にＡＩ採寸を進めたり、営業や展示会のリモート化などで販売効率を上げるための動きも目立つようになってきました。

　しかし、着用する制服が多様化し、一つの学校でも複数の着用パターンがでてきたことで、どのアイテムをどれだけ作ればいいかの受注見込みに狂いが出て、生産、納品が遅れるという新たな問題も生じています。

　ジェンダーレスによるアイテムの自由選択制という時流はあるにしても、制服メーカーが従来のままの生産体制、販売体制のままでは消費者のニーズに対応できません。少量生産、クイック納品へ変化できた企業がシェアを高めていくでしょう。

日本の学校数推移（2013～2022）

学校＼年度	2013	2014	2015	2016	2017	2018	2019	2020	2021	2022	増減数(22/13)	増減率(22/13)
高校	4,981	4,963	4,939	4,925	4,907	4,897	4,887	4,874	4,856	4,824	-157	96.8%
中学校	10,628	10,557	10,484	10,404	10,325	10,270	10,222	10,142	10,076	10,012	-616	94.2%
小学校	21,131	20,852	20,601	20,313	20,095	19,892	19,738	19,525	19,336	19,161	-1,970	90.7%
幼稚園	13,043	12,905	11,674	11,252	10,878	10,474	10,070	9,698	9,420	9,111	-3,932	69.9%
認定こども園	–	–	1,943	2,822	3,673	4,521	5,276	5,847	6,268	6,657	4,714	342.6%
通信制高校	221	231	237	244	250	252	253	257	260	274	53	124.0%

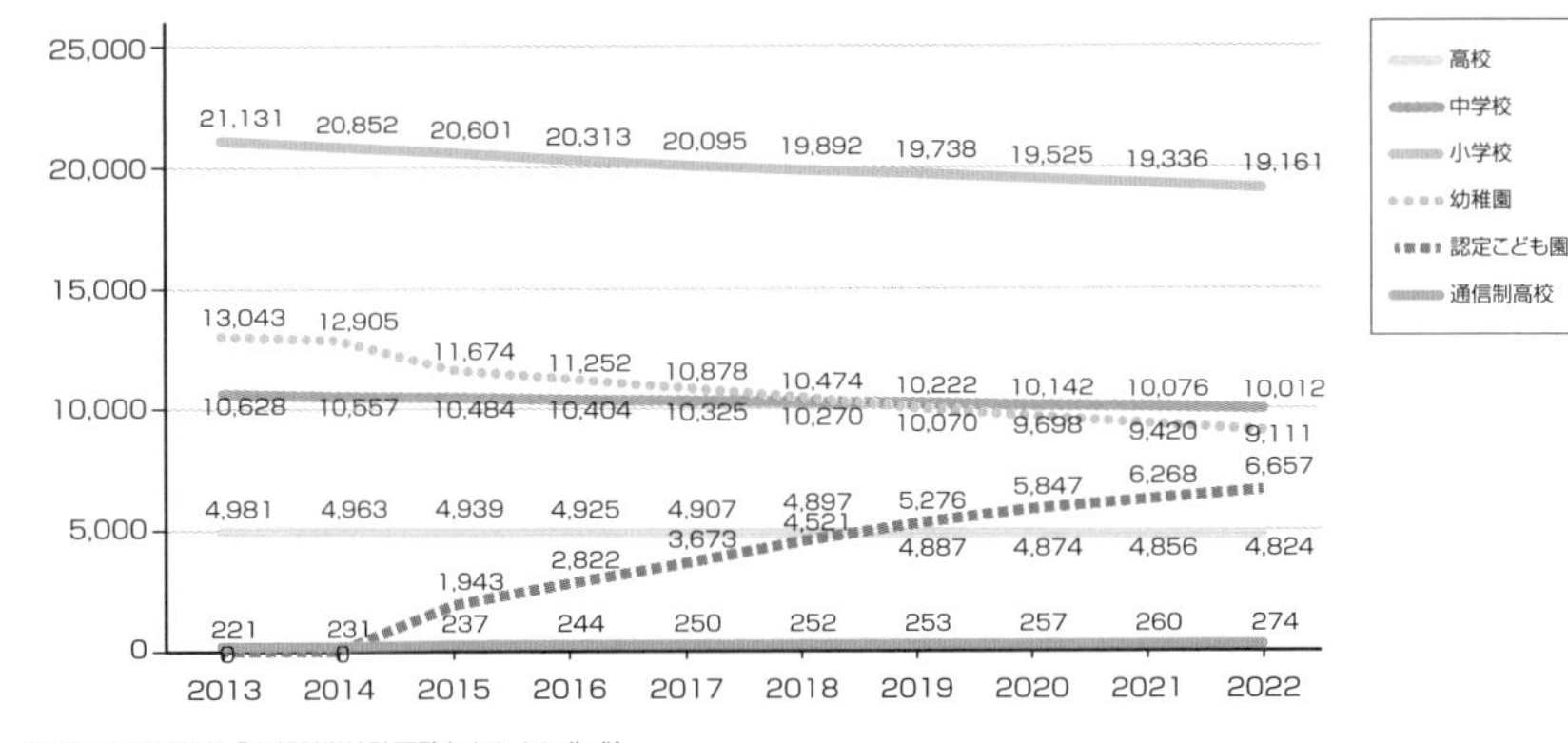

（出典：文部科学省「文部科学統計要覧」をもとに作成）

【学校制服】　1879年（明治12年）、皇族や華族の子弟のための学校としてつくられた学習院で詰襟の制服が取り入れられたのが日本の制服の始まりと言われています。セーラー服の導入は1920年、京都の平安高等女学校（現在の平安女学院）が最初です。

14

ファッション化する作業服市場

作業服市場は長年、ブルーカラーで働く人たちのための洋服であり店でした。しかし最近は女性客が目立つようになり客層が変わり始めました。

作業服、ユニフォーム、長靴、工具。そこに集まるとび職、トラックドライバー、農家のおじさん。それが作業服屋さんのイメージでした。10年ほど前までは確実にこのような業界でした。ところが今の作業服はファッション化し、立地が郊外だけでなく銀座にも出店するようになり、女性客や若者も増えました。それを牽引したのがワークマンです。

ワークマンは2023年3月期、チェーン全店で1698億円と過去最高の売上高となりました。12年同期比でおよそ3倍に成長しています。国内店舗数は981店舗（23年3月期）と1000店舗目前です。

同社は2014年の「中期業態変革ビジョン」に基づき、そこで設定した「**客層拡大***で新業態開発」を忠実に行ってきました。2018年に一般客向けのアウトドアとスポーツウエアを扱う「WORKMAN Plus（ワークマンプラス）」を出店、2020年に女性客向け新業態「#ワークマン女子」。2022年に「WORKMANShoes（ワークマンシューズ）」という靴専門店をオープンさせています。同じ22年には銀座のイグジットメルサにも出店し新たな客層開拓を実現しています。

作業服市場だけにこだわらず、いかに新しい市場を開拓するか。自分たちの市場はここしかないという思い込みは停滞を生み、いずれは衰退していきます。客層拡大はすべての企業にとって必要な考え方です。自社のポジショニングを正確に把握し、どこで一番を狙うのかを決めることです。

***客層拡大**　小売業のマーケティングにおいて、客数を増やすための一つの考え方に、対象客層を広げるというやり方があります。男性客だけから女性も対象にするとか、ファミリー客に広げるなどして対象が広がることで客数拡大につなげることができます。

ワークマンの中期業態変革ビジョン

「時間はかかっても必ず達成」

強み
作業服業界でダントツNo.1（ブルーオーシャン市場）
標準化で小売トップ ── 店舗・品揃え標準化、定価販売

VS

脅威
作業服市場の取り尽くし　1000店　1000億が限界
ネット企業の台頭　Amazon／モノタロウの脅威

■ 2014年の中期業態変革ビジョン
1）社員一人当たりの時価総額を上場小売企業でNo.1に
2）新業態の開発
①「客層拡大」で新業態へ向かう
②「データ経営」で新業態を運営する
3）5年で社員年収の100万円のベースアップ

（出典：ワークマン「2014年中期業態変革ビジョン」をもとに筆者作成）

ポジショニングマップ

高価格
低価格
機能性
デザイン性

アウトドアブランド
海外スポーツブランド
ラグジュアリーブランド
国内有名ブランド
セレクトショップ
海外SPAブランド
国内SPAブランド
WORKMAN
WORKMAN Plus
#ワークマン女子
4000億円の空白市場

（出典：ワークマン「2014年中期業態変革ビジョン」をもとに筆者作成）

【ワークマン】 1982年創業。ベイシアグループの一社。2012年に土屋哲雄（現専務）さんが入社してから、客層拡大とデータ経営によって業績を急拡大させてきました。

15 スポーツブランドが牽引するファッション

プロスポーツ競技が変革の時を迎えています。プロだけではなく遊びとしてのスポーツも一通りのブームが終わり、本格的なスポーツ新時代の幕開けが近づいています。

今のスポーツはファッションの世界だけでなく「スポーツマーケティング」の言葉どおり、スポーツを通じた企業ブランド戦略が進んでいます。野球、サッカー、ゴルフだけでなく、オリンピックやワールドカップを通じたスポーツウェアメーカーのマーケティングはビジネス上なくてはならないものとなりました。同時にスポーツは一部の特別な能力を持った人達の集まりといったイメージから、より身近な存在へと変化してきました。これはスポーツウェアのファッション化、日常化に大きな影響を与えています。

従来はスポーツウェアメーカーの作る商品は機能性重視型のウェアという印象が強かったものです。それが外資系スポーツウェアの登場で徐々にファッションテイストを強めてきました。最近ではラグジュアリーブランドがスポーツブランドとコラボしてシューズやウェアを発売するなど、ファッションの世界におけるスポーツの存在感が高まっています。

特に日本においてはミレニアル世代とZ世代のファッションに取り入れられました。2021年の東京2020オリンピックでは**アーバンスポーツ**＊が公式競技となり、スケートボードやBMXなどで活躍するZ世代のアスリートがスポーツウェアをおしゃれに着こなし競技に参加する姿が世界中に発信され、スポーツブランドの知名度がさらに高まりました。2024年のパリ五輪ではパルクールなどの新たなアーバンスポーツも新競技として加わり、市場はさらに拡大していくことになるでしょう。

また最近ではメジャースポーツのMLBやサッ

＊**アーバンスポーツ**　アーバンスポーツは、もともと順位を争うものではなく、仲間や観る人たちも一体となって楽しむ都市型スポーツ。代表的な競技として、スケートボード、パルクール、スポーツクライミング。BMXなどがあります。

カー、バスケに日本人スタープレイヤーが続々と誕生し、大活躍しています。彼らのプレーやファッションが若者に与える影響も大きいでしょう。

部活に入る学生の減少、サークルの減少、スキー人口の大幅減などDoスポーツの人口自体は減っています。しかし新しいスポーツや新時代型の選手がファッションの世界を広げる役割を果たすことになるかもしれません。

スポーツブランドシューズ×ラグジュアリーブランドのコラボレーション

スポーツブランド	ラグジュアリーブランド	コラボアイテム
アディダス	プラダ	アディダス「スーパースター」のレザー部分をプラダのイタリアレザーに切り替え、サイドに"PRADA"のスクリーンプリントロゴと"Made in Italy"の文字を記載。第一弾リリース時はバッグとセットで50万円が700足限定でリリースされ即完売。その後シューズのみ7万円代で販売。
アディダス	グッチ	1968年にトレーニングシューズとして発売されたアディダスの「ガゼル」はローテク回帰しつつある現在のスニーカーのトレンドにグッチデザインを落とし込んだ一品。
リーボック	メゾン・マルジェラ	リーボックの「インスタポンプフューリー」とメゾン・マルジェラの「タビ・シューズ」をコラボさせて作ったアイテム。
ニューバランス	コム デ ギャルソン・ジュンヤワタナベ	アイ コム デ ギャルソン・ジュンヤ ワタナベ マン（eYe COMME des GARÇONS JUNYA WATANABE MAN）からはニューバランス574のハイカットモデルを3色展開。
プーマ	メゾンキツネ	プーマの「RALPH SAMPSON 70」というNBA選手のシグネチャーモデルにメゾン キツネがラバーコーティングを施してミリタリー感を追加。

【ゴルフ】　女子ゴルフを中心に人気が高まっているゴルフ。彼女達にはいずれもファッションブランドやゴルフウェアブランドがスポンサーにつき、ウェアだけでなくベルトや靴までもかなりファッショナブルになってきました。現代のトレンドリーダーです。

16 アスレジャー市場の拡大

スポーツ人気の高まりとあわせて、通常のスポーツアパレルではなく、スポーティーなウェアリングに注目が集まっています。

ファッション市場の中でもっとも勢いのある市場は「アスレジャー」市場でしょう。ここ数年、さまざまな企業がアスレジャーに参入し市場は大きく拡大しました。

アスレジャーとは「Athletics ＋ Leisure ＝ AthLeisure」(アスレジャー) という造語です。ワークアウトクロージングとも呼ばれています。具体的にはレギンス、ブラトップ、トレーナー、ショーツなど女性に特に人気が高いアイテム構成となっています。

もともとはヨガウェアやスポーツウェアとして使われていた服を、そのまま仕事場や私服で着用するモデルやインフルエンサーが登場し、そのウェアリングに注目が集まり、徐々に大衆へと広がっていきました。スポーツをする (Do Sports) 時に着るウェアを、普段のファッションに取り入れるような現象。これが「Athleisure (アスレジャー) シフト」なのです。つまり、普段着のカテゴリーにナイキ (米) やアディダス (独)、プーマ (独)、ニューバランス (米) などのスポーツアパレルだけでなく、ヨガウェアのトップブランドルルレモン (米) やアスレジャー界のテスラと呼ばれている**アロー・ヨガ**＊ (米) が参入し売り上げを大きく伸ばしています。

アスレジャーの市場規模は、2022年からCAGR8・9%で成長し、2030年には6625億ドル (約94兆円) に達すると予想されています。よりカジュアルな衣服への世界的なシフト、快適な衣服、より多くの運動を行う健康志向、パフォーマンスウェアなど、幅広い傾向を取り入れたカテゴリーとして人気が

＊**アロー・ヨガ**　「スタジオからストリートへ」をコンセプトとするアロー・ヨガのフィットネスウェアは、2007年にロサンゼルスで生まれZ世代やアルファ世代に支持され、2022年に売上高10億ドル (1400億円) を突破し、市場を驚かせました。

定着しました。

　アスレジャーの注文はパンデミックによってさらに増加し、英国では2020年12月のレディスアスレジャー系ボトムスの売上が同年4月の5倍になったことが報告されています。また、メンズアスレジャーウエアの売上は前年比20％増です。

　カジュアルウエアとスポーツウェアの境界が限りなくなっていく今、アスレジャーという大きな市場がアパレル市場の中で勢いを増していきそうです。

海外の代表的なアスレジャーブランド

国	ブランド名	特徴
米国	lululemon	ルルレモンは1998年に、チップ・ウィルソンによってカナダのバンクーバーで誕生。レディス向けのヨガパンツの販売からスタート。質の高い商品とヨガブームヨガ愛好家の支持を受け、人気ブランドへと成長した。2022年売上高は81億ドル（1兆1500億円）。「最高にシェイプな身体を維持するためにヨガをライフスタイルに取り入れているコンドミニアムを所有する32歳の成功したビジネスウーマン」がイメージターゲット。
	Alo Yoga	セレブやモデルなどが普段着としてよく着ているヨガブランドとして有名になり、ルルレモンを超えるアスレジャーブランドになるのでは？と注目を集めている。
	Isaora	2009年にニューヨークで設立。 シンプルなデザインと機能性のあるブランドとして人気。ウェア、バッグ、アクセサリーが特徴。
	Track Smith	Tracksmithは2014年に米国・ニューイングランドで設立されたランニングブランド。
英国	Ashmei	2013年に設立されたランニングブランド。
	Iffley Road	ロンドンオリンピックが開催された2012年にランニング愛好家のイギリス人夫婦により設立されたランニングブランド。

【ワークアウトグロージング】　ワークアウト＝仕事を終えた後の洋服という意味です。今後は仕事着以上に、終わった後のリラクシングウェア、スポーツウェア、観戦ウェアなどに注目が集まるでしょう。

17 細分化する雑貨市場

雑貨＝ファッショングッズは今のファッション業界の中では欠かせないアイテムです。メーカーも小売店も雑貨を抜きにしては売上を考えられない時代になり始めました。

ファッショングッズにはさまざまなアイテムがあります。靴、バッグに始まり、帽子、眼鏡、サングラス、マフラー、スカーフ、手袋など、用途が異なるさまざまな商品が混在しています。同業界は中小メーカーが多く、またM&Aなども進んでいます。業界の古参企業の業績は低迷し、新興企業が各業界で伸びてきているのが特徴です。

もともと一つのアイテムの市場規模が小さいため一つのアイテムだけでは大企業が生まれにくい市場です。したがって、バッグやアクセサリー、スカーフ、サングラスなどをトータルに扱い、洋服とあわせてトータルファッションを完成させることで大企業になっているのがラグジュアリーブランドです。

一時期は日本の総合商社や繊維商社は海外ブランドのライセンスをいかに獲得できるかがポイントでしたが、最近では国内で独自ブランドが生まれ、新たな切り口で商品開発している企業は業績を伸ばしています。

女性のバッグのほとんどは海外のラグジュアリーブランドで成り立っています。ルイ・ヴィトン、エルメス、ディオール、シャネルなどは引き続き人気が高く日本を中心にアジアで売り上げを伸ばしています。

眼鏡や帽子、傘などでは国産メーカーの活躍が目立ちます。吉田カバンで有名な**吉田**＊、帽子ではマニエラ（ジェネラルデザイン）、眼鏡の9,999(フォーナインズ)、JINS（ジンズ）、傘のwpc（ワールドパーティー）、ラインドロップス（小川）など、職人の高い技術力あるいはデザイン性の高いメーカーに注

＊**吉田**　1935年創業の老舗鞄メーカーです。その製造技術には昔から定評があったものの、本格的にブームとなったのは1994年の直営店「クラチカ」の出店からです。これがきっかけでお客様の声を直に拾えるようになったことが大きな転機になりました。

目が集まっています。

　雑貨市場は市場規模が小さい物が多いことから、小規模な企業が多い業界でもあります。だからこそ、職人の技術力を上手に活用して、そこにファッション性を付加できればファッショングッズ業界は成長の可能性を秘めています。今後は世界で戦える企業がでてくるのではないかと期待しています。

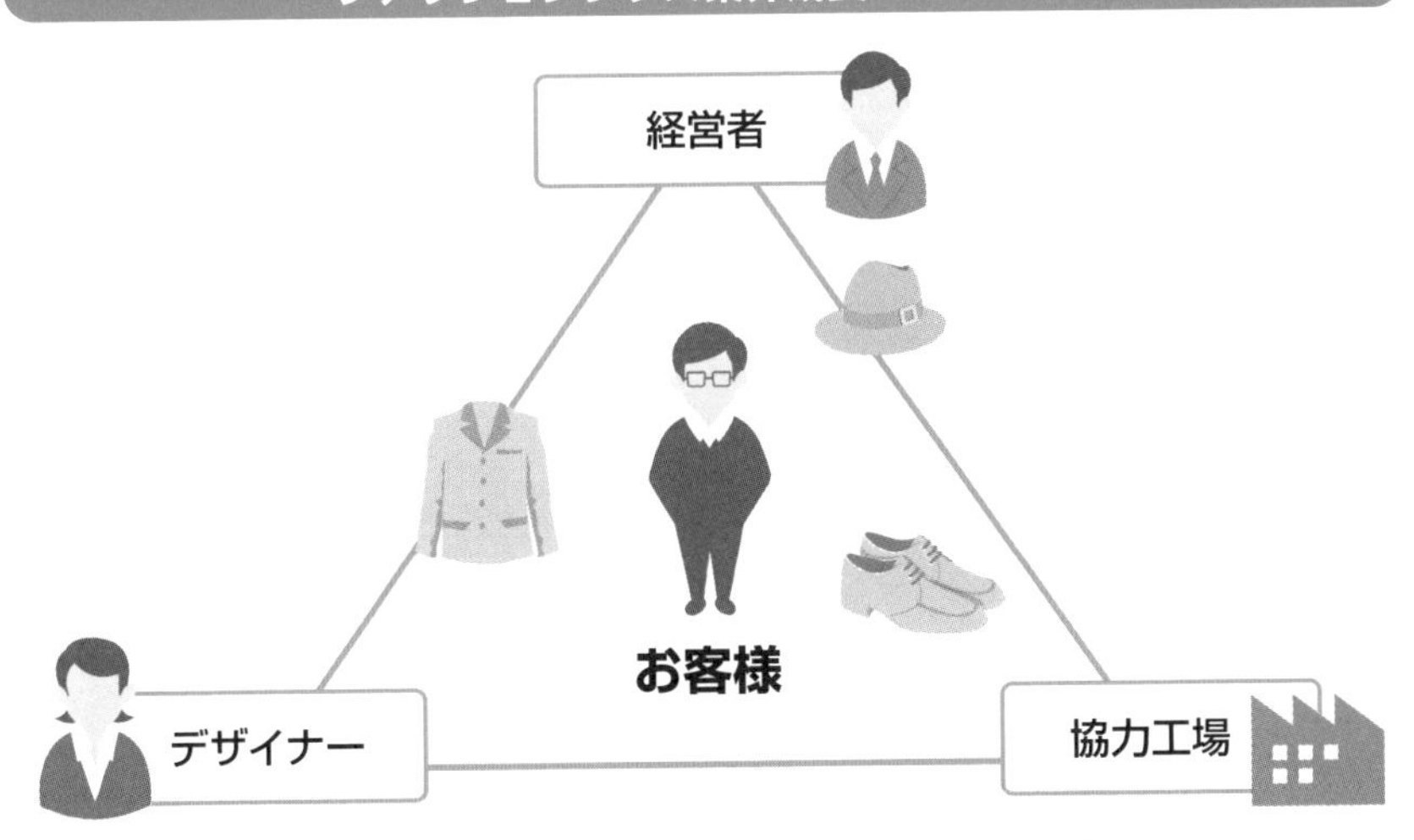

【成長ピラミッドを守れるか】

「Maniera」という帽子の国産ブランドを展開する㈲ジェネラルデザインという帽子メーカーがあります。同社はセレクトショップのOEMなどを請け負いヒット商品を続出させている帽子メーカーです。同社の中川社長は雑貨業界でお客様の支持を得る商品を作るためには、経営者、デザイナー、協力工場の3者が本当に一体化し、3者がお客様に目を向けて商品開発していくことが何よりも必要だと言っています。
雑貨業界全体はマイナストレンドですが、このピラミッドを理解しているメーカーは伸びています。小売店は魅力的な雑貨を求めています。チャンスはこれからです。

【トータルコーディネイト】　アタマの先からつま先まで、すべてを一つのテイスト、色、コンセプトで統一して、全体のバランスを統制することです。日本人のコーディネイトレベルはここ数年格段に上がってきたと言われています。

世界で初めて百貨店を作った店

パリに「ボン・マルシェ」という百貨店があります。

今から150年前に、世界ではじめてデパートという業態を作ったのが、フランスのパリに住む天才商人、ブシコーとその妻でした。

彼らが百貨店で表現したのは次の2点だけでした。

1. 驚愕
2. 不意打ち

驚愕と不意打ち。お客様のバランスをいかに崩し、お客様のアタマの中に混沌としたカオスを創り出すことだけに全精力を傾けたのです。そしてそこに資本を注ぎ込んだのです。効率とは無縁の世界、まさに非効率の極みが百貨店という業態だったことがわかります。

〈必要〉から〈欲望〉へ。消費のキーワードを一変させたところにブシコー夫妻の天才といわれる由縁があります。

彼らは19世紀初めの産業革命に始まった資本主義の波に乗り、現在の百貨店の姿であるまったく斬新な商売のやり方を発明したのです。それが、

❶入店自由の原則
❷定価販売の原則
❸現金販売の原則
❹返品自由の原則

という4つの原則でした。

以上を実現させていくために、「直接仕入れ直接販売」を始めたのです。

1852年に作り上げた同社の商売のやり方は、今の小売業の商売原則です。今から150年前に作り上げたシステムに則って、今の小売業は経営をしているのです。

今の百貨店だけでなくすべての企業にとって忘れてはならないものは、見た目の綺麗さなどではなく、いかにお客様を驚かせるか、びっくりさせるかなのではないでしょうか。

驚愕と不意打ちのマーケティングこそが商売の原点なのです。

第7章

アパレル業界の問題点

世界中のアパレル業界が対峙しなければならない課題にどこまで本気で向き合えるかが今問われています。併せて今までの日本のアパレル業界独特の商習慣からくる問題点にもメスを入れるべき時です。重要なのは人間のエゴだけで推し進めてきた過去の取り組みを見直し、地球視点で見た時に何が必要で何が必要でないのかを見極めることです。

サステナビリティ関連の対処すべき課題 1

第一章でも指摘した通り、アパレル業界がもっとも対処すべきテーマはサステナビリティです。地球環境を破壊するような活動はとりやめ、環境にやさしく人にもやさしい業界にしていくことです。

アパレル業界にとってサステナビリティに関わる活動は必須の取り組みテーマです。国内アパレル企業が進めるサステナビリティには①製品自体の取り組み、②生産過程における取り組み、③完成商品に関する取り組みの3つがあります。

製品自体の取り組みでは環境配慮型繊維を用いて洋服を作ることです。図表にある通り、製造過程における水資源の軽減、二酸化炭素排出削減を進めなければ地球そのものが危機に陥ります。これはメーカーとしては欠かせない取り組みです。また、廃棄、焼却される洋服をなくすためのデジタルを活用した無駄のない生産工程、受発注管理も求められます。

完成品に対する取り組みにはリユース、リサイクルの推進です。商品を回収し素材として再生し、環境配慮型素材に変えサステナブルファッションとして世の中に打ち出すような取り組みも今後は増えてくるでしょう。ケミカルリサイクルによる再生繊維とバイオマテリアルの繊維はこれから活用が増えてくると思われます。

アパレル産業は川上から川下までさまざまなプレイヤーがかかわるだけに、流通過程のどこか一社が取り組むだけでは実現が難しい問題です。業界全体でサステナビリティに取り組み、環境にやさしい業界づくりを進めていくこと。それがアパレル業界そのもののサステナビリティにもつながるのです。

＊**GHG**　Greenhouse Gasの略。二酸化炭素やメタンなどの温室効果ガスの排出量のこと。地球温暖化の原因は、人間活動によるGHG排出量の増加である可能性が高いと言われています。

サステナビリティ関連の対処すべき課題

サステナビリティ関連問題点		概要	人、環境、生物への侵害
1. GHG* 排出による地球温暖化		アパレル産業におけるCO²排出量は2015年から2030年に60%以上増加し、20億トン以上になると予測されている。	地球温暖化のさらなる促進で気候変動などのリスクが高まる。
2. 環境破壊	土壌汚染	綿花栽培の土地では全世界で使用される殺虫剤の16%、除草剤の7%が使用されている。綿花栽培の土地は全世界の3%程度。	土壌汚染による作物の不作。 農薬の影響による農家の健康被害。
	水質汚染	淡水汚染の20%は染色工程での化学物質が原因。 海洋流出のマイクロチック1300万トンのうち、6割は化繊衣料洗濯の際に発生。	流出した繊維は有害な化学物質と吸着。100万倍に濃縮され魚から人体に流入。
3. 資源の無駄遣い	水資源の大量使用	Tシャツ1枚の生産に必要な水は2720リットル。5人分の年間必要飲料水量に匹敵する。	飲み水の枯渇。
	廃棄	年間9200万トンの繊維が廃棄され、2030年にはさらに5700万トン増加すると予測。	焼却によるCO²発生 土壌汚染。
4. 人権侵害		強制労働、違法労働	基本的人権の侵害
5. 動物愛護		毛皮コートなどが動物虐待にあたる フェイクファーは生分解されない	動物虐待 フェイクファーによるマイクロプラスチック問題

（出典：経済産業省「ファッションの未来を考える報告書」2022.2 より一部抜粋）

【ケミカルリサイクル】　ペットボトルなどの廃プラを分子レベルまで分解し再生する技術のこと。これにより石油系資源使用量の削減、二酸化炭素排出量の抑制につながると言われています。

2 時代に逆行する商慣行

日本のアパレル流通は独特の商慣行を作り、日本流のやり方で発展してきました。メーカー、小売両サイドにとってベストなやり方を追求してきたのですが、次第にもたれ合いの構造になってしまいました。

本書の冒頭でも指摘したように、アパレル業界には契約がないと言われます。契約はあるのですが有名無実化することがたびたびあったからです。お互いの信頼感があるからできたのでしょうが、これからの社会では決めたことが簡単に覆ってしまうようではその関係は長続きしません。

繊維取引近代化推進協議会の調査によると、契約書を交わす取引は売買契約で約3割、委託契約で約5割だそうです。返品、値引き、その他の対応は「まあよろしく」という曖昧な感覚で決定されていることが多いのです。このようなアパレル業界特有の契約システムが時代に逆行する商慣行と言われる代表的な一つです。

ではなぜこのような「曖昧な契約」がアパレル業界では続いてきたのでしょうか。

戦後、日本のアパレル業界は急激な成長を遂げてきました。成長期には作れば売れる状況だったために、とにかく「大量の商品を**店頭**＊に投入する」ことが求められました。メーカーが売上を上げるためにはできるだけたくさんの在庫を小売店頭においてもらうことです。小売側はそれをすべて買い取るのは負担が大きいので、たくさんの商品を仕入れて、決済日までに売れたものは代金を支払い、売れ残ったものはメーカーに返品するという委託仕入というやり方が日本の大手企業では一般化しました。この際に契約書はもちろん交わすのですが、確実に期日通りに決済をしているかと言えば、売上が予定通り上がっていないからもう少し待ってくれと支払い期日を守らない小売業

＊**店頭**　「てんとう」と呼びます。小売店の売場のことをこう呼びます。人間にとって頭はなくてはならない重要なものであるように小売業にとっての頭は売場です。各企業は店頭回帰をテーマにさまざまな戦略を立て始めました。

ができました。またさまざまな注文をだして商品を仕入れてもダンボールの箱を開けずにそのまま返品するような事態も起きるようになってしまいました。こうなると契約はあってないようなものです。

もちろんメーカー側もこうした契約を利用して、とにかく商品を送りつけるやり方が当たり前になりました。期末が近づくと営業マンも売上を上げるために商品を大量に取引先に送りつけるのです。営業マンはこう言います。「残ったらまた返していただければ」。こうした関係では正当な、正しい経営、協力関係とは言えません。そこにはメーカーと小売の関係は成り立っていますが、お客様がまったく介在していないからです。あくまでもメーカーと小売の売上を確保するための取引構造であり、お客様を中心においた取引体系ではないというのが一番の問題なのです。

したがって、アパレル業界が成長ステージに入るためには、まずはお客様をすべての中心に据えることがすべてです。QR、SCMもすべてはお客様の利益のために実行していくことが必須命題なのです。

FISPA（繊維産業流通構造改革推進協議会）報告書に見るアパレル業界の取り組み内容

取り組みテーマ	取り組み内容
1. 取引の適正化事業	FISPAがまとめた取引ガイドラインに基づいて、産地中小企業において適正な取引が行われているかを聞き取り調査するなどアパレル業界としての取引慣行の是正に積極的に取り組んでいる。 その結果いくつかの課題が浮かび上がっている。 (1) 産地企業間での基本契約書の締結が進んでいない。 (2) 販売先が策定した基本契約書に基づく締結が多くあった。 (3)「歩引き」のような不透明な取引形態がいまだ存在するため、こうした不透明取引の撤廃に向けた取り組みを徹底していく。
2. 情報の共有化事業	生産供給に関わる企業間取引の合理性を追求するためのFISPA標準プラットフォームの推進検討を始めた。EDI標準化委員会によって、商品マスター同期化の仕組み、企業固有EDIの標準化への移行を検討していく。
3.TAプロジェクト事業	ユニフォーム業界団体と連携し、ユニフォーム分科会を立ち上げ、新たなビジネスモデルの検討、ガイドラインの徹底を行っている。プロジェクト参画企業を中心に、尾州産地研修会を開催し、モノづくり研修なども実施している。

【繊維取引近代化推進協議会】 繊維産業の成長・発展のために、生活産業局長の私的諮問機関として設置された「繊維取引改善委員会」が前身です。その後、協議会の事務局業務を行っていた繊維産業構造改善事業協会が中小企業総合事業団と統合したのを機に、繊維産業流通構造改革推進協議会（FISPA；繊維ファッションSCM推進協議会）として活動しています。

3 国際化への対応

日本のアパレルの国際化が叫ばれて久しいですが、未だに国際化はできていないと見るのが正しいようです。真の国際化のためには輸出できる力を持つことが必要なのです。

全世界からのアパレル輸入は2021年度で3兆7277億円で前年比95・4％となりました。2015年に4兆2千億円あった輸入額は年々減少していますが、輸入額は減少傾向にあります。中国からの輸入が今も6割近い状況ですが輸入額は減少傾向にあります。一方で繊維製品の輸出は2021年に8624億円で前年比114％です。確実に成長はしているものの、いまだ輸入総額の約23％程度というのが現状です。

イタリアはファッション立国として知られていますが、イタリアでは輸出が輸入の約5倍と世界的にもダントツの輸出大国です。フランス、イギリスでは輸出が輸入の約50％以上を占めています。先進国の中では日本はいまだに輸入依存度が高いことがわかります。

一方で世界に通用するデザイナーは続々と誕生しています。山本耀司、川久保玲、三宅一生、高田賢三、森英恵だけが世界的なデザイナーではありません。渡辺淳弥、丸山敬太、若手ではアンダーカバーの高橋盾、靴デザイナーのミハラヤスヒロ、sacaiの阿部千登勢、TOGAの古田泰子などもパリコレで活躍し世界から注目されるデザイナーになっています。

こうしたデザイナー達は日本の伝統や日本文化の持つ独特の美しさをもとに、新しいクリエイションをしています。日本の美の持つポテンシャルは非常に高いことをよくわかっているのです。世界的に日本の和や**東京サブカルチャー***に注目が集まっている今こそ、日本のアパレルが世界に進出するチャンスです。日本カルチャーをベースにした物づくりを軸に、自信を持って世界に発信することです。

***東京サブカルチャー**　東京には「アニメ・マンガ・音楽・劇団・地下アイドル」など独特のカルチャーが生まれてきました。秋葉原や中野、池袋、新宿などサブカルの聖地があちこちにあり、世界から見ると非常に雑多でカオスな街として人気があります。

日本のアパレル輸入の実態

【繊維製品の国別輸入額推移（繊維原料除く）】 （単位：百万円）

	2019年		2020年		2021年		
国名	金額	構成比	金額	構成比	金額	構成比	前年比
中国	2,277,575	60.6%	2,304,589	63.9%	2,154,005	65.3%	93.5%
ベトナム	567,386	15.1%	526,773	14.6%	479,018	9.7%	90.9%
バングラデシュ	134,895	3.6%	117,537	3.3%	135,115	4.0%	115.0%
インドネシア	167,283	4.5%	135,348	3.8%	134,626	2.6%	99.5%
カンボジア	129,392	3.4%	114,685	3.2%	124,602	2.4%	108.6%
イタリア	122,354	3.3%	93,384	2.6%	92,680	2.3%	99.2%
タイ	103,149	2.7%	84,488	2.3%	85,486	1.9%	101.2%
ミャンマー	113,430	3.0%	103,254	2.9%	74,733	1.6%	72.4%
台湾	45,943	1.2%	41,298	1.1%	45,169	1.2%	109.4%
インド	51,992	1.4%	38,064	1.1%	44,018	1.2%	115.6%
韓国	45,127	1.2%	45,330	1.3%	41,475	7.8%	91.5%
合計	3,758,526	100.0%	3,604,750	100.0%	3,410,927	100.0%	94.6%

（出典：日本繊維輸入組合「繊維製品・主要国別　輸入の推移」をもとに作成）

主要８ヵ国構成比推移グラフ

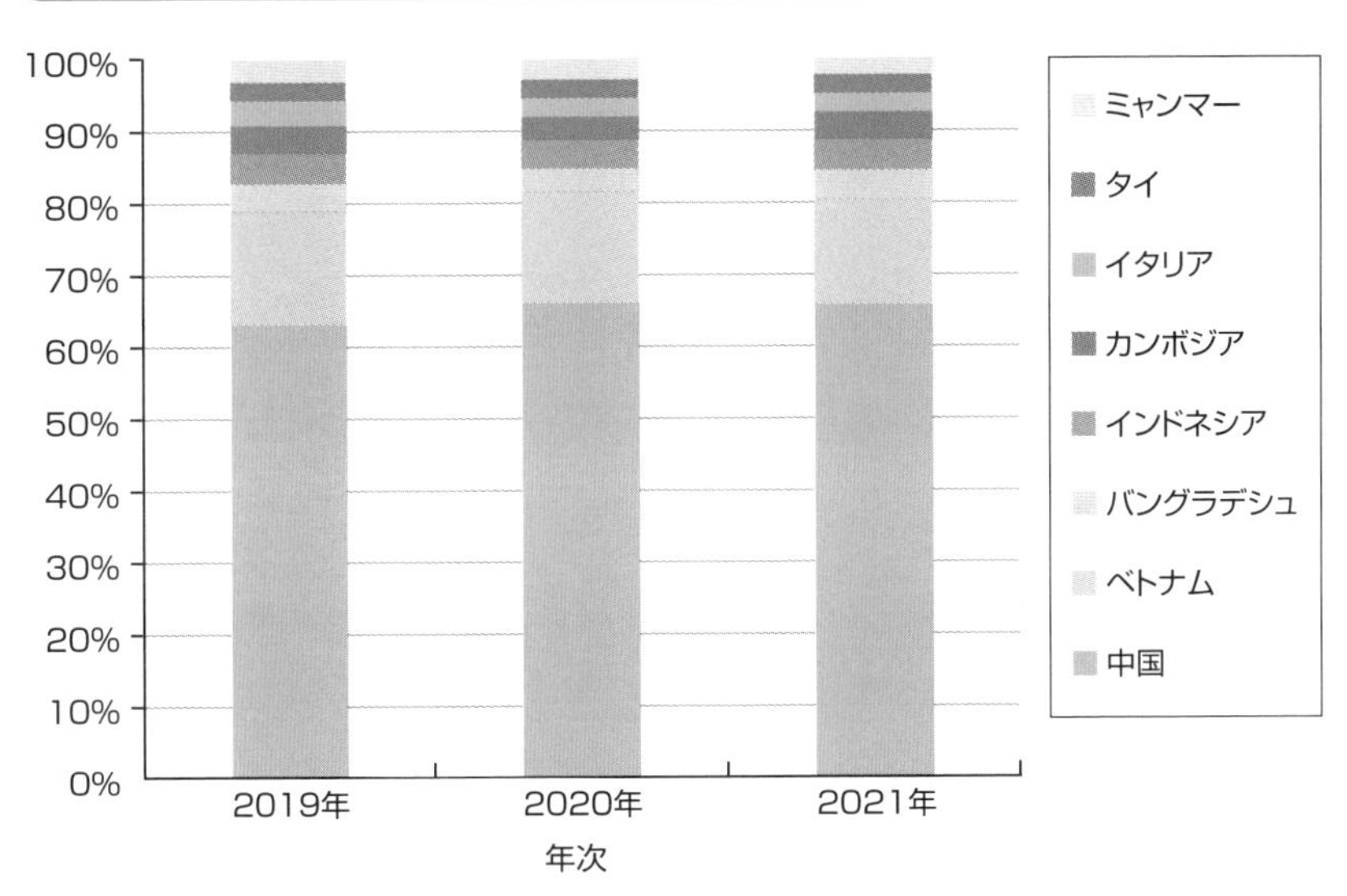

（出典：日本繊維輸入組合「繊維製品・主要国別　輸入の推移」をもとに作成）

【山本耀司】 1972年に「㈱Y's」を設立、以降、「モードというものでモードを否定する」を信条にパリを拠点にコレクション展開をしている世界的なデザイナーです。映画の衣裳を手掛けたり、アディダスとのコラボレーションに加わるなど幅広い活動にも注目が集まっています。

4 仕入れて売る力の低下

小売業の現場でもっとも大きな課題は商品を仕入れて販売する力が弱まっていることです。仕入れて販売するという商売の基本が弱体化しています。これを改善しなければ小売業に未来はありません。

小売業は大売業ではありません。小さいもの、単価の低いものをコツコツと地道に販売していくから小売業なのです。英語ではRetailerと呼びます。Re（再び）tailer（仕立てる人）という意味が小売業なのです。つまり、小売業とはお客様の代行者となって商品を仕入れて、そこに付加価値をつけて販売するから小売業なのであって、それをしていないのであれば小売業ではないのです。

売り仕（売上仕入）がメインの取引形態になっている百貨店は小売業でしょうか。たくさんの専門店をテナントで入れてSCを作っているGMSは小売業でしょうか。行き過ぎて小売業の本質を見失ってはいけないと私は思うのです。小売業の業態は変われども、その役割は変わらず続いていくでしょう。現代は私たちのまわりに情報が溢れかえり、お客様から見て、何が正しく、何が必要なのかがわかりにくい時代です。ですから小売業の存在意義が大きいのです。こんな商品があったら便利なのでは、こんなものを着たらセンス良く見える、今度の旅行にこのカーディガンをといった具合に、お客様の顔を思い浮かべながら品揃えをすることが原点であり、これがすべてです。

海外SPA企業は買い取りが当たり前です。日本のSPAや専門店、通販会社のアパレルも基本的には買い取りです。**信用***がなかったので買い取りでしかメーカーと取引できなかったのです。リスクを負いながら販売している企業が相対的に好調なのは、真剣にお客様を見て商売をしているからと言えます。商売の基本は仕入れて売る力を磨くことにあるのです。

＊**信用**　企業が他企業と商売をする場合には信用が必要になります。以前は通販会社の信用度が低かったために大手メーカーとの取引がなかなかできませんでした。したがって買い取りで商売をすることが前提だったのです。

日本と欧米の商習慣のちがい

項目	日本	欧米
1. 価格設定	メーカーの参考上代制 掛け率設定	下代取引制 価格は小売業にて設定
2. 返品制度	あり	基本的にはなし
3. 売上仕入れ制度	あり	基本的にはなし
4. 派遣社員制度	あり	なし
5. 運賃負担	納入業者負担が多い	小売業者負担
6. デリバリー体制	多頻度・小口配送	一括配送
7. 支払い	売上に応じた支払い	指定日払い
8. 手形取引	あり	なし
9. 協賛金制度	あり	なし
10. 売場応援制度	あり	なし

日本の仕入形態別特徴

	商品の所有権		価格決定権		在庫リスク	
仕入形態	メーカー	小売店	メーカー	小売店	メーカー	小売店
買取仕入		○		○		○
委託仕入		○	○		○	
消化仕入	○		○		○	

【業態】 業種と業態は意味が異なります。業種が「何を売っているか」という扱い商品で分けているのに対して、業態は「どのように売るか」という売り方の違いです。業種は食品、衣料品と分かれるのに対して、業態は百貨店、GMS、専門店と分かれます。

流通の複雑さがもたらす高コスト構造 5

日本のアパレル流通の複雑さは高コスト体質を根付かせてしまいました。成長期は複雑な流通経路が活きた時代もありましたが、ライフサイクルの安定期を過ぎた今では、できるだけシンプルな流通が必要なのです。

日本のアパレル産業は歴史的に多段階の生産・流通構造を作ってきました。これはそれぞれの段階でのリスクヘッジや生産・販売数量調整機能、小売店頭の品揃え強化の面で重要な役割を果たしてきたことは事実です。日本的流通の良さもたくさんありました。しかし、世界に通用するアパレル産業を作るためには、独特の流通構造にメスを入れる必要がありそうです。

日本のアパレル流通の特徴は流通過程の中で商社や卸が介在するケースが多いということです。ある調査によると繊維製品は流通過程の中で、4回程度卸売業者を経由していると言われています。こうした寄り道が**コストアップ**＊要因の一つになっています。

また、最近でこそ日本のアパレルでも大規模なコンベンションが定期的に行われるようになりましたが、欧米に比べるとまだまだ世界に発信して、世界中から人を集められるような魅力的な展示会がありません。これは小売業と糸屋さん、生地屋さんとを結ぶ場がないということでもあり、どうしても間に商社や卸が入らなければ物が流れないという構造でした。これが結果的にコストアップにつながった二つ目の理由です。

多段階・高コスト構造の限界を感じ始めた企業は、SPAやD2C企業として直接発注、別注という形で新たな仕組みにより成長をしています。新しい流通の仕組みはできるだけ単純化することです。

＊**コストアップ**　高コストな状態を指してこう呼びます。コスト（原価）がどんどんな積み重なっていくというイメージです。反対にコストを下げることをコストダウンと言います。

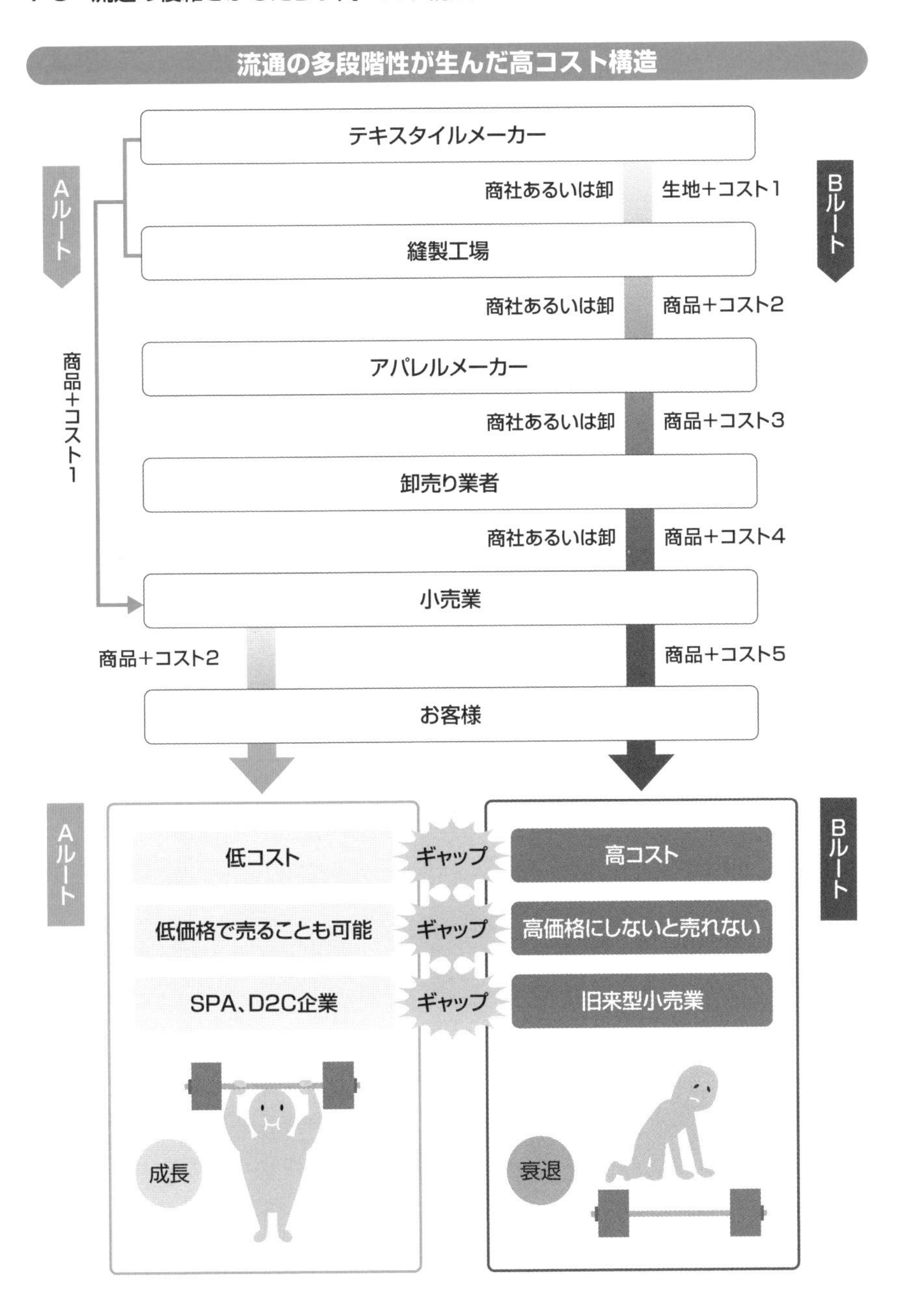

【ライフサイクル】　人間に一生があるようにそれぞれの業種、企業にもライフサイクルがあります。一般的には5つの段階に分けられます。導入期、成長期、成熟期、展開期、安定期です。アパレル業界は非常に進んだ業界であり、すでに安定期第７期に突入しています。

6 強いブランド育成の遅れ

世界に名だたるブランド帝国を築いている会社には、ブランドを長く持続させるための成功ルールを持っています。日本が見習うべきところも多くあります。

世界のブランドと日本のブランドの違いは何かと聞かれれば一つだけはっきりしたことが言えます。それは、世界に通じるブランドがあるかないかです。

インポートブランド、特にラグジュアリーブランドは世界中にその店舗網を張り巡らせています。一つのブランドで世界を相手に商売ができるという強みを持っています。一方の国内ブランドは、一部の著名なブランドを除けば、その多くがドメスティックブランドです。これはブランド育成に対する考え方の差です。

成功している欧米のブランドは、長期間にわたって支持されるブランドづくりを前提としています。したがって、①オリジナリティがある、②品質に対して妥協しない、③自国の伝統、文化、生活様式に根ざした商品づくりを心掛けている、④必ずトータルライフスタイル提案を考えているといった点があります。

図はLVMHグループ全体の事業別ポートフォリオを整理したものです。2022年度年間売上高は11兆円を超え、営業利益で2兆9540億円の26・5%という高収益企業となっています。この高収益を支えるのがルイ・ヴィトンを代表格とするファッション&レザーグッズです。売り上げは5兆4千億円となり、ルイ・ヴィトンはその半分以上の2兆8000億円です。どの部門に投資をしてどこでリターンを得るのか。今後のアパレル企業の成長にはこうした世界視点が必要です。

【1ブランド当り売上高】　経済産業省の調査によると、国内主要アパレルメーカーの1ブランド売上は約23億円、一方の主要外資系アパレルでは約67億円と3倍弱の格差があるようです。

LVMH グループの事業別ポートフォリオ

（単位：億円）

事業内容	メインブランド	2014年売上高	構成比	2022年売上高	構成比	22年/14年
ワイン＆スピリッツ	モエ・エ・シャンドン	5,575	12.8%	9,938	9.0%	178.3%
ファッション＆レザーグッズ	ルイ・ヴィトン、ディオール、フェンディ	15,193	34.9%	54,107	49.0%	356.1%
パフューム＆コスメティックス	パルファン・クリスチャン・ディオール	5,495	12.6%	10,810	9.8%	196.7%
ウォッチ＆ジュエリー	タグ・ホイヤー	3,903	9.0%	14,700	13.3%	376.6%
セレクティブリテーリング	DFS（デューティーフリー）	13,377	30.7%	20,792	18.8%	155.4%
合計		43,543	100%	110,347	100%	253.4%

LVMH 事業別売上高推移（2022/2014）

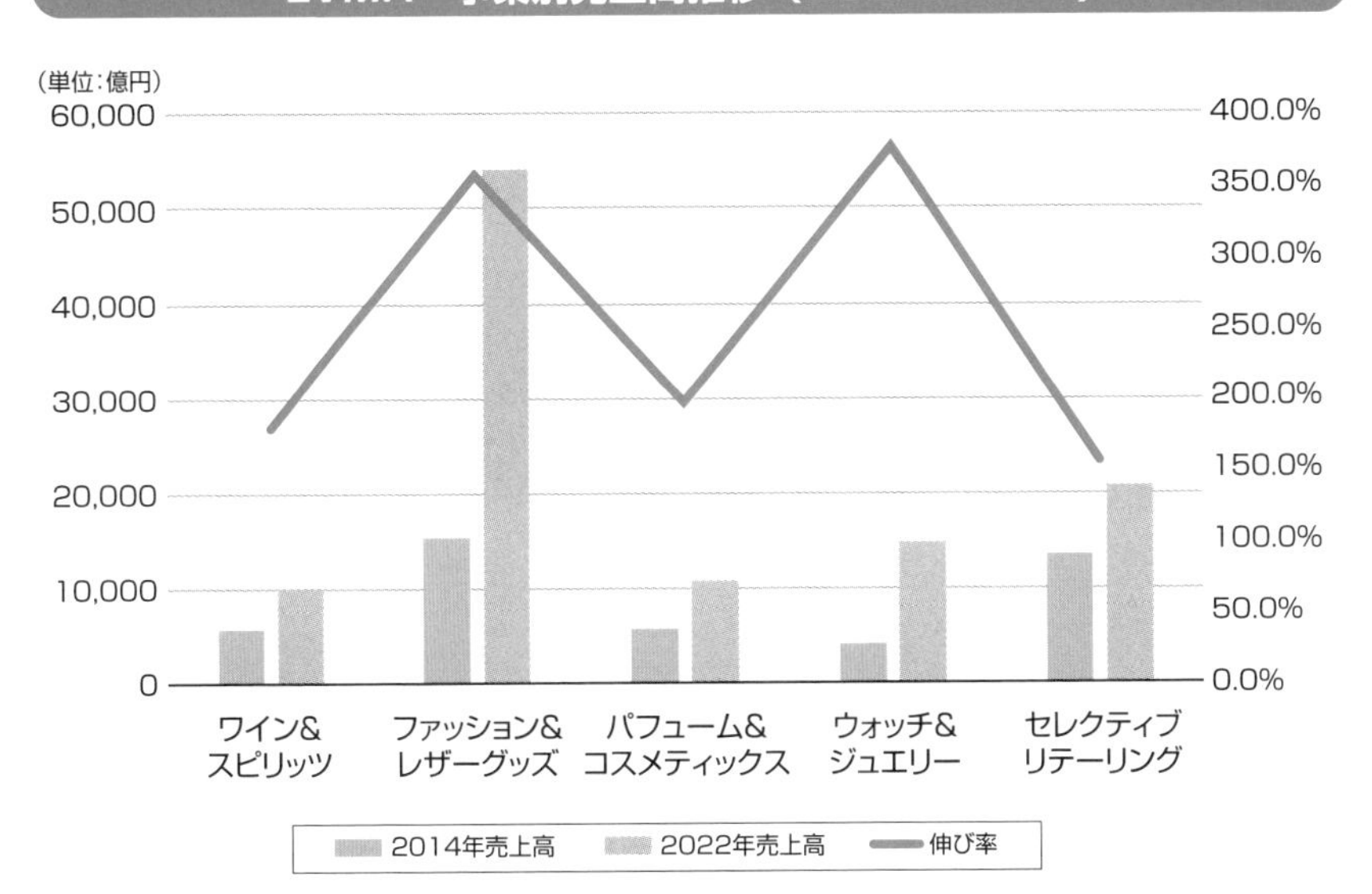

（出典：LVMH IR レポートをもとに作成）

【ドメスティックブランド】 Domestic Brand 国内だけ、ある地域だけで展開されるブランドのことです。通称、ドメブラ。日本のメーカーが今後も成長発展するためには世界に通じるブランド育成が急務です。

7 ローカル専門店の可能性

日本の小売業の業態別店舗数は減少傾向にあります。その中でも専門店と言われる、いわゆる地方の業種特化型店舗は特に減少率が激しいようです。旧来型専門店が弱体化している理由はどこにあるのでしょうか。

日本には1998年時点では140万件の小売店舗数がありました。それが2008年時点で約113万件になり、2015年にはついに100万件を割り今も減少を続けています。実に1998年からの17年間で約40万件の小売店がなくなってしまったことになります。売上（年間商品販売額）も143兆円から120兆円へと減少しています。

今は店をだせば消費が増えるという状況にはなく、決まったパイを各企業が奪い合っているのが実態です。数年前までは郊外型モール開発が隆盛を極めて、それにあわせたナショナルチェーンの大型専門店開発が主流でしたので小売業の売場面積は増え続けていました。しかしモール開発も都心型の中～小型店開発が増加し始めるなど時流は変わっています。従来は大型の売場面積を持つ企業が専門店からお客様を奪っていったことが店舗減少、売上減少の一つの原因でした。しかし時代は変わりました。これからは逆に規模の小さなローカル専門店にこそチャンスがあります。

図表にある各地のアパレル・ファッション系専門店はいずれもローカルにこだわり、地域を限定して出店し、地域顧客の圧倒的な支持を得ています。

これまでは大手に押されて小さな専門店は変わるタイミングを逃してきました。専門店が成長するための方法は、**ハイパーローカル**＊です。地域や商圏内顧客のための品揃えとサービスを徹底することです。時代は確実にローカルに向かっています。

用語解説

＊**ハイパーローカル**　超地域、超地域密着がこれからの繁盛するキーワードです。地域の商材、地域に暮らす人、地域文化、伝統、歴史などにどこまでかかわりを持ち、品揃えに活かしていけるかが大切です。

注目のアパレル・ファッション系ローカル専門店

エリア	企業名（屋号）	業種	特徴
北海道	宝石の玉屋	宝石販売小売	オリジナルジュエリー製作や古いジュエリーをリモデルして世界で一つだけの商品に仕立てるサービスが人気。
山形	カバンのフジタ	バッグ小売	接客に定評のあるバッグ、革小物の専門店。山形を中心に9店舗展開。ランドセルの各地での販売でも有名。
新潟	銀座	作業服小売	作業服や長靴、工具などの品揃えに定評があり作業服専門店のローカルチェーン化を進め郊外に12店舗展開。
石川	ふくふくらんど	スクールセレクトショップ	ランドセル、学生服、体操服など学校生活に関連するすべてのアイテムを品揃えする一番店。ランドセル販売日本一。
石川	アミング	雑貨小売	生活雑貨をロードサイドで展開する企業。全国に20店舗以上を展開。
茨城	フクダ（プリムローズ、トゥー・ブロッサム）	婦人服小売	「トゥー・ブロッサム」の屋号で全国のSC内に20店舗以上展開。農業事業に参入し干し芋を開発しブレーク中。
埼玉	ユニオントレーディング（UNION）	セレクトショップ	自社オリジナルブランドの「ヒューストン」が人気となり関東近県に8店舗展開。
愛知	オンセブンデイズ	雑貨小売	200坪以上の大型雑貨専門店を16店舗展開する企業。品揃えと接客に定評がある。
滋賀	ボーンフリー	セレクトショップ	ジーンズショップの老舗。自社オリジナルブランドと人気ブランドをセレクトした大型路面店など9店舗展開。

【売場面積】　小売業は店舗を持っています。店舗がどのくらいの大きさかを測る指標として売場面積を用います。商業統計では㎡を使用していますが、小売現場では坪を使用することもあります。ちなみに1坪＝3.3㎡になります。

8 地域と顧客に密着する商法

地方専門店にチャンスありと前述しました。ではどのような店が魅力ある専門店と言えるのでしょうか。それは私だけのものを提供してくれる店です。

セレクトショップやSPA、D2Cブランド人気が一巡し、次の新業態を探せというムードが強まってきました。私は次世代型の繁盛店とは、「ワントゥワン型セレクトショップ（=個別対応型専門店）」であると考えています。ワントゥワンとは、顧客は一人一人異なる要望を持っているから、その一つ一つの要望を企業が理解し、それを覚えて、次回にはそれに合った提案を行うという個別対応のことです。ただし、あらゆる顧客層にワントゥワン提案することは不可能ですから、**セグメンテーション**＊という考え方がここで必要になります。以前はフルターゲットが満足するような商品群を提案していたのに対して、これからは、年代層でセグメントされたターゲットに対して、一人一人の好みを考えて、あらゆるニーズを満たすような提案が必要になってきたのです。これが個別対応型専門店であり、これからの時代に顧客に必要とされる専門店の姿です。顧客のマイオリジナルに対応できる企業が求められているのです。

これからは、あるセグメントされたターゲットのあらゆるニーズに対応することが成長企業の必要条件です。顧客一人一人の顔が見えており、一人一人の買上動向を掴んでいて、その顧客が求める衣・食・住・遊のすべてをトータルで提案する。これが個別対応型専門店です。

現在、これに近い商売をしているのは都心型百貨店の外商であり、地方専門店のハイパーローカル企業です。

＊**セグメンテーション**　細分化するという意味。アパレル業界においては顧客セグメントと呼び、対象となる顧客を属性別（性別、年齢別、所属グループ別など）に分類し、対象を明確にし、新ブランドを開発する際の基準にしています。

フルターゲットからワンターゲット・フルニーズへ

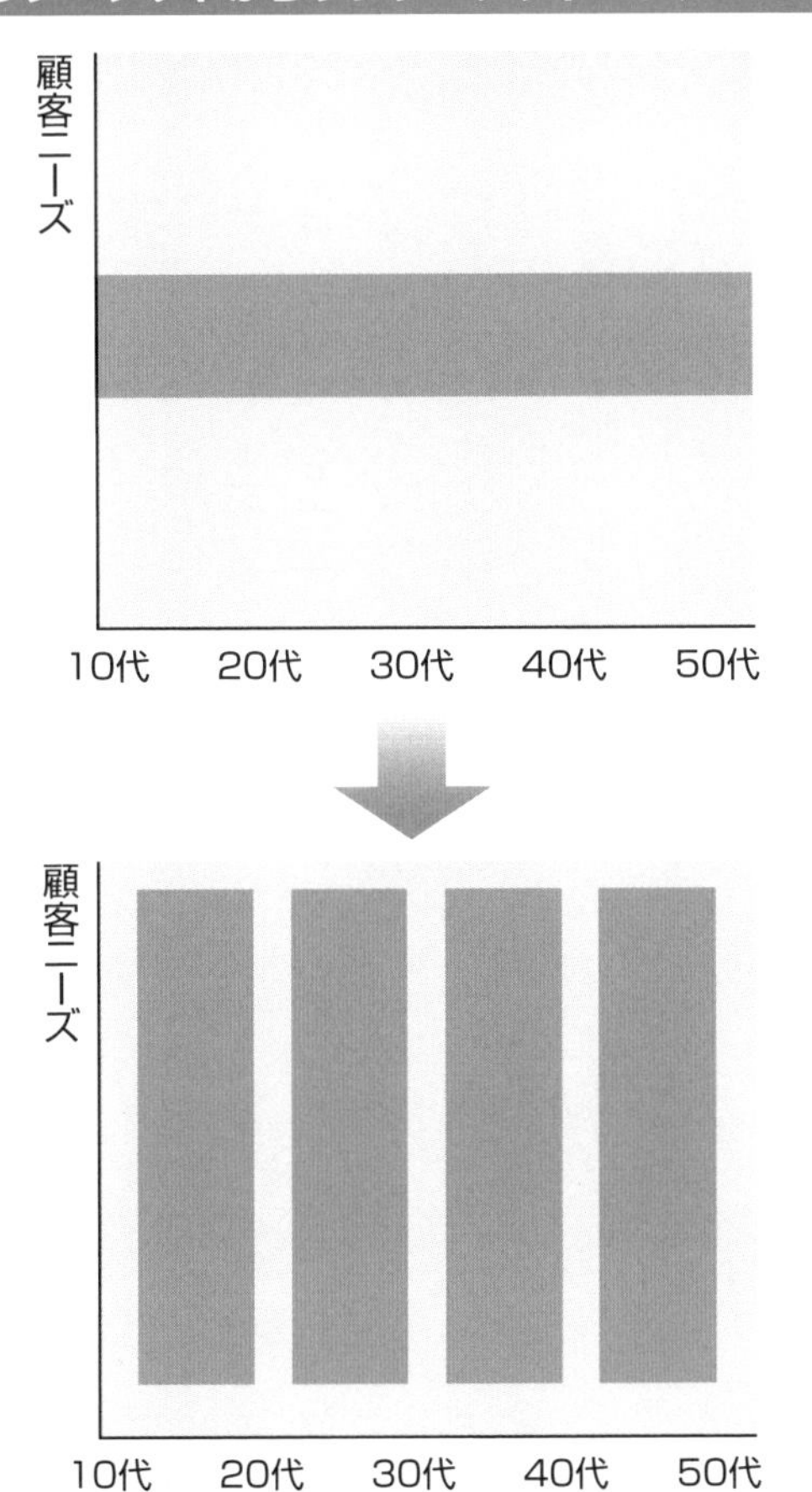

今のお客様は情報もモノも溢れかえった中で生活をし、購買行動をしています。このような状況が、「みんなと同じ」ものではなく、「私だけのもの」というニーズを高めてきました。したがって企業側はすべての人に対応する商品開発ではなく、ある一部の人の最大満足を獲得できるような仕掛けを考える必要がでてきたのです。
その代表的なものが「カスタマイズ商品」であり、「ビスポーク」なのです。

【ワントゥワン】 お客様は一人一人違うから、お客様の要望に個別に応えて商品開発をしようという考え方のことです。一方で、お客様はみな同じだから同じものを大量に販売すればいいという考え方をマスマーケティングと呼びます。

9 百貨店再生のカギは外商にあり

百貨店を中心とした大型企業同士の統合や合併が進み、大きな業界再編は一段落しています。しかし縮小する市場の中で新たな収益源に各社は動き始めています。

百貨店の売上は1997年の9兆1千億から2011年には6兆1千億と3兆円売上を落としました。2013年にはインバウンド需要の急激な高まりで売上を伸ばしましたが、2020年からのコロナ禍で大幅ダウン。2022年度には売り上げを大幅に伸ばしたものの売り上げは5兆円を割り込んでいます。もうこれまでの**百貨店モデル**＊では通用しなくなっていることは明らかです。百貨店の経営体質そのものを劇的に変化させていかなければ、企業体としての存続が難しくなっています。

しかし2023年になって百貨店売上高は復調の兆しがでてきました。インバウンドの復活もありますが、それ以上に非常に伸び率の高い部門がでてきたことが要因です。それは外商です。百貨店外商は、これまではおじさん主体の営業組織で、高齢者向けに絵や宝石などを販売するという百貨店の中では陽の当たらない部署でした。しかし最近では、売り場から20～30代の若手を移動させ、比較的若年層の顧客向けにブランドの洋服や現代アート、スポーツ観戦や海外旅行など、モノにこだわらず、顧客の要望するものを取り揃え、提供するという商売にシフトし始めて売り上げを伸ばしています。

三越伊勢丹はこうした取り組みをいち早くスタートし、百貨店の中ではダントツの外商の伸びを見せています。2021年度の外商売り上げは860億円と前年比109%。その勢いは続いています。旗艦店舗である伊勢丹新宿店、三越日本橋店では、共に買上上位顧客5%のシェアが全体の50%を超えており、上位

＊**百貨店モデル**　都心の一等地に大型の売り場面積の店を構え、アパレルメーカーなどの取引先に売り場を貸し、人も商品も各社にだしてもらい販売をするという形です。粗利が低く経費が高いため収益性が低いというのが日本の百貨店モデルの特徴でした。

顧客の支持率が上がっていること、併せて新宿店では49歳以下の顧客層が30％にまで拡大しています。

結果的に伊勢丹新宿店の2022年度の売上高は3276億円となり前年比29％増、バブル期の1991年度実績を抜いて過去最高の数字となりました。その勢いは23年度も続いています。

若い客層が増え、上位顧客が固定化され、店に活気が生まれてきました。まさに新しいビジネスモデルに切り替わっています。今こそ劇的に事業体を変化するチャンスです。

百貨店が長らく低迷を続けていた最大の要因は、高齢の既存客に依存し、若い新規客を獲得できなかったことです。外商という強みを活かして新規開拓していくこと。百貨店再生のカギは外商にあるのです。

百貨店売上高と対前年増減率推移

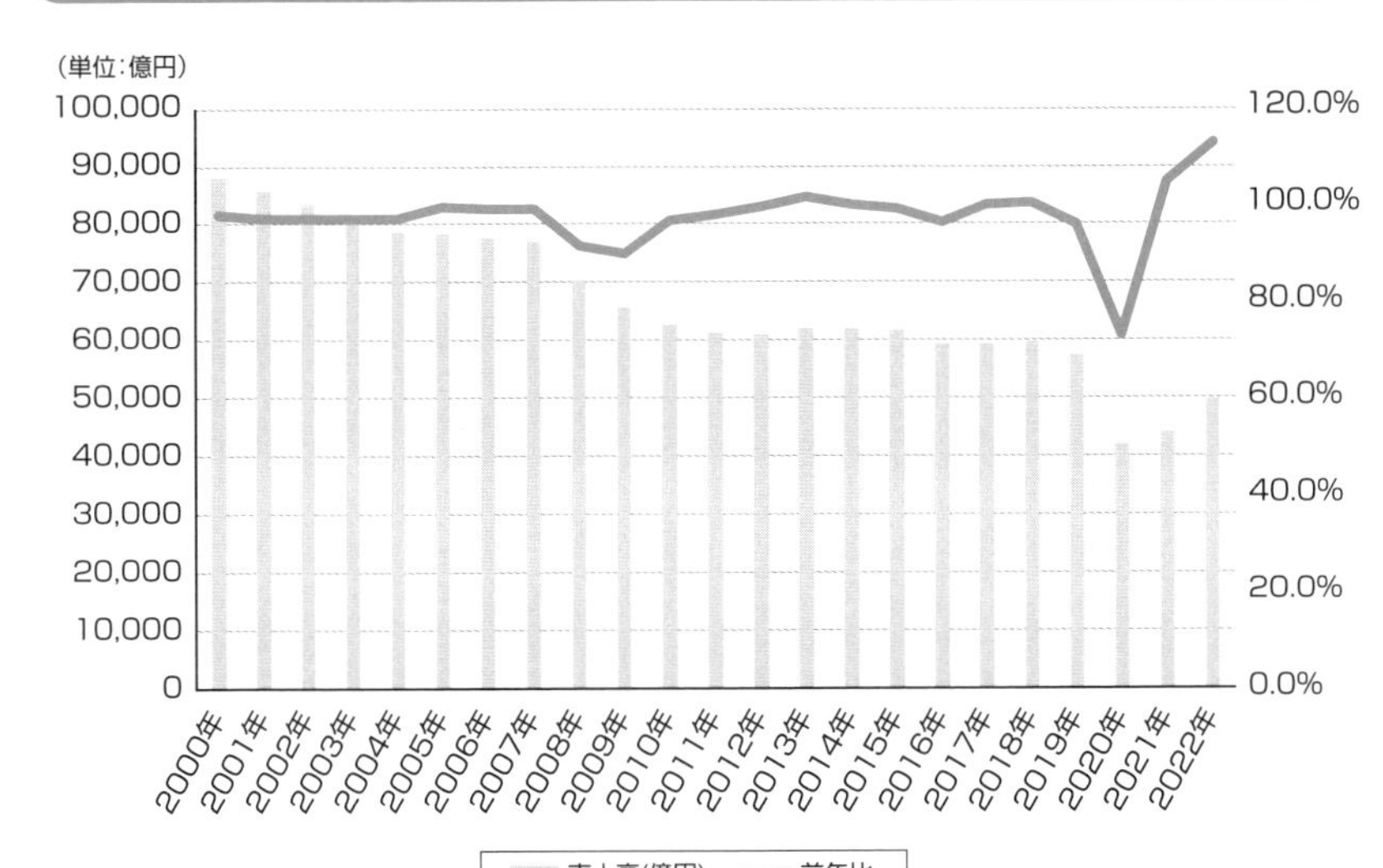

（出典：日本百貨店協会統計をもとに作成）

【旗艦店舗】 一企業の中でもっとも売上や面積が大きく企業の売上を支える中心的な役割を果たす店を旗艦店舗と呼びます。伊勢丹の新宿店、三越の日本橋店、大丸の神戸店、なんばの高島屋、そごうの横浜店、西武の池袋店、阪急・阪神の梅田店などが代表的な店舗です。

10 アートとサイエンス

アパレル業界は常に複眼的な視点を持ち合わせることが大切です。時流に合わせていく目と数字に基づいて正しい経営をしていく目の両方です。どちらかに偏ってしまってもいけません。それがアパレルで成長するためのポイントなのです。

最近では女性活躍社会などと言われることが増えていますが、アパレル業界は古くから女性を総合職として迎え入れたり、営業の現場で活躍したりと男女の区別なく活躍できる数少ない業界として知られていました。現在もメーカー、小売含めて、女性の就業人口が非常に多い業界です。ある面、開かれた業界と言えるでしょう。しかし、本当に女性の視点を活かしているかと言えばそうでもないのが実態です。

あるアパレルメーカーの企画開発会議で次年度の20代女性向け商品企画の決定の場。社長は男性、役員は全員男性、企画部も多くが男性。企画提案者は女性で、「これがかわいいと思うのですが」と説明するのですが、男性陣からは「これのどこがかわいいのかわからない」と言われ却下される場面に遭遇しました。確かに数値的な裏づけがなく物足りない提案ではありました。しかし、男性から「かわいいところがわからない」と言われるこの状況は果たして正常なのか？と感じた瞬間でした。

アパレル業界では常にアートとサイエンスの両方の目でチェックし、修正できるような体制にすることです。2つのバランスがなにより大切です。特に新商品開発や新ブランドローンチの際にはアートとサイエンスの2つの視点が必要です。どちらかに偏った開発は当たりません。複眼思考を持ちましょう。

【左脳と右脳】 脳の働きを分ける際によく用いられるのが左脳と右脳です。一般的に男性は左脳型、女性は右脳型と言われます。クリエイティブな面を司るのが右脳で、デザイナー、クリエーターを職としている人は右脳が発達しているようです。

アートとサイエンス

	サイエンス（左脳的）	アート（右脳的）
感覚	数字 論理的 5 感に訴える ❶味覚 ❷嗅覚 ❸触覚 ❹聴覚 ❺視覚	感性 直観的 第六感に訴える 想像 予測 予知 共感
思考回路	ロジック	クリエイティブ
価値観	将来的	現実的

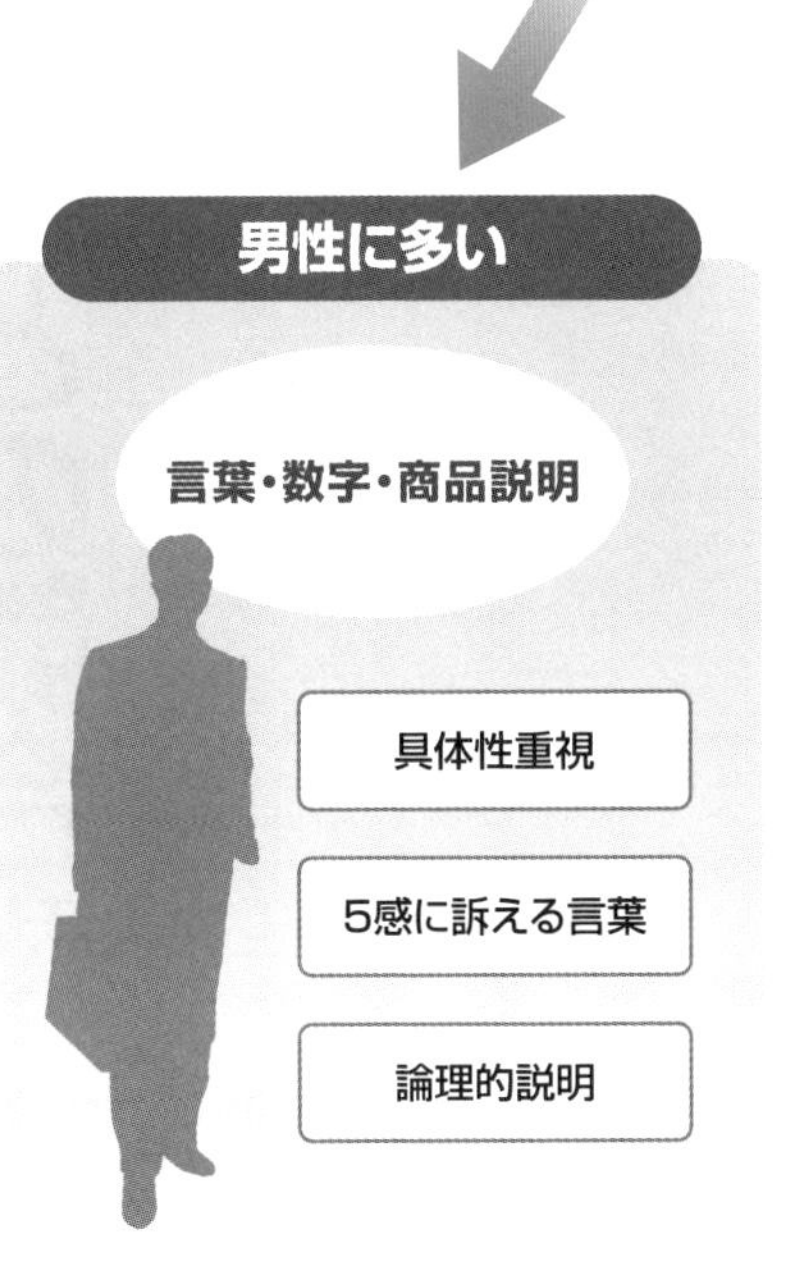

【女性の活躍】 アパレル業界ではデザイナー、パタンナー、FAなどは女性の独壇場でした。最近では営業、MD、バイヤーなどにも女性を登用する企業が増えてきました。

11 アパレルと異業種との競合激化

不況*になり財布の紐が堅くなると真っ先に支出が減るのがファッション関連です。最近ではこれに加えて新たなトレンドアイテムが増えてきたことがファッションへの消費が増えない理由かもしれません。

ファッション商品に対しての支出金額は逓減傾向にあります。その理由はいくつか考えられますが、もっとも大きな理由は、ファッション以外に贅沢感・トレンド感を味わえる商品ができてきたことが挙げられます。

その代表格はスマホです。スマホの登場は確実にファッションへの消費を減少させました。1990年に7%程度あった衣服消費支出が2020年に3%台まで減少しています。スマホを通して得られるサービスや情報に真っ先にお金を使い、ファッション支出は後回し。スマホを通じたコミュニケーションこそが第一で、ファッションは二番手になったことは戦後のアパレルを取り巻く環境の中でもっとも大きな変化です。

スマホ以外でもデジタル家電は今の消費者の必須アイテムです。タブレット、ワイヤレスイヤホンは欠かせません。街にはたくさんのスイーツが溢れ、人気のカフェで流行りのスイーツを食べながら友達とお喋りする方がファッションにお金を使うより大事だったりもします。

現代においてはすでに衣料品は必需品ではありません。完全に贅沢品です。ですから異業種との競合になることは避けて通れないのです。

お客様はこうしたたくさんのアイテムやシーンの中から、本当に自分にとって必要なものを選びます。必要だと感じる物になるためには、もっとも「斬新」で、「おもしろい」と思えるものでなければいけません。ファッションは新鮮で刺激的であるべきです。

＊不況　日本が不況に突入したのは1990年2月21日です。全国的に不況感に見舞われたのは1992年からです。2000年前後から再び不況となり、2008年からはサブプライムショックによる世界的な不況に見舞われました。景気は9年周期で好不況を繰り返します。すると次は2027年から不況になる可能性を秘めています。

マズローの欲求五段階説を超える日本の消費者像

アブラハム・マズロー（1908年〜1970年　A.H.Maslow　アメリカの心理学者）は、彼が唱えた欲求段階説の中で、人間の欲求は、5段階のピラミッドのようになっていて、底辺から始まって、1段階目の欲求が満たされると、1段階上の欲求を志すというものです。

アパレルが異業種との競合になってきた背景には、消費者の欲求が自己実現欲求にまで達し、それ以上のものを求め始めたという意識変化も大きいのです。

【スマホ】 最近ではスマホ自体がファッション化しています。スマホカバーやスマホアクセは当たり前。スマホはファッション以上にトレンドを発信するアイテムになったのです。

飽きる期間

「男と女は4年で別れる」。あくまでも恋人どうしの話ですが、なるほどと納得される方は多いのではないでしょうか。

大手広告代理店による首都圏の18〜74才の男女717名を対象にした「お気に入りの寿命は何日」(好きになって、飽きて、他に変えるまでの時間) というアンケートによる「恋人」の寿命は、1358日 (3年8ヵ月) だそうです。男女別にみると、男性は942日 (2年7ヵ月) 女性は1576日 (4年3ヵ月) と男は一年8ヵ月も冷めやすい。あくまで統計上の数字ですがどう思いますか。

世の中にあるすべてのものには、寿命があります。私はこれを「飽きる期間」と捉えて、この飽きのサイクルに入らないように各企業の商品開発でアドバイスしています。他の商品で飽きのサイクルを見てみると次のような結果がでています。

【飽きのサイクル】

・パソコン	698日	(1年10ヵ月)
・ネクタイ	446日	(男性のみ)
・衣料ブランド	1071日	(2年11ヵ月)
・お出かけ着	648日	(1年9ヵ月)
・スマホ	534日	(1年5ヵ月)

ヒット商品を生み出すことがなかなか難しいと言われる時代になりました。ヒット商品は、次から次へ生み出されていますが、お客様の「飽き」も早くなっています。

パソコン／スマホ／音楽／清涼飲料水／タレント／健康食品／流行語等です。

今の時代は消費者の需要の高いものほど「寿命」も短くなっているようです。つまり、すべての商品やサービスに上記のような寿命があることを考えますと、当然、ブームが終焉する前や衰退する前に次の手を打つことが大事な戦略となるわけです。

また視点を変えますと、飽きる期間が短いものであればあるほど、その商品への興味が高いとも言える訳です。ですからお客様がどのような使い方をしているのか、どんな使い方なら楽しんでもらえるかを必死で研究しなければいけません。スマホが1年5ヶ月で飽きられるということは、スマホアクセや周辺サービスも同じように飽きられて切り替えていくということですからビジネスチャンスはスマホの買い替え分だけあるということです。

これからの時代は、各企業がどんなに苦労して生み出した商品でも、随時、お客様の変化に合わせて、商品や情報に変化を加える、飽きのこないようにするための味付けが必要なのです。

第8章

アパレル業界と人材

企業において人材採用はもっとも重要な戦略の一つにあげられるテーマです。アパレル業界においては、モノをゼロから作り出せる人材がいなければ絶対に成り立たない産業です。同業界が求める人材像、また、どのようにしたら同業界で活躍できるのかを考えてみます。

1 アパレル業界で働くためには

アパレル業界で働くことはそう難しいことではありません。しかし、アパレル業界で成功するためには、ある程度の準備と努力が必要です。まずはアパレル業界で働くための基本的な心構え＊について整理します。

繊維産業、特に繊維製造業の雇用者数は約68万人と全製造業の約7％を占めています。これは他産業と比較しても大きな数字です。繊維というのはそれだけ需要がある産業であり、国にも貢献する重要な事業だと言えるのです。

もちろん繊維産業は製造業だけを言うのではなく、これまで見てきましたように、川上、川中、川下にいたるまでさまざまな分野があります。普通に生活をしていたら川上の素材、繊維産業と接触する機会はほとんどないでしょうから、川中のアパレル製造卸業か、普段、買物で目にするセレクトショップや百貨店などの小売業がいわゆるアパレル業界だと考える人も多いでしょう。したがって、自分は一体、どの部分に関わって仕事をしていきたいのかを考えることが必要になってきます。

仕事を始める前に、どの分野が自分に合っているかは誰もわかりません。仕事を始めてもそれが天職かどうかはなかなかわからないものです。しかし、一番大切なのは、アパレル、ファッションという自分の身につける商品が好きかどうかという一点です。ただし、それほど厳密に好きかどうかは必要ありません。最初は何となく興味があるという程度で十分です。それを実体験できる場を持つまでは、ちょっとした興味さえあればいいのです。興味を持ったらまずは同業界に関係のある会社や店でアルバイトでもいいですから働いてみることです。全体像は見えないでしょうが、そ

＊**基本的な心構え**　どこで働くかという時代から今は、どんな仕事をするかが重要になっています。企業名や企業規模で仕事を選んではいけません。大事なのはどんなことができるか、そして、どんなことをしたいのかという点です。

こで働いている人を見ることができます。

次に、アパレル業界で活躍している人にどんな人がいるのかを知り、直接話を聞いてみるといいでしょう。有名なファッションデザイナーやスタイリスト、インフルエンサーなどに直絶会うのは難しいかもしれません。しかしみなさんの周りには、よく行くお店の笑顔が素敵なショップスタッフがいるはずです。そのような方に話を聞いてみることです。業界に興味があると言えば喜んで話をしてくれるはずです。良い話も、良くない話も聞いてみてください。初めて、業界の実態が見えてきます。

まずはこうした身近なところからアパレル業界を知ることからスタートしてください。イメージと実態のギャップをなくすことが最初の一歩です。

どんな業界にも良い面、悪い面はあるものです。そこに身を置いて無我夢中で働く数年間があって初めて業界が見えてきます。

アパレルに関連する業界

業界	該当業種
川上	原糸メーカー、紡績会社、合織メーカー、テキスタイルメーカー、織屋、総合商社など
川中	ニッター、染色加工業、縫製工場、アパレル製造卸、卸売り業、並行輸入業など
川下	百貨店、量販店、衣料品スーパー、専門店、SPA企業、セレクトショップ、通信販売業、ネット通販業など
メディア	テレビ局、ラジオ局、新聞社、出版社など
その他関連産業	イベント企画会社、展示会運営会社、企画会社、調査会社、コンサルティング会社、モデル、スタイリストなど

【繊維産業】　繊維産業は川上から川下まで実にさまざまな業種や職種、企業規模があります。華やかに見えるのはアパレルメーカーや一部の小売業ですが、素材産業がなければこれらも成立しないことを考えること、華やかさという部分だけで選ばないほうがいいと言えます。

2 技術系かビジネス系か

アパレルの知識や技術を学び、また資格を取得することもできるのが専門学校です。服飾系の専門学校ではアパレルに関する知識や技術を学ぶことができ、さらに大学や留学も可能になっています。

アパレルに関する教育を専門に受けることができる機関の代表が服飾系専門学校です。アパレル業界に多数の人材を送り込んでいる有力学校には、**文化服装学院***、大阪文化服装学院、モード学園、ドレスメーカー学院、エスモード・ジャポンなどがあります。こうした服飾系専門学校の多くは、デザイナーやパタンナーを目指すデザイン・技術系と販売職やバイヤーなどを目指すビジネス系に大きく分かれたカリキュラムを組んでいます。

しかし18歳人口の減少、大学や他の専門学校との競合、企業の新卒採用枠減少などを受け、服飾系の専門学校は厳しい状況が続いてきました。したがってカリキュラム内容もどちらかと言えばビジネス寄りの内容にウェイトがかかっていたようです。

これが最近では変化しつつあります。企業は積極的に人を採用する方向を打ち出しています。さらに即戦力を新卒にも期待するようになっています。ですから、学生に対してもより専門的な知識、技術教育を受けてきたかどうかを求めるようになりました。こうした背景から各校はこぞってより専門的な教育に力を入れるようになりました。また国際化に対応できる人材育成ということで既存の学科の卒業生や大学卒業生を受け入れるコースの新設、あるいは海外大学との提携、海外に本部を置くなど、実際に海外体験ができるような環境整備を整えています。今後はファッションビジネス専門大学院の設置などが本格的に論議され、さらに科学的に、戦略的にファッションビジネスの確立に向けた動きが加速していくでしょう。

***文化服装学院**　1919年の並木婦人子供服裁縫教授所が前身の、わが国最初の服飾専門学校です。著名OBにコシノジュンコ・ヒロコ、高田賢三、山本耀司などがいます。

　これからのアパレル業界ではDXの取り組みが進みます。高度なIT教育を受け、独自のデジタルノウハウを持っていれば、必ずしも服飾系学校に通っていなくてもいいかもしれません。デジタル人材はあらゆる企業が必要としています。これからのアパレル業界は大きく変わるだけにチャンスがある業界です。

　アパレル業界は広告宣伝の仕方もマスメディア中心からSNS中心にシフトしています。したがって写真を上手に撮るカメラ撮影の技術や映像化し編集するテクニック、また商品特徴を的確に、かつ読み手にとって興味を引くような文章に仕上げるライティングやキャッチコピー力なども必要になります。仲間を集めコミュニティを作るといったコミュニケーション力もこれからはますます大事になります。

　アパレル業界にはこうした多様な人材が活躍できる場が多くあります。自分の得意なところを活かせる場所を見つけてください。

ファッションビジネス教育の実態

項目	内容
①ファッション生活教育	生活者に対するファッション教育で、主に中学校・高等学校や、かつての洋裁学校における教育
②ファッション産業教育	ファッション産業人を目指す学生を対象とする教育で、ファッション系専門学校、大学・短大の家政学部、公共機関や産業機関が主宰するスクールなどにおける教育 1）デザイン教育、パターンメイキング教育 2）販売技術や販売マナー、ファッション・プロフェッショナルとしての商品知識、ファッションビジネス知識教育
③ファッションアカデミズム教育	ファッションやファッションビジネスを学問の対象として研究するための教育で、大学院を目指す学生のための大学教育、および大学院教育

以上のうち、ファッションビジネス教育を行っているのは②と③の分野で、主に服飾系専門学校と、ごく少数の大学（家政学部・芸術学部）、大学院（家政学部系・芸術学部系）が担っているというのが実態です。

【IFI】　1998年4月に開校したファッション産業人材育成機構（IFI）が主催するビジネススクールです。ここでは世界に通用する人材育成に力を入れ、一般的にはアパレル関係の社会人として活躍する第一線の人材が各企業から送り込まれ教育を受けています。

3 アパレル業界が求める人材

アパレル業界というとおしゃれで、遊び好きでちょっと変わった人がいるというイメージが一般的にはあります。しかし、実際にアパレル業界で活躍している人材*は非常に真面目で、仕事人間が多いものです。

アパレル業界に必要な人材とは一体どんな人材なのでしょうか。それにはある有名セレクトショップの採用の条件がもっともわかりやすいと思いますのでご紹介します。

❶服好きであること
❷プラス発想であること
❸笑顔が素晴らしいこと
❹デジタルスキルがあること

第一には、洋服が好きな人であることは条件です。センスが良いか悪いかは問いません。これは本人の価値観の問題でもありますし、ただ単に流行を追い求めている人よりも、見た目は変だけどポリシーを持っている人の方がいい場合もあります。ですからセンスを問う前に、洋服を好きかどうかがポイントになります。そのためには普段から、ファッションについて自分なりの問題意識を持っておくことが必要でしょう。知識はその後、身につければいいのです。

第二にプラス発想が必要です。大衆が欲しくなるような新しいトレンドを提案していくことが仕事になります。それには後ろ向きの発想ではなく、常に前向きに新しい情報を積極的に集める意欲を持った人が必要です。ですからプラス発想の人材を求めるのです。

第三に笑顔です。販売には笑顔は必要だけどモノづくりには必要ないのでは？　というのは間違いです。質の高いモノ作りをしていくためにはまわりのスタッ

*アパレル業界で活躍している人材　パリ・モード界の巨匠、クリスチャン・ディオールは当初、外交官を目指し、政治学を学び、その後、絵画・建築の勉強をし、画廊を開くが倒産し、仕方なくデザイン画を売り歩いて生計を立て始めたところを見出されました。さまざまな知識、学びが圧倒的な成功をおさめるコツです。

フや外部の協力業者と上手にコミュニケーションしていくことが必要です。そのためには笑顔が素晴らしいことは大切な要素です。パタンナーだからそんなものはいらないというのではアパレルの仕事は務まりません。

最後にデジタルスキルです。今後のアパレル業界ではデジタルスキル、デジタル人材が必須となります。感性が重視されてきた業界ですが、実際の服作りには昔から理系的な知識が必要でしたし、何をどれだけ作り、工場に発注し、いつまでに納品させ、売り上げにつなげるかという流れには数字は必須条件。データ分析、データ活用スキルはもちろん、今後はChatGPTなどのAI活用やWeb3などの知識もあればあるほど使える業界になっていきます。

最近、アパレルの現場で「この人は本当にアパレルが好きなのか?」と首を傾げたくなることがあります。単なる仕事としてやっている人にこの世界での成功はありません。好きで好きでたまらないという情熱を持って仕事に取り組んでほしいと心から思います。

アパレル業界に必要なデジタルスキル

項目	内容
1. データ分析スキル	これからのアパレル業界ではさまざまなデータをもとにトレンドやお客様のことを的確に分析することが重要になります。そのために必要なGoogle Analyticsなどの分析ツールのスキルや、調査力、データ分析の能力が求められます。
2. サイト構築スキル（今後はスマホサイト構築スキル）	ECサイトでの販売数はスマホなどのモバイルデバイスの方が、PCなどのデバイスに比べると16%多くなるというデータがあります（英・IMRG調べ）。今後のアパレルビジネスにおいてはモバイルマーケティングは必須戦略となります。したがってECサイトの制作デザイナーや魅力的なサイトを構築するクリエイティブやセンスも必要となります。
3. ソーシャルメディア活用スキル	アパレル業界の集客におけるSNSのウェイトが高くなっています。Facebook、Twitter、Instagram、TikTokなどSNS上で消費者のクチコミを誘うコンテンツ作りは重要です。また今後はマーケティングオートメーションツール（例;Marketoなど）を使いこなせたり、SEO、SEMの知識も求められるでしょう。
4. ネット広告スキル	Googleの調査によれば、消費者は実際に商品を購入するまでに平均2.9のECサイトを訪問するそうです。平均的に3時間かけて商品を探し、27日ほど吟味してから購入に至るということがわかっています。こうした消費者に対してリターゲティング広告によって自社に誘導するなどのネット広告スキルがあればさらに活躍の幅は広がります。

【笑顔】 自然な笑顔というのは練習しなければできないと言います。笑顔は積極的であり、笑いは受け身です。必要なのは相手が自然と打ち解けられるような自然な笑顔なのです。商売は笑売なのです。

4 アパレル業界に就職するためには

アパレル業界で働くことは難しいことではありません。雇用形態にこだわらなければ今からでも働くことは可能です。ただし、どのような仕事をしたいのかを明確にしなければ雇用する側もされる側も何の意味もありません。

アパレル業界は何となく華やかだからか、そこで働きたいという人は多いものです。比較的、男性よりも女性に人気がある業界の一つです。

アパレル業界のどこかで働きたいという要望は比較的簡単に叶えられるでしょう。しかし、その中で、働きたい業種、仕事内容、その会社の規模などというように絞り込んでいくと、なかなか希望どおりの仕事に就くのが難しくなります。ですから一般的には専門学校などで勉強して資格を取得するなどの経験をして、自分の希望する業界に近づいていくのです。

服飾関係の学校や大学から就職活動を開始して、アパレル関係の会社に就職するというパターンは多いと思います。この場合、あまりにも夢ばかり大きくて、突然、現実を見て夢打ち砕かれるという例も多いと聞きます。学校が忙しく、現実を見ることができないことも一つの理由だとは思いますが、できるだけ早い時期に現場の実態に触れることは大切です。

もっとも簡単で、しかも選択ミスを防げる方法は、希望する会社や希望する仕事を経験できるところでバイトをする、あるいはインターンシップで仕事を経験することをお勧めします。

併せて、これから仕事を選択する方には、あらゆる仕事を経験させてもらえる会社を選んでほしいと思います。デザイナー志望でもダンボール担ぎから販売まで経験できるような会社がいいということです。それが一番、**お客様の気持**＊を理解できるからです。

＊**お客様の気持**　アパレル業界で生きていくためには、お客様の気持に立つことがもっとも重要です。有名デザイナーの多くは有名になってからも現場を大切にし、現場の声を拾い企画に活かしています。常に現場にしか答えはないのです。

アパレル業界に就職するには

ステップ	内容
1. アルバイトから就職	アルバイトやパートとして希望する企業の現場で働き、翌年以降に新卒と同じ条件で受験して入社するというパターン。 ⇒入社の確約はないものの、本人の適性を会社が見ることができ、本人も適職かどうかを判断するいい機会になる。
2. アルバイト	アパレル関係でアルバイトをしながら専門学校に通い、＋専門学校から就職専門知識を習得してから本格的に就職を考えるというパターン。 ⇒学びながら現場も体験するという方法で、効率よく業界のことを知ることができる。
3. 大学あるいは専門学校から就職	まずは大学あるいは専門学校で自身が目指すべき道に必要な知識や技術をきちんと学び、資格を取るなどして、めざす企業への就職を勝ち取るというパターン。 ⇒服飾系の専門学校は、実技なども含めて非常にタイトなカリキュラムのため、一般的にはこのパターンが多くなる。併せて、最近では在学中にコンテストに応募して、学生時代からデザイナーとして活躍する人も増えてきた。
4. 大学＋専門学校から就職	大学を卒業し、さらに専門学校で専門知識を習得し、その後就職するというパターン。 ⇒時間と費用が許されるのであれば、最もバランスのとれた勉強ができる。山本耀司氏も大学を出て、その後専門学校に入り、就職をしてから独立している。
5. 起業	自分のアイデアのみで独立するパターン。 ⇒現在は起業もしやすく、起業する人も増えている。過大な借金さえしなければ、いきなりすべての責任を背負って起業するのもあり。

【インターンシップ】 学校に在籍しながら、ある一定期間、社会人と同様に会社に出社して、その会社の人間と同じような仕事をすることで仕事内容を体験できるという制度です。最近はインターンで単位をとれる大学まであり、改めて注目されています。

5 アパレル業界における起業のあり方

起業するというと非常に大変だというのは昔の話です。今や起業するということは仕事の選択肢の一つであり、なるべく早く自分の会社を作りたいと考える若者が増えているようです。

アパレル業界で起業するのは非常に簡単です。自分の作りたい物や自分の好きな物がはっきりしているならば、すぐにでも起業できます。そこには難しい知識や技術は必要ありません。もちろん、自分自身の中で、やりたいこと、提案したいこと、見てもらいたいことが明確な場合の話です。

以前は高校や大学を卒業すれば就職活動をして、どこかの会社に就職するというのがごく当たり前のことでした。と言うよりも、これ以外に道はなく、ほぼすべての学生が就職を考えていました。

ところが不況が続き、就職できる会社も少なくなり、新卒採用を激減させてきた時期が長く続きました。

結果的にアパレル業界ではさまざまな選択肢を選べるようになりました。図表のように業態はいくつもあります。その多くが初期投資のかかる商売ですが、最近ではさまざまなアウトソーシングを活用することで、アパレル業界最大の課題であった「**在庫**＊を抱えずに商売する」ことも可能です。受注生産や完全オーダー型のビジネスによって、D2C型のアパレルブランドをスタートすることもそれほど難しい時代ではなくなりました。

いずれにしても、起業は簡単ですが、企業として継続させることを念頭においてスタートしてほしいと思います。

会社を作ったら続けることが何よりも重要なのです。

＊**在庫**　売るためにストックしておく商品のことです。在庫には店頭在庫（店に出ている在庫）とバック在庫（倉庫の在庫）があります。在庫はお金が姿を変えたものですからいかに速く在庫を回転させるか（回転率を上げる）が商売のコツになります。

アパレル業界における起業の形態

運営形態	内容	投資
1. 品揃え専門店	品揃え型専門店は複数の仕入先から商品を仕入れて、品揃えして販売する店のことです。必ずしも自身でデザインする必要はなく、生産設備なども必要ありません。必要なのは「売れる商品を見抜き、それをひたすら足で探して仕入れる体力」です。セレクトショップも基本的には同様です。通常は国内の問屋やメーカーからの仕入ですが、こだわりが強くなると海外からの買い付けで品揃えをするようになります。	多 (内訳) ・家賃 ・人件費 ・仕入代金 ・交通費など、意外と経費がかかります。
2. オンリーショップ	あるひとつのブランドだけを品揃えして販売する形態です。ある1ブランドと一生を共にしたいと思えるものと巡り合ったら、オンリーショップもいい選択肢でしょう。ただし、時流と共に売上の上下がある商売であることを忘れてはいけません。併せて、仕入の際には、そのブランドの世界観を出すために店舗のハード面(内装、什器など)の投資が必要になります。	多 (内訳) ・家賃 ・人件費 ・仕入代金 ・店舗内装投資など
3. SPA	明確なコンセプトに基づいて生地を仕入れ、パターンをおこし、縫製工場に発注し商品化し、それを店頭で販売するまでをトータルで管理運営するやり方です。自前でやるためには、商品企画、パターン作成、生産調整、販売までにいたるトータルな知識と人脈が必要ですが、アパレルの醍醐味を感じられる商売であり、売れれば利益が大きいのもSPAです。	多 (内訳) ・家賃 ・人件費 ・仕入、生産、物流費用他
4. FC	フランチャイズチェーンを運営している企業に加盟して、そののれんで商売をするやり方です。統一されたフォーマットで商売をしていくため、特に知識がなくても運営はできますが、初期投資とその後の安定運営のためには、相当のお金と努力が必要です。	マチマチ (内訳) ・ロイヤリティ ・家賃 ・人件費他
5. 販売代行	メーカーの販売だけを代行して行う形。実際には他で自身の店をやっている場合などが多いものです。	少
6. 無店舗販売	ネット通販などで商品を販売するやり方です。最も投資は少なく、失敗のリスクも小さい商売です。	少
7. M&A	既存企業を買収して経営権を握るやり方です。巨額の資金が必要になります。	多

【起業】 会社を一から興すことを起業と呼びます。以前はアメリカでは優秀な学生ほど起業家を選び、そうでない学生が大企業に入ると言われた時期がありました。日本もそれに近づきつつあるようです。

6 自分のブランドを立ち上げる方法

自分で店を持つだけでなく、企画力さえあれば自分のブランドを持つことも可能です。自分のブランドを立ち上げることこそがこれからのアパレル業界においては必要な力になるのです。

アパレルで自分の店を持つのと同様、自分のブランドを立ち上げるのは難しいことではありません。特に服飾系専門学校などで技術を学んだ人達の中には、いつかは必ず自分のブランドを立ち上げたいと考えている方も多いでしょう。しかし、その多くは自分のブランドすら立ち上げずに終わってしまいます。なぜでしょうか。それはブランドとして成立させるための基礎がなさすぎるのが原因です。自分のブランドを立ち上げるためには踏むべきステップがあるのです。

まずは、大企業に入って自分が師事するブランドのデザイナーについて勉強をしてから、自分のブランドを立ち上げるというやり方です。非常にベーシックですが、自分のブランドの基本スタンスを作れるというメリットがあります。

あるいは、小さなメーカーに入って早い時期からデザインを担当させてもらうというやり方もあるでしょう。また小さなメーカーですと営業からすべて含めて経験できるという点でも最高の環境です。

裏原宿ムーブメントを作った「エイプ」も「アンダーカバー」も共に、服飾の基礎を学び、その後、スタイリストや卸を経験して業界のクセを知ってから、本格的に独自のブランド展開を始めています。やはりきちんとした基礎を学び、それを実体験する場を持ってからが自分のブランド作りのスタートなのです。いきなり自分のブランドを立ち上げるやり方もあるでしょうが、継続する成功のコツは「**守破離***」にあるのです。

＊**守破離**　「しゅはり」と読みます。まずは師となる人やモノを探してその真似から始め（守る）、次にその考え方を応用してみて（破）、最後には自分のオリジナルを作り師から離れる（離）という成功の３ステップを言い表したものです。

自分のブランドを立ち上げる方法

ブランド名	デザイナー名	経歴
A BATHING APE	NIGO（ニゴー）	設立：1993 年 DJ の藤原ヒロシに顔が似ていることから、藤原ヒロシの二号から今の NIGO という名前が出来たという話は有名です。 本名　長尾智明、1970 年生まれ。 1990 年文化服装学院在籍中にスタイリスト、ライターを始め、1993 年 4 月高橋盾のアンダーカバーと共に原宿竹下通りに「NOWHERE」をオープンしました。 同年「A BATHING APE」をスタートしています。裏原といえば、エイプと言われる程メジャーブランドに拡大し、全国にオンリーショップを展開しています。レディスライン「BAPY」、オリジナルシューズショップ「フットソルジャー」と多岐に展開中の注目デザイナーです。
UNDER COVER	高橋　盾	設立：1989 年 1989年、文化服装学院アパレルデザイン科に入学し、在学中より一之瀬弘法と"アンダーカバー"を開始。1991年、文化を卒業と同時に渋谷クワトロ内ビリーに洋服を卸し始めました。1993年、原宿に"NOWHERE"を、1995年にはアンダーカバーのオンリーショップ"NOWHERE LTD"をオープン。1994-1995 A/Wより東京コレクションに参加しています。 同年9月に有限会社"アンダーカバー"を設立し、レディスとメンズを本格的にスタートしました。
JOHN LAWRENCE SULLIVAN	柳川　荒士	2003 − 2004A/W よりスタート 元・プロボクサー。独学で英国テーラードを学び服作りスタート。2007S/S 東コレデビュー後、若者の圧倒的な支持を得る。

【マイオリジナル】　人と同じモノは嫌だという人が増えるにしたがって、さまざまな商品を自分仕様に変えられるようになりました。これをカスタマイズとかマイオリジナルと言います。世界でたった一つだけのものを持つことが今のトレンドキーワードです。

7 アパレル業界に必要な知識

アパレル業界で自分のブランドを立ち上げて、自分の店を持って、自分で経営していくというスタイルをとった場合にはやらなければならないことは山ほどあります。洋服が好きだけではやっていけない世界が経営にはあります。

洋服が好きだから自分のブランドで自分の店を持ちたいという考えを持つ人は非常に多いものです。しかし、それを維持・継続させられる人は非常に少ないのです。その多くは、考えもしなかった課題にぶつかって、自分の理想との間の溝を埋められずにやめていく人が多いからです。

オリジナルブランドの商品を柱にして店をオープンところまでは何とかできるものです。しかし、それを繁盛させるところまで持っていくことが難しいのです。繁盛させるということは、自社ブランドの商品を好きなファンを作って、その方々が継続して来店したくなるような当たる商品を作る必要があります。

ファンを作るためにはいくつかの要素が必要です。それは、①自分の考えを知ってもらう、②自分のキャラクターを知ってもらう、③当たる商品企画のコツを知る、④経営のコツを知る、⑤すべての中心はお客様であることを知るということです。

特に、図表に示した「当たる商品企画の20カ条」は重要です。これは商品企画のコツをまとめたものですが、これがオリジナルブランド開発によってアパレル企業を正しく経営するためのコツです。これを知らず、意識もしなければ、他にどんなに素晴らしい知識を持っていても商売は長く続かないでしょう。

オリジナルブランドで勝負するとは、オリジナル商品が当たり続けるということです。そのためにも**お客様中心***で考えるという基本を忘れないことです。

＊**お客様中心**　お金ではなく、社員ではなく、もちろん自分中心ではありません。あくまでもお客様を中心にすべての物事を考えようという発想をお客様中心主義、顧客中心主義経営と言います。これからの経営の重要な概念です。

当たる商品企画の２０カ条

1. 企画とはアイデア、ヒント、ひらめき、イメージをよりビジュアルに具現化させたものである
2. デザインとは設計図であり、ディテール及び各工程にわたって設計されたもの
3. 企画はずれが一番のロスリーダー。品種によるロス率を知ること。
4. 商品企画は継続され、かつ、その企業の良さを育成させ得るもの
5. 当たる商品とは前準備が十分なされたもので、かつ分類されているもの
6. 製品工程では誰と組むのかが大事
7. 生産ロットとは素材、工程、服種、納期、デザイン、ディテールによって決まる
8. 附属品は１枚当り量と発注ロットの端数をどう処理するか
9. 生地値は原価に対して、物流、金利、さらに相場値が大きく影響する
10. 良い工場とは、よく整理されている
11. 生産効率はムリ・ムダ・ムラの排除
12. 良い仕様かどうかは、下地づくりを見るとチェックしやすい
13. 良い仕上げとは生地の目を通す
14. セーター業者の経営状況はチェックする
15. 毛質・混紡率による原料コストの他に糸相場による変動がコストを作る
16. 編み立ては基本的に腰の強さで決まる
17. カット＆ソーは部分サイズをチェックする
18. 製造工程ごとに仕様チェックを必ず行う
19. 完全なモデル（サンプル）を仕上げてから GO
20. 売れる商品は企画段階で決まる。だから細部までチェックして、それは常にリピートすること

【リピーター】Repeater　何度も繰り返し店に通ってきてくれるお客様のことです。経営の現場では固定客とか信者客と呼びます。繁盛店には必ずたくさんのリピーターがいるものです。リピーターの数の多さが、経営を決めると言っても過言ではありません。

8 アパレル業界とアウトソーシング

アウトソーシングはアパレル業界でも一般的になってきました。自社は得意なところだけに集中し、得意でないところはその道のプロに任せるやり方。これは今後ますます活発になっていきそうです。

自分は企画力だけはある、**アイデア**＊だけは一級品。でもそれ以外はまるっきりだめ。こんな私でも自分のブランドを立ち上げて、自分の店を持って経営していくことはできるのか。そんな不安を感じる人もいるでしょう。しかし安心してください。今はあらゆるものをすべてアウトソーシングできるのです。もっと言えば、企画力がなくても、アイデアと少々のお金さえあればそれは可能な時代です。

アウトソーシングとは外部のプロに委託するということです。アウトソーシングを活用すれば、会社づくりからモノ作り、果ては財務、経理にいたるまで、すべてをアウトソーシングできます。これであなたも立派な会社の社長です。

実際に多くのアパレルメーカーでは、新ブランド立ち上げに当たってコンサルティング会社に調査依頼をしています。また、商品トレンドについて外部の企画会社に情報を集めてもらうなどして外部を活用しています。また、工場も自社工場ではなく協力工場を活用し、生産もアウトソーシングしています。販売の現場には自社社員ではなく、人材派遣会社から派遣されたスタッフが販売に携わっています。そう考えるとアパレル業界はアウトソーシングによって成り立っている業界とも言えます。

しかし、先の例のように、すべてをアウトソーシングしているわけではありません。いくつかのプロセスの中で自社が不得意なところだけを外部に依頼しています。すべてを丸投げすることだけはやめましょう。

＊**アイデア**　アイデアはまったくのゼロから作り上げなければならないかと言えばそうではありません。特にファッションの場合はトレンドが一定期間で繰り返されますので、過去のトレンドからアイデアのヒントが生まれることが多いのです。アイデアはすでにあるものの組み合わせで生まれます。

まったくの素人でもSPA企業を作ることは可能？

ビジネスフロー	代行業者
1. アイデア	「コンサルティング会社」 コンサルタントなどに依頼してアイデアを具現化してもらい、併せて今後の事業計画を立案する。
2. 会社設立	「税理士」 税理士にお願いして会社設立登記をしてもらう。
3. 出資	「銀行」「新創業融資制度」「新規開業資金」（国民生活金融公庫） 最低限の自己資金は必要だが、ビジネスプランさえきちんとしていれば借り入れも可能。クラウドファンディングの活用も。
4. 商品企画	「商品企画会社」 アパレルの商品企画会社に依頼して、商品企画書、縫製仕様書、パターン作成などを依頼する。
5. 生産・物流	「企画会社」 生産や物流に関しても企画会社や、直接、工場や物流業者と交渉して依頼する。
6. 店舗	「不動産業者」と「内装会社」 不動産会社に依頼して、希望立地で希望物件を探してもらう。併せて、内装業者に依頼して内装プランを作成し、実施してもらう。
7. 販売	「販売代行会社」や「人材派遣会社」 販売員を派遣してもらい、商品販売を担当してもらう。
8. 棚卸し	「棚卸し代行会社」 棚卸し代行専門の会社に依頼し、在庫をチェックする。
9. 決算・税務申告	「税理士」 税理士にお願いして決算書を作成する。

すべてをアウトソーシングして経営できる時代です。
しかし、このようにすべてを代行してもらうことは商売としての面白みはまったくないことを十分理解してください。

【アウトソーシング】Outsourcing　広義では人材派遣、業務請負、業務委託という意味に用いられます。しかし本来は生産性を向上させる、コスト削減をするなどの目的を達成するための外部ノウハウ活用であることを知る必要があります。

スタンス

優秀な社員とは何か。私は次のように定義しています。

「成果、業績そのものがその人の実績であり、成果を上げる人が優秀な社員である」というものです。

例えば中途社員の場合、以前いた会社でトップセールスであったとしても、今いる会社で実績をあげられなければ、その人はその会社では優秀な社員ではないということになります。つまり、優秀という定義はその人の能力そのものを指すのではなく、その人が属している会社の基準で優秀かどうかということです。

したがって、今いる会社で実績をあげるためには、以前いた会社とは別次元の世界になりますので、ある程度の期間は死に物狂いで、何かを犠牲にしなければ自分の望むポジションには上がれないことになります。トップに上がろうと思ったら、トップになるためのスタンスが必要なのです。

メジャーリーガーのイチローは8年連続200本安打を放った後のインタビューで次のようなことを答えていました。

「僕はナンバーワンにならないと気がすまない。よくオンリーワンであれば一番でなくてもいいという声を耳にするがそれは単なる逃げでしかないと僕は思う。プロならばナンバーワンをめざすべきだし、そうでなければプロではない」

私はプロフェッショナルとしてのスタンスとはこうでなければならないと実感しました。アパレルの世界でも自分が納得できるモノ、そしてお客様を感激させられるモノを作り、それを販売して、結果的にベストセラーを作って会社の売上に貢献したという実績が求められる能力であり、必要な実績です。

何かの道でトップをめざそうと思ったならば、何かを犠牲にしなければならないのは当然のことです。犠牲で一番多いのは時間でしょう。自分が何かやりたいと思うことを犠牲にしなければ、仕事の世界でトップにはなれません。成功している人は必ずと言っていいほど、プライベートの時間を犠牲にして仕事に打ち込んでいます。もちろん成功している人は犠牲にしているとは感じていません。なぜなら、それに打ち込んでいる時間は楽しいものなのです。

私はこれがプロの仕事人に必要なスタンスではないかと思います。

上に上がることがすべてとは思いませんが、ある程度上に行かないと、給料の点でも仕事内容の点でも満足のいくものを得ることは難しいものです。

すべての人にトップに上がれるチャンスはあります。それを手に入れるのも、逃すのも、すべてはその人のスタンス次第ということです。

スタンスを決めましょう。そしてそれを貫きましょう。そこには必ずいい結果が待っています。

アパレル業界の将来像

アパレル業界は非常に厳しい局面を迎えています。しかし、これはアパレルだけに限った話ではなく、あらゆる業界が直面しています。時代の転換期を厳しいと見るのではなく、転換期だからこそ最高のチャンスの時がやってきたと考えて仕事をしていくことが重要です。

1 アパレル業界のライフサイクル

あらゆる業界や商品にはライフサイクルがあります。商売をする上ではこのライフサイクルに則って必要なタイミングに必要な手を打つことが必要です。

アパレル業界で働いている人の多くは、この業界はすべての業種の中でも先端を行っていて、常にトレンドを発信する側にいるから、時代のリーダー（アタマ）だと考えている人が多いように思います。確かにそのような時代もありましたが、現在は時代のしっぽに位置づけられます。自動車や住宅、家電なども同様です。今、時代のアタマにいる業界は食（農業）、IT、AI、ロボット、医療、健康などです。つまりアパレル業界にいる人は、まずはこの業界のポジションが今は変わったことを知ることです。時代のアタマではないことを認識して、素直に今の時代のアタマの企業から学ぶことです。そして必要に応じてそれらの企業が展開する商品やサービスを活用していくことです。アパレル業界におけるフィンテックの活用やフェムテックをテーマにした新たなブランド開発、Web3を活用したまったく新しい事業開発などです。

アパレルのメインプレイヤーのライフサイクルを見るとメインプレイヤーが世の中で認知され始めてから、おおよそ30年で転換点にさしかかることがわかります。これはあくまでも目安ですが、この転換点のタイミングでイノベーションをおこせるかどうかで企業の次の成長が決まります。百貨店業界は明確な打ち手がありませんでしたが、ユニクロは有明の新本社兼物流センター開発を基点に新たなビジネスモデル創造に入り始め世界的なアパレル企業へと進化を遂げています。

アパレル業界は今こそイノベーションに取り組み、次の時代のアタマを目指すべきです。

【VRとAR】 VR（Vertual Realityバーチャルリアリティ：仮想現実）。AR（Augmented Reality：拡張現実）。VRはコンピュータ上に人工的な環境を作り出し、あたかもそこにいるかのような感覚を体験できる技術です。ARは現実空間に付加情報を表示させ、現実世界を拡張する技術のことです。VRとARによって斬新な業態が開発されることでしょう。

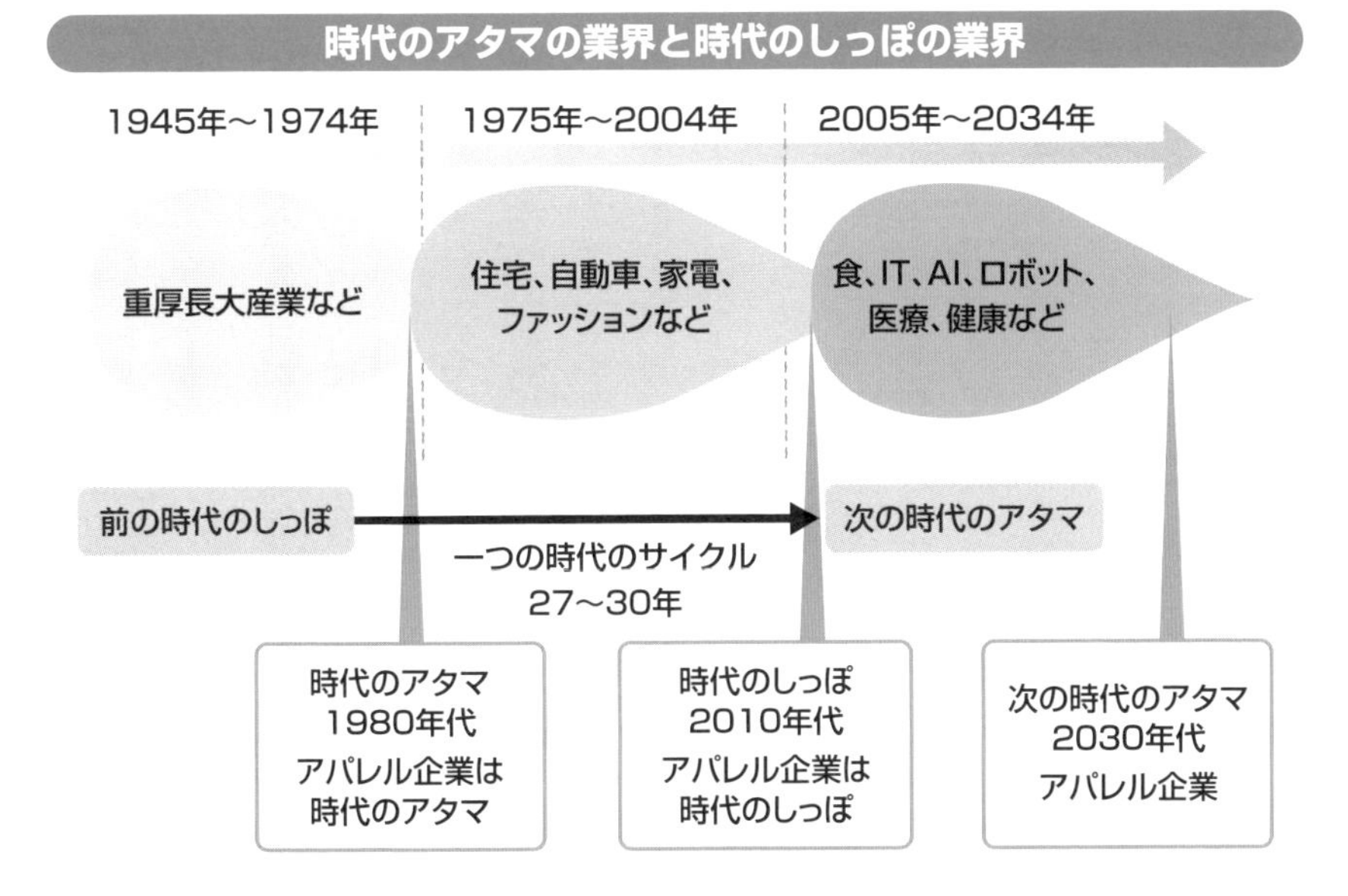

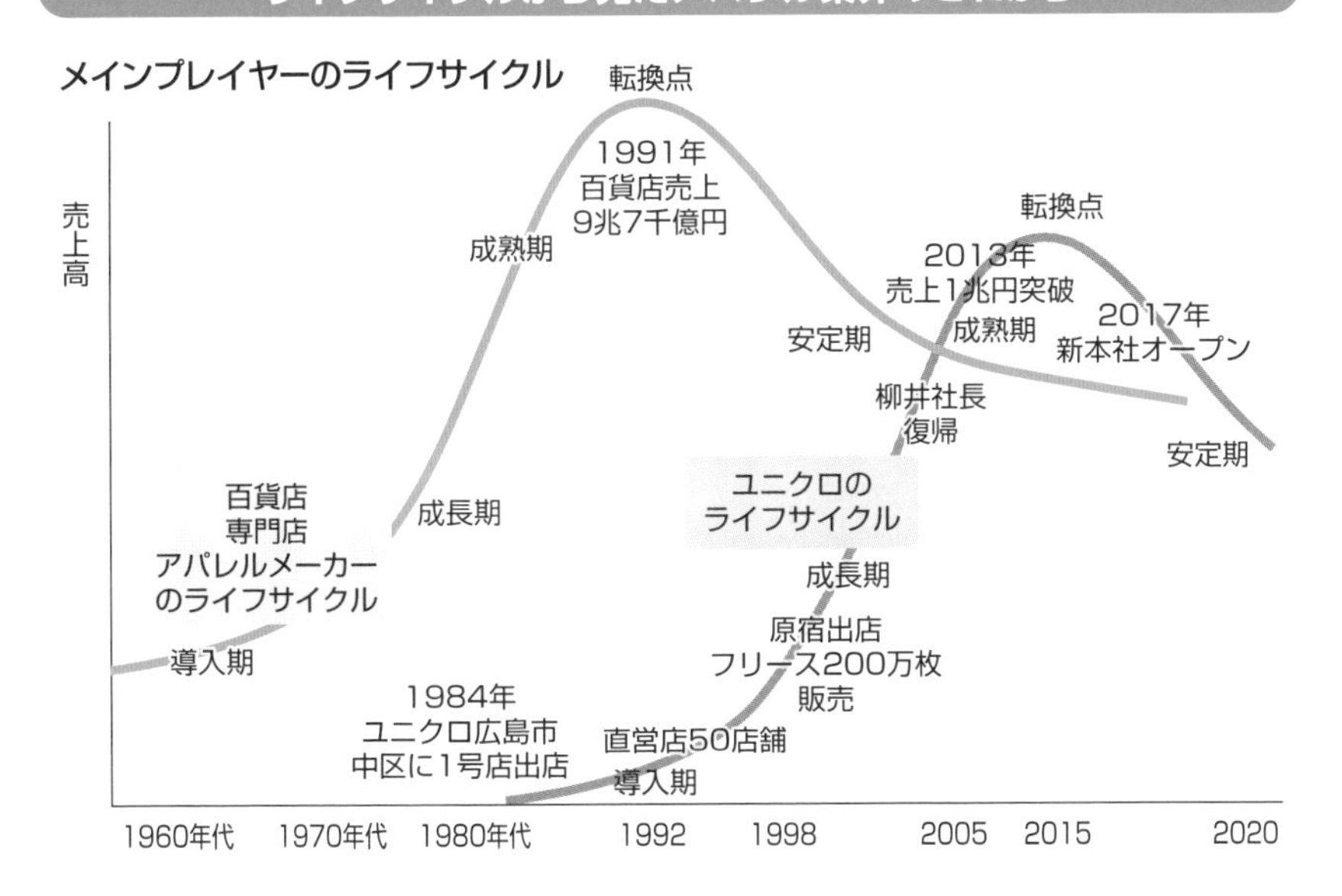

【フェムテック】 Female（女性）とTechnology（テクノロジー）からなる造語。2013年にドイツの月経管理アプリ「Clue」のCEOイダ・ティン氏が自社のサービスカテゴリーの名称として作った言葉に由来します。現在では月経や妊娠等、女性の健康における課題をテクノロジーで解決するサービスやプロダクトの総称。

2 アパレル業界の人材採用

人材難の今、アパレル業界は大きく二つのグループに分かれています。業績好調でさらに人を採用したい企業と、業績不振で採用できない企業です。これからはマネジメント戦略が重要になってきます。

アパレルメーカー大手のリストラが一巡し、2023年からは各社の業績が回復し始めました。これまでリストラしてきた大手企業も一転して新卒、中途を含めた採用強化に動いています。しかし採用に苦戦していてなかなか採用が思うように進んでいないという現実もあります。単純にアパレル業界で就職するよりももっとやりがいがあり、楽しそうな仕事が他に増えたことが最大の理由でしょう。内定辞退が増え、業界離れが進んでいるのです。この状況が続けばアパレル業界で働く人が減少し、新規出店やブランド開発ができず、企業としての発展が妨げられてしまいます。アパレル業界で多くの人が働きたくなる環境整備と優秀な人材が辞めない仕組みづくりが大変重要となります。

アパレル業界で必要な施策は主に3つあります。

1. 社員の能力を高めるための教育体制の充実
2. 時短勤務、地域社員制度、インフルエンサー専用人材としての雇用、LGBTQへの対応など多様な人材が働きやすい環境づくり
3. 専門学校や大学との連携

賃金は確かに重要な要素ではありますが、それ以上に社員に対して真摯に向き合い、社員の能力を伸ばすための教育制度の充実は必須条件です。あわせて**産休・育休**＊、時短勤務などの働きやすさの整備が必要です。アパレル業界は人で作られる業界であることをあらためて全員が認識すべきです。

＊**産休・育休**　アパレル業界は女性が多く働く職場です。女性が長く働ける環境を整備することはアパレル業界では必須の取り組みです。特に産休→育休→復帰→時短あるいはフレキシブルな働き方の整備が整えば、新規採用コストも抑えられ、優秀な社員の流出防止にもつながり会社の生産性を上げることが可能です。

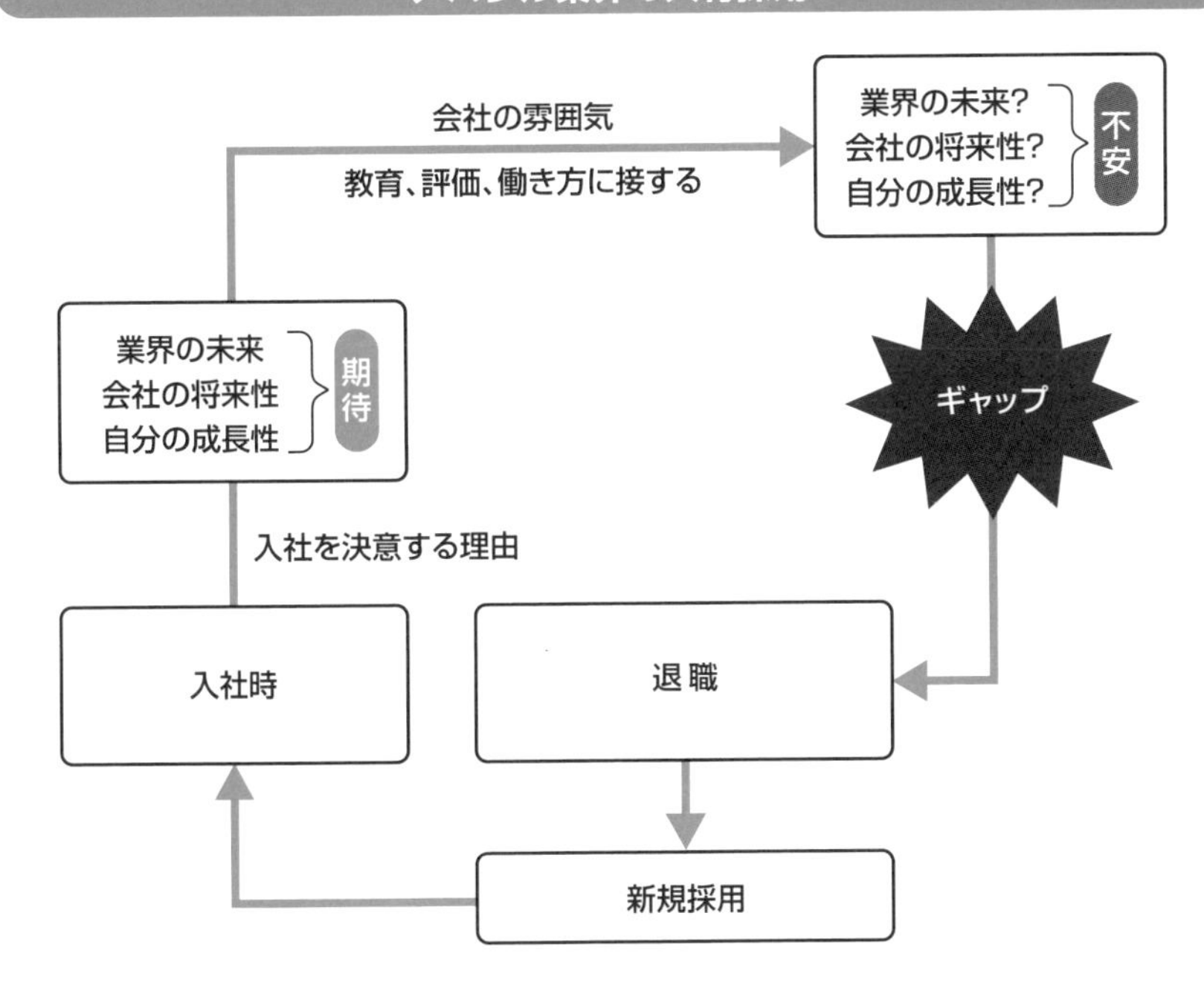

（出典：ムガマエ調べ）

【人件費】　社員に支払う給与、賞与、法定福利費、福利厚生費などの金額を指します。売上高に占める人件費割合を人件費率、粗利高に占める割合を労働分配率と言います。アパレル業界の労働分配率の平均値は38.4%です。優良企業では35%程度になります。

所得の8層化現象

日本が不況に突入して、さらに成果主義などが導入されて、日本の労働者の所得意識に変化が生まれてきました。この変化は8つの所得意識層を生み出し、消費に大きな影響をもたらしています。

この30数年間でもっとも変化したのがお客様の価値観とお客様の所得意識です。特に所得意識の変化がアパレル業界にも大きな影響を及ぼしています。

一億総中流意識と呼ばれていたのは昔の話です。現在の所得意識は大きく変化し、8つに分けられます。これは2001年ごろから顕著になり始め、現在では世界的なエネルギー不足、資源不足なども影響し、インフレが加速し、所得意識の差がさらに大きくなり始めているようです。

では、この所得意識の変化に対応して、アパレル企業は何をしていけばいいのでしょうか。

それは、最近、可処分所得が増えた人と可処分所得だけが減った人に対して新たなブランド開発や商品開発を進めることです。一つは低価格を切り口にした新業態開発です。日本では3COINSなどの100円ショップ、300円ショップが拡大し、米国ではダラーストアが好調です。これらは不況期に強い業態の代表格です。

不況期が終わる直前には価格が上にシフトしますので次はそこに照準を合わせることが大切です。一般家庭の一世帯当り被服履物費今や16万円にまで減少していますが、家つき親つきお嬢様の港区女子のような**パラサイトシングル**＊の消費支出は40万円近くあります。レディスアパレルでは25歳～35歳女性に焦点を当てた商品開発は当たる可能性が高くなります。また、百貨店の外商戦略のように、20～40代のニューラグジュアリー層を対象に商売をしていくことも妥当な戦略です。

＊**パラサイトシングル**　パラサイトとは寄生するという意味です。親と同居し経済的援助を受けたり、生活の世話をしてもらうなど自立していない未婚者のことです。最近ではこれが細分化し始め、「港区女子」という港区を拠点としてハイブランドを身に着けて着飾り、充実した生活を送っている女性達が出現し始めました。

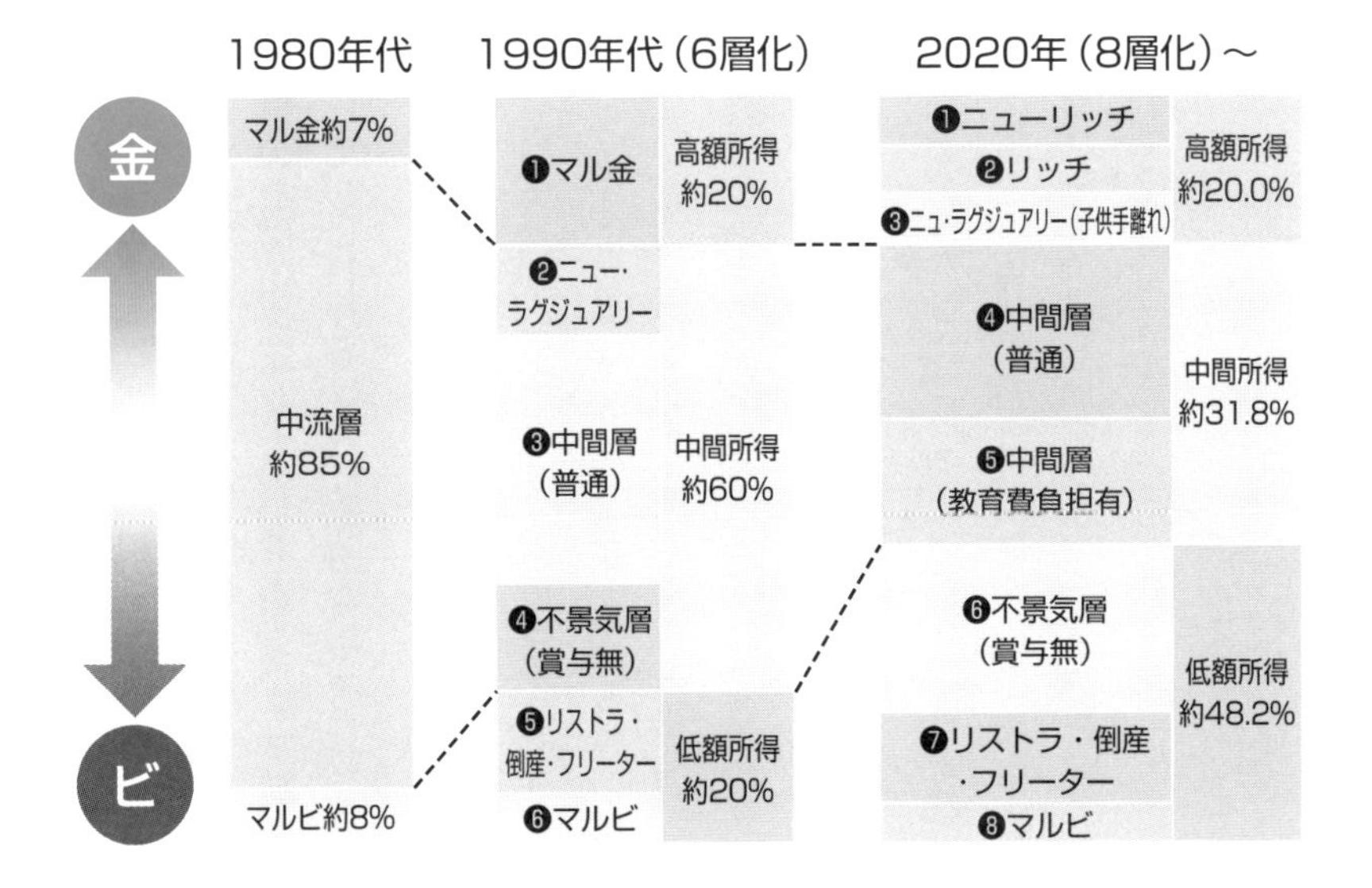

●グループ１「富裕意識層」（高額所得層） ➡増加傾向

❶ いわゆる従来のリッチ層であり資産家
❷ ニューリッチ層（起業家）
❸ ニューラグジュアリー層（パワーカップル）

●グループ２「中流意識層」（中間所得層） ➡中間層は減少傾向

❹ 以前から中流意識のままの人
❺ 子供の教育費のかかる人

●グループ３「下流意識層」（低額所得層） ➡増加傾向

❻ 可処分所得だけが減った人 → 賞与などの可処分所得が減った人
❼ 所得が激減した人 → 不況の影響で所得減の人
❽ もともと下流意識の人 → もともとお金がない人

【可処分所得】 給料から家賃や光熱費、食費などを削って、最終的に自分が自由に使えるお金のことです。可処分所得が増えてこないとファッションのような付加価値商品にはお金がまわりづらいと言われています。

アドボカシーマーケティング

所得意識の8層化は年々その姿を変え、一時期は富裕層やニューラグジュアリー層といったお金持ちが注目されましたがこれからは人に影響を与えられる人を捉えられるかが重要です。

第96回全米小売業協会大会でアドボカシーは注目を集めました。アドボカシーとは、(またはアドヴォカシー、advocacy)とは、本来は「擁護」や「支持」「唱道」などの意味を持つ言葉です。日本では、「政策提言」や「権利擁護」の意味で用いられます。支援するとか、擁護するとか、何らかの見解、思いを伝えるというように解釈できます。この「支援」や「見解を伝える」ということがお客様をひきつけるためには欠かせないキーワードになってきました。「他の顧客に影響力を持つ顧客」の存在です。いわゆるクチコミを伝達していくクチコミリーダー=インフルエンサーです。

私はこういう方々をファッションリーダー(洋服のファッションではなく、流行を作っていくリーダーの意)と呼び、マーケティング戦略上、必ずおさえなければならない人々であることを伝えてきました。

ネットの浸透→SNSの浸透→口コミの誘発→集客という流れが一般化してきたからです。企業としては情報をリードする人がどこにいるのか(発見)、併せてその人達をどのように囲い込むか(固定客化)を考えなければ売上を上げにくくなってきました。

●オピニオンリーダーの存在

数多くの情報が溢れかえり、お客様の選択肢が広がったことで本当に必要な情報がどれかを判断できなくなっています。ですから信頼できるクチコミの元となるオピニオンリーダーの存在が必要なのです。そのような存在のお客様を1人でもいいですから固定客として捉えクチコミを誘発させること。これが**アド**

＊アドボカシーマーケティング　顧客との長期的な信頼関係を築くため顧客を支援するためのマーケティング活動のこと。顧客の利益や満足度を最大化するためには率直に他社商品を薦めることもありうるという考え方です。オーケー(日本のSM)のオネストカード(ネガティブ情報)などはその典型です。

ボカシーマーケティング＊の真髄です。

下図にまとめましたように、今、お客様の意思決定に最大の貢献をしているのはアドボカシー顧客であり情報発信力を持つインフルエンサーです。マスメディアやネットから溢れるさまざまな広告や情報を目にしても、それだけで意思決定することができないのが現状です。マスメディアの影響力が弱まってきたとも言えます。

①自分に最適な情報が欲しい、②できれば今、スグに欲しい、③できるだけ簡単に、お金をかけずに手に入れたい。これがお客様の実態です。いわゆるタイパです。時間価値というタイムパフォーマンスを高められる商品かどうか。それこそが現代の消費者を動かすポイントになっています。お客様はどんどんせっかちに、そして、もっとハイクオリティな情報を求めるようになっていくものなのです。

顧客の意思決定の流れ

<～2000年>
マスメディア
顧客

<2000～2020年>
マスメディア
知人
ネット
顧客

<2020年～>
実体験・経験
アドボカシーインフルエンサー
顧客
情報拡散

【オピニオンリーダー】　世論の代表者という意味です。トレンドセッターとも呼ばれます。アメリカでは「オプラ・ウィンフリー」が有名です。タレント兼キャスター兼女優として活躍する彼女のライフスタイルは多くの女性の共感を呼んでいます。

5 定番商品を作るための3条件

アパレル企業が売り上げを作るためのポイントは、定番商品を作るための3条件を持つことです。長く続く定番商品は企業を継続させる軸になります。

アパレル企業が成長するための基本条件は商品力があること。つまり消費者に支持される強い商品を持つことです。メーカーなら売れ続ける定番商品を開発することであり、小売店は定番化する質の良い商品を仕入れることです。ではそのような商品を見分けるための目利きはどのように育てたら良いのでしょうか。

古美術鑑定家の中島誠之助氏はプロの目利きとは「物を見る前に、人・歴史的背景などを知ることが大切で、本物か偽物かより、なぜそこにあったかという歴史、プロセスを知ることが重要である」とおっしゃっていました。同じようなことを故・藤巻幸大さんから教わりました。藤巻さんは伊勢丹やバーニーズジャパンのバイヤーを経て、「解放区」「リ・スタイル」「BPQC」など百貨店初の試みを次々に仕掛けたカリスマバイヤーでした。藤巻さんは**バイヤーの意思**＊をなによりも大切にされた方でした。

いい商品とは定番商品であり、ロングセラー商品であるという認識のもとで、いい商品を選ぶ際のチェックポイントは、そのブランドや商品に次の3つがあるかどうかが決め手であると語っていました。

❶「ストーリーがある」（物語）
❷「フィロソフィーがある」（哲学・考え方）
❸「ヒストリーがある」（歴史）

ストーリーとは、そのブランドの商品を買って使うことで、どういうスタイルを買う側に提案しているかということです。それがTシャツのような単品であっ

＊**バイヤーの意思**　最近はバイヤーの意思が見えない商品が増えています。これはデザイナーでも同様です。お客様の心を打つ商品には必ずデザイナーやバイヤーの意思がはっきりと見えるものです。これがあるかないかは天と地ほどの開きがあるのです。

ても、その一枚のTシャツをどんな風に着こなせばいいのかをイメージ化できるようなPOPを作るのも一手です。フィロソフィーとはそのブランドや商品の成り立ちの背後にある哲学や考え方、スタンスのことを指します。作り手の思いを伝える動画が効果的です。ヒストリーとはそのブランドがこれまで人に支持されてきた歴史があるかどうかです。どんな思いを持った人がどのように関わって作られたものなのかをカタログやHPに落とし込みます。

　各社が「ストーリー」と「フィロソフィー」を愚直なまでに継続し、守るべきものを守ってきた「ヒストリー」があるかが定番化するためのポイントとなります。

定番商品化の3つの条件

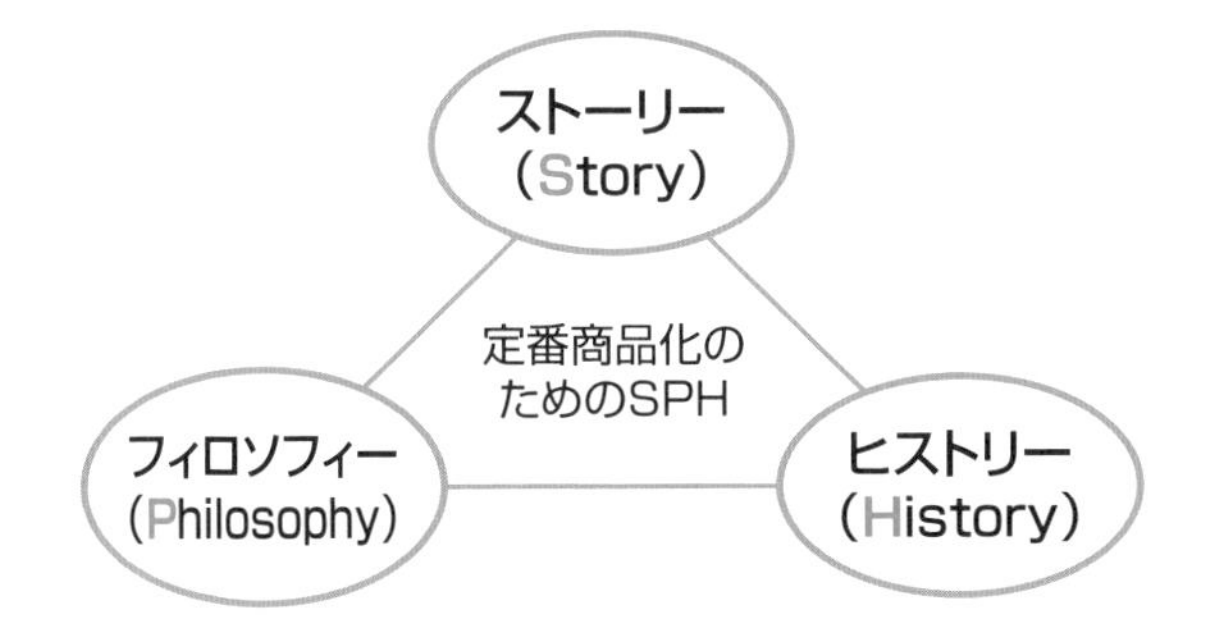

【SPHを体現するブランド：モンブラン】

　モンブランの設立は1906年。文具商、銀行家、エンジニアの3人で万年筆を製作したのがブランドのスタート。当時の社名はシンプロ・フィラー・ペン。

モンブランという社名に変わったのは、マイスターシュテュックで最高峰の地位を確立した後の、1930年代に入ってから。その後ブランドは買収されリシュモングループの傘下に入るものの様々なブランドの技術を吸収し、現在に至るまで独自の高品質な商品をリリースし続けている。

　シンボルアイコンである「ホワイトスター」は、アルプスの最高峰であるモンブランの雪溶けに着想を得ており、筆記具の最高峰を誇るブランドを象徴している。

「一つひとつの部品を組み立てる最初の段階から、真に生き生きとした素晴らしい完成品となるまで、モンブランの製品は、お客様と将来の世代にご愛用いただける、生涯に渡るパートナーです」という同社の考え方にすべてが表されている。

【目利き】　器物・刀剣・書画などの真偽・良否について鑑定すること。また、その能力があることや、その能力を備えた人。人の才能・性格などを見分けること。

6 ファッションの2極化

ファッションのトレンドを発信し続ける国がアメリカです。特にN．Yはその最先端です。これからの流通やファッショントレンドの兆候を掴むためにはアメリカに行くべきです。そのアメリカではファッショントレンドが大きく変化しています。

ファッションの源流を見る、企業の永続性について研究するのであればヨーロッパへ、今の時流を掴むためにはアメリカへというのが海外視察のポイントです。

アメリカでも、ロスなどがある西海岸は最新流通業やテクノロジー進化のトレンドがわかりますし、N．Yなどの東海岸は食やファッショントレンドがわかります。

そのN．Yのファッショントレンドがここ数年、変化をし始め、2020年以降さらにその変化は顕著になっています。以前は高価格帯ゾーン（PZ、BZ）と中価格帯ゾーン（MZ、VZ）、低価格帯ゾーン（SZ、LZ）のそれぞれに該当するブランドが完全に棲み分けされていました（図参照）。購入する人もそれぞれに存在しており、価格帯ごとに購入する顧客層が綺麗に分かれていました。ところがアメリカも不況を経験し、その後の減税や好景気によって、今までの買い方が崩れ、消費の2極化を生みました。これは顧客層が2つに分かれたのではなく、商品によって高いものと安いものを1人のお客様が買い分けるようになったのです。これは今までにない現象です。

一人のお客様がプラダも買えば、一方で普段の商品はウォルマートで買うのです。もちろんアメリカ人は日本人ほどブランド物を買いませんので、高級品の買上頻度は低いですが、この2つのゾーンを使い分ける賢いお客様が登場してきたのです。

【日本のファッショントレンド】 基本的には日本のファッションはアメリカやヨーロッパの1年遅れと言われてきました。しかしここ数年は海外メディアやブランドからも「東京がファッションの最先端」と言われるようになり、トレンドをいち早く作り出す街として注目されています。

●ヨーロッパ・中東もカジュアル化の流れ

この流れはヨーロッパにも波及しています。筆者はここ数年、ロンドン、パリ、ミュンヘン、チューリッヒ、ローマ、マルタ、ドバイなどをまわってきましたが、世界オールカジュアル化の流れを肌で感じます。H&M、ZARA、ユニクロに代表されるSPA企業がいずれの国にも多店舗展開しています。しかも目抜き通りのスーパーブランドが立ち並ぶ一角に必ず出店しています。また最近ではその周辺にユーズドやヴィンテージの洋服を扱うリユースショップが増えています。新品のブランドショップとリユースショップが共存し、さらに低価格のSPAブランドやD2Cブランドのショールーミングストアも共存しています。以前には考えられなかった光景です。あくまでも時流に上手に適応した企業やブランドがファッションシーンの中心にいるのです。

したがって企業側は、よりハイクラスなブランド化を進めるか、よりローコストなブランド開発をするかを市場から求められています。

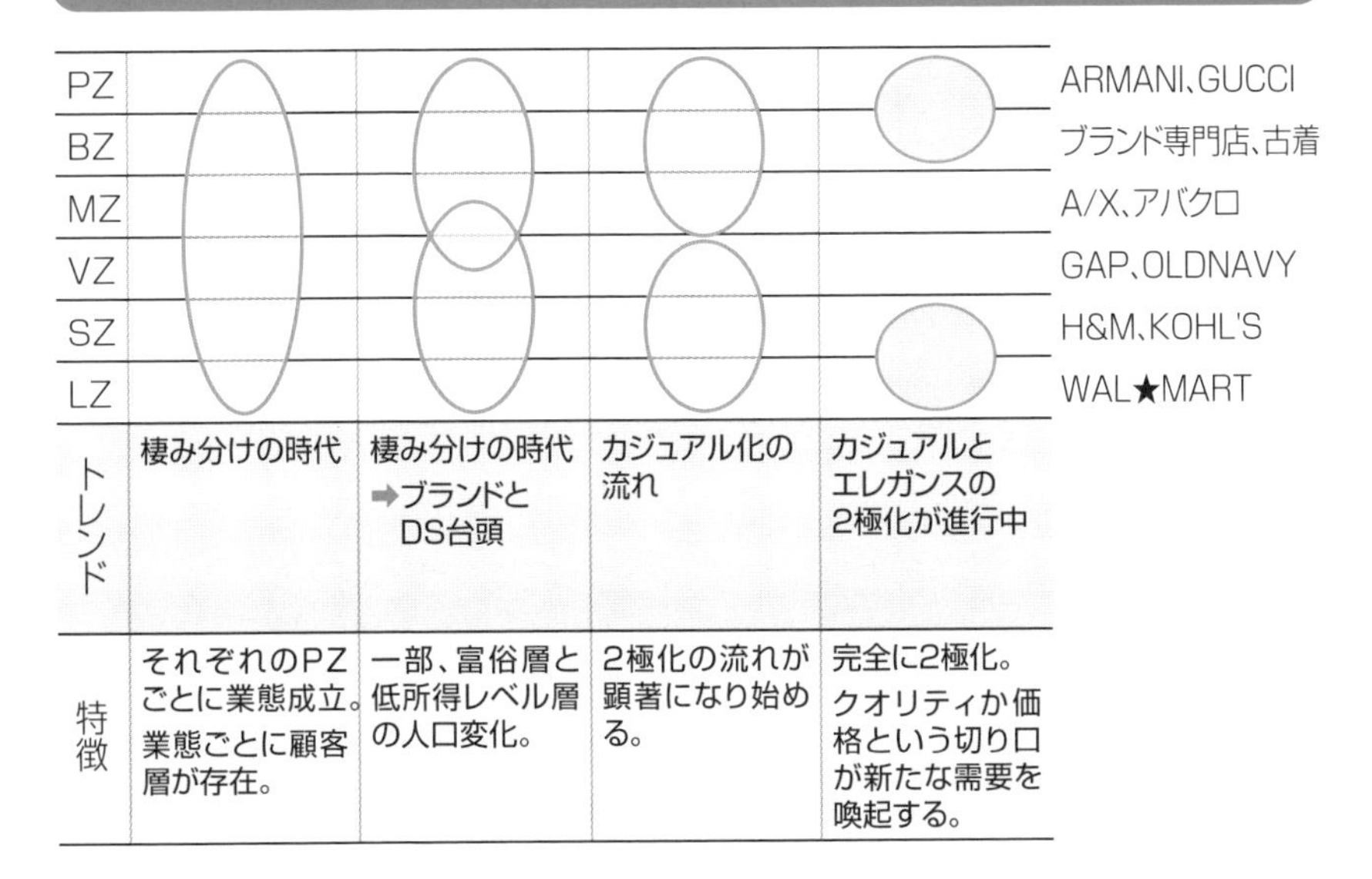

【価格帯】 PZはプレステージゾーン、BZはベター、MZはモデレート、VZはボリューム、SZはサービス、LZはロープライスゾーンと価格帯は大きく6つに分けることができます。価格を切り口にすると戦略も見えてきます。

7 繁盛店の成功方程式

店を作ったら繁盛店を作ること。これが経営者に課せられた使命です。店を作るということはそこにたくさんのお客様に来ていただく場を作ったということです。繁盛店を作る意思がない人は店を作ってはいけないのです。

日本における繁盛店フォーマットを項目別にまとめると図のように表すことができます。商圏人口によって繁盛店の種類は変わります。新宿のような100万人商圏と苫小牧のような20万人商圏では根本的に繁盛店の作り方が異なるわけです。

基本的には売上の大きさは商圏人口によって決まります。大きな売上を上げようと思ったら大商圏で商売をすべきですし、小さな売上でもコツコツとのんびりとやっていきたいのならば地方の小商圏で商売をしたほうがいいのです。今は単に大きな売上を上げることだけが企業の目的ではありませんから、小商圏での商売を選ぶという選択肢もあります。

小商圏で商売をする場合には、自分に刺激を与え続けることが必要です。海外や東京に**視察**＊に出たり、勉強会に参加したりすることも大切な要素です。こうした努力をしていかなければ、知らない間に井の中の蛙となり、お客様とズレが生じてくるものです。何となく居心地がいいものですから、現状を変えようとせず、守りに入ります。これが一番の強敵です。大商圏の場合は勝手にお客様は集まってくるものだと勘違いしないことです。お客様はそのような店を見抜きます。

商売というのはお客様との競争であるとよく言われますが、それと同様に重要なのは自分の飽きや諦めとの競争です。向上心の維持こそが繁盛店づくりにおいてもっとも大切な視点です。

＊**視察**　正確には店舗視察クリニックと言います。商売をする中でモデル探しをすることは重要なことです。モデルを探してそこのやり方を勉強したり、参考にするために店舗視察や街の視察を行います。業績の良い企業ほど視察には力を入れているようです。

【商圏人口】 店に来てもらえる可能性のある人口のことをこう呼びます。純粋に市町村に住民登録されている人口を行政人口と呼びます。街に魅力があれば商圏人口は行政人口より増えますし、隣の街のほうが魅力があれば商圏人口は少なくなります。

8 流通業態の変遷から新業態を考える

日米の流通業態の変遷はこれからますます加速していくことになりそうです。ではどのような業態を開発していけばいいのでしょうか。日米の流通業態変遷図からそのヒントを探ってみます。

日米の流通業の変遷を見てみると、これまでの日本の流通業はほぼすべてアメリカで生まれた業態を日本流にアレンジしてできてきたことがわかります。

まだ一つ一つの店が小さく専門店であった頃は大きな差はありませんでしたが、広大な土地を活用して大型の店舗をGMSが展開するようになってからはアメリカでたくさんの新業態が生まれてきました。

今では当たり前となったセルフサービス方式のスーパーマーケット、家のインテリアやエクステリアを数千坪の売場面積で取り扱うホームセンター、人件費を極力カットして圧倒的な低価格で商品を販売するディスカウンターなどはすべてアメリカから日本にきました。この新業態が生まれる過程を説明した理論が前述したマクネアのホイール理論（小売の環）です。新しく業態が生まれる際には、必ず粗利率を落として無駄な経費を削減して利益をだす方式が採用されることを説明したものです。これは後にCVSの出現によって崩れましたが大きなトレンドを掴む上では非常に貴重な提言です。

モノが売れにくい時代になればなるほど価格を切り口にした新業態に注目が集まります。しかし価格を切り口に集客できるのはその業界の最大手や一番企業のみです。**低価格戦略***だけでは企業の永続性はありません。これからは「理念」や「ブランド」を上手に付加していく企業のみが生き残ることができます。

自社の思いを明確に表現する企業こそがこれからの成長企業の必要条件なのです。

***低価格戦略**　低価格を切り口に戦略を考え新業態やブランドを作ることは可能ですが、それを永続させることは非常に難しいものです。価格はあくまでも戦略的優位性を保つための一つの切り口であると認識することが必要です。

日米流通業態変遷図

アメリカ	1900年代	1950年代	1960年代	1970年代
日本	1910年代	1960年代	1970年代	1980年代
業態	量販店	ディスカウントストア	ホームセンター	ホールセールクラブ
商圏	中商圏	大商圏	中〜大商圏	大商圏
取扱い商品	Home − Useの用途複合化	Home − UseとPersonal − Use複合	Personal − Useの絞り込み	Home − UseとPersonal − Useの絞り込み
平均粗利率	22〜27%	18〜22%	15〜20%	12〜15%
特徴	・セルフサービス ・多店舗化 ・郊外出店 ・SC展開	・NB商品の割引販売 ・ローコストオペレーション	・住関連総品揃え ・プロユースへの対応可能	・会員制 ・まとめ買い対応
店舗例	IY堂、ジャスコ（現イオン）など	多慶屋、ビックカメラ、ヨドバシなど	ケーヨーHC トステムビバ ジョイフル本田 など	赤ちゃん本舗 コストコ メトロ　など

1980年代〜	1990年代〜	2000年代〜	2020年代〜	2040年代〜
1990年代〜	2000年代〜	2010年代〜	2020年代〜	2040年代〜
コンビニエンスストア ドラッグストア	カテゴリーキラー メガストア	ネットストア オムニチャネル	サステナブル経営	デジタルファッション
超小商圏	大商圏	超大商圏	ローカル商圏	リアルとバーチャル
Personal − Useの特化	Personal − Useの圧倒的一番化	BtoBからBtoC、CtoCまですべてに対応	関連するすべての流通経路においてサステナが求められる	BtoBからBtoC、CtoCまでのすべてが2つの商圏で存在する
28〜35%	30〜35%	30〜50%	40〜60%	50〜80%
・便利性 ・高頻度商品の集合体 ・鮮度管理の徹底	・部門一番化 ・テイスト一番化 ・ライフスタイル提案力	・単品一番化 ・ニッチ・マニア向け商品も成立 ・即日配送などの物流機能強化	・環境 ・人権 ・動植物への配慮をした製造、販売	・Web3 ・NFT ・デジタルファッションなど
セブンイレブン ローソン マツモトキヨシ など	トイザらス スポーツオーソリティー H&M	アマゾン 楽天 ヤフー	パタゴニア Allbirds IKEAなど	新興企業の参入 老舗企業がドラスティックに業態開発

【ディスカウントストア】 総合型のディスカウントストアは日本でも衰退業種の一つになり始めています。しかし取扱商品を絞ったディスカウンター、例えば衣料品、雑貨、食品などの専門ディスカウンターは今後増加していく傾向にある注目業態です。

20年後に残るアパレル企業になるために

アパレル企業として永続していくためには何が必要なのか。アパレル企業として置かれている環境をどのようにとらえるのかが問われています。

日本の小売業の変遷をもとにこれからのアパレル業界を考えると、生き残る企業になるためには、いかに時流を読み解くかが求められます。それは今のリサイクルの流れも同様です。日本には昔から「質屋」という業態が存在し、700年以上前の鎌倉時代から存在していました。江戸時代には世界でもトップクラスの循環型社会が作られ、さまざまなものがリユース、リサイクルされていました。ただし中古は「お古」とか「ゴミ屋」と言われた時代もあり、中古市場のプレイヤーの多くはパパママ・ストアが多く、家業的域を出ない商売が続きました。しかし、バブルが崩壊し、従来の小売業が弱体化すると共に世の中の物余りが本格化し、その余った商品を買い取り、販売するリサイクル企業が急増したのです。

今では東京・日本橋の高島屋百貨店に期間限定でRAGTAGが出店し、大阪・梅田の阪急百貨店ではワンフロアを使って自然と共生するライフスタイル売り場「グリーンエイジ」を開発しました。2015年の国連サミットで「持続可能な開発のための2030アジェンダ」として17の目標が決まりました。リユースビジネスはここから本格的に成長し、2030年頃には従来の小売業を凌ぐほどの立場になっているかもしれません。同時にその頃にはデジタルファッションが当たり前となり、リアルとバーチャルの双方が商圏となるまったく新しい時代に突入している可能性もあります。

アパレル企業は時流適応業。この激しい変化こそ成長のチャンスと捉え進むべきです。

【持続可能な開発のための2030アジェンダ】 開発アジェンダの節目の年2015年にニューヨーク国連本部において、「国連持続可能な開発サミット」が開催され、150を超える加盟国首脳の参加のもと、その成果文書として、「我々の世界を変革する：持続可能な開発のための2030アジェンダ」が採択されました。これがSDGsと呼ばれているものです。

日本の小売りマーケティング革命

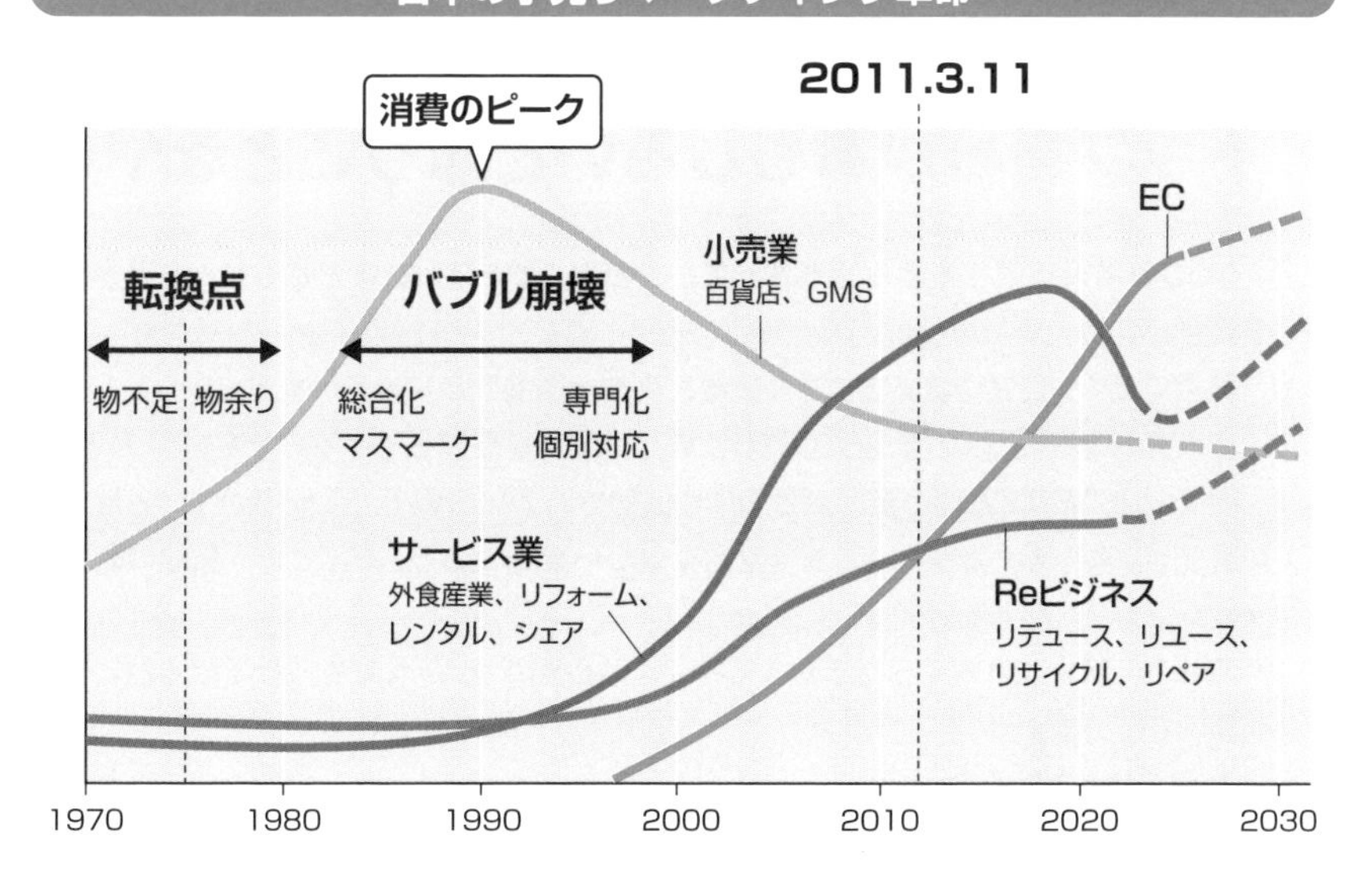

日本のリユース市場規模推移と予測

市場規模（億円）　伸び率

40,000　35,000　30,000　25,000　20,000　15,000　10,000　5,000　0

140%　120%　100%　80%　60%　40%　20%　0%

11,274　11,443　12,590　13,594　14,916　15,966　16,517　17,743　19,932　21,880　23,585　24,169　30,000　35,000

2009　2010　2011　2012　2013　2014　2015　2016　2017　2018　2019　2020　2022　2025

（出典：リサイクル通信「2020 年リユース市場規模推移と予測」https://www.recycle-tsushin.com/news/detail_6313.php をもとに筆者作成）
※ 1 法人間の売買、輸出に関する値は含まれず。住宅、自動車は対象外

【江戸時代】　江戸の都市は世界に類をみない衛生的な都市であったとされます。稲作を基調とした社会システムの中で、し尿や生ごみなどの有機物が農村で肥料として土に還り、都市に残ることがなかったことで衛生的な循環システムができていたようです。

トップ自らがおもしろいと思うことをやる

CCCの増田宗昭社長とお話をさせていただき、なるほどなあと感心したことがありました。

同社では今、代官山にあるような蔦屋書店を全国展開し始めています。

本が売れない時代に、本を主役にした新しい本屋を展開しているのです。

今でこそT-SITEという業態が世の中で認知されているので、「いい店だね」となっていますが、よく考えたらもっとも経営的に厳しい業界である、書店という業態の改革にチャレンジしているわけです。

毎日2店舗ずつ日本から書店がなくなっていく世の中。それでも同社では本屋にチャレンジしています。

なぜそれができるのか。

それは、増田社長の中に「こうすればきっと本屋はもっとおもしろいし、儲けることもできるはず」という強い信念というか執念があるからだと私は思いました。

代官山だからできるわけではありません。すでに全国にT-SITEは出店し始めました。世の中の人が「本」というコンテンツには特別の思いを持っています。確かに以前ほどは買わなくなっていますが、本は知的でアカデミックな部分も多いコンテンツです。知識が集積したものであり、それを二千円くらいで手に入れることができる魔法のハコのような店。それが書店なのです。

しかし、今までのような切り口ではお客様が飽きてしまって買いたくなくなっています。

本に飽きたのではなく、本の売り方、本しか提案していない店に飽きているのです。

だからこそ増田社長は新しい本の分類を考えて、本屋自体をライフスタイルの切り口から編集し直したのです。これが結果的にお客様に支持されるT-SITEという業態開発につながっていきました。

成熟した業態にも必ずチャンスがあります。

人口減少の世の中では成熟業態はすべてダメのような印象ですが、まったくそうではありません。いかにお客様にライフスタイルを提案できるか。ここにこだわることで新しい需要を掘り起こすことが可能なのです。

イノベーションの原点に気づかされました。

増田社長のように「まずはトップ自らがおもしろいことをやる」という考え方がイノベーションを生み出すのです。

おわりに

以前はアパレル業界のニュースと言えば、大量解雇、大量閉店、売却、倒産といったニュースばかりが目立っていました。しかし最近になって、新ブランド開発、新たなコラボ、新業態開発、海外展開など、アパレル業界に久しぶりの明るい話題がでてくるようになりました。今のデジタル化の進展、サステナビリティを重視する世の中の流れは、アパレル業界にとって大きなチャンスをもたらしてくれそうだと私はワクワクしています。

ChatGPTのような人工知能の発達によって仕事が奪われるのでは?という怖れもあるかと思いますが、逆にそれを上手に活用していけば、可能性は無限に広がります。

同書執筆にあたってさまざまなデジタル変革事例を見るにつけ、アパレル業界はこうした世の中の時流ととても親和性が高く、低迷していた日本のアパレル業界復活の兆しになると確信しています。

もともと「時代を作り出す」側だった業界が、長らく「時代のしっぽ」になっていました。しかしファッションの持つ力は偉大で、私たちにたくさんのエネルギーを注入してくれる存在です。生きる希望、頑張る勇気を与えてくれる業界なのです。

これから我々が進むアフターコロナの世界では、アパレル業界がもともと持っているエネルギーが目に見える形となって表れてくるでしょう。

本書を通じて皆様が仕事に誇りを持ち、各自がそれぞれでイノベーションをおこし、アパレル業界の未来を創っていかれることを望みます。

アパレル業界に携わる皆様が情熱の炎を燃やし、その情熱が皆様の企業に活力を与え、結果としてこの素晴らしい国、日本が真の豊かな国になることを祈念してペンをおきます。

2023年8月　岩崎剛幸

MEMO

Data

資料編

・業界団体・関連企業

・業界専門誌・マスコミ各社

・ファッション関連専門学校・各種学校

・主なアパレル関連企業

・ファッション情報サイト

※2023年8月調べ

【業界団体・関連企業】

一般社団法人　日本アパレル・ファッション産業協会
〒103-0027　東京都中央区日本橋2-8-6
太陽生命ひまわり日本橋ビル5F
TEL:03-3275-0681(代)
URL:https://www.jafic.org/

一般財団法人　日本ファッション協会
〒101-0051　東京都千代田区神田神保町1-5-1
神保町須賀ビル7階
TEL:03-3295-1311(代)
URL:https://www.japanfashion.or.jp/

一般社団法人　日本メンズファッション協会
〒150-0001　東京都渋谷区神宮前3-15-10
原宿ハイツ201号室
TEL:03-5412-2330
URL:https://mfu.or.jp/

一般社団法人　日本流行色協会
〒101-0051　東京都千代田区神田神保町2-2-31
ヒューリック神保町ビル6F
TEL:03-5275-1016
URL:http://www.jafca.org/

一般社団法人　日本ボディファッション協会
〒103-0006　東京都中央区日本橋富沢町7-13
ユニゾ日本橋富沢町洋和ビル7階
TEL:03-5623-5983
URL:http://www.nbf.or.jp/

一般社団法人　日本皮革産業連合会
〒111-0043　東京都台東区駒形1-12-13
皮革健保会館7F
TEL:03-3847-1451
URL:https://www.jlia.or.jp/

特定非営利活動法人　ユニバーサルファッション協会
〒104-0031　東京都中央区京橋2-8-1
八重洲中央ビルディング3F
URL:https://www.unifa.jp/

一般社団法人　日本百貨店協会
〒103-0027　東京都中央区日本橋2-1-10
柳屋ビル2F
TEL:03-3272-1666
URL:https://www.depart.or.jp/

一般社団法人　日本専門店協会(JSA)
〒164-0011　東京都中野区中央2-2-8　STNビル3F
TEL:03-5937-5682
URL:http://www.jsa-net.or.jp/

日本チェーンストア協会
〒105-0001　東京都港区虎ノ門1-21-17
虎ノ門NNビル11階
TEL:03-5251-4600
URL:http://www.jcsa.gr.jp/

一般社団法人　日本ショッピングセンター協会(JCSC)
〒112-0004　東京都文京区後楽1丁目4番14号
後楽森ビル15階
TEL:03-5615-8510
URL:https://www.jcsc.or.jp/

公益社団法人　日本通信販売協会
〒103-0024　東京都中央区日本橋小舟町3-2
リブラビル2F
TEL:03-5651-1155
URL:https://www.jadma.or.jp/

一般社団法人　全国スーパーマーケット協会
〒101-0047　東京都千代田区内神田3-19-8
櫻井ビル
URL:http://www.super.or.jp/

一般社団法人　日本ダイレクトメール協会
〒104-0041　東京都中央区新富1-16-8
日本印刷会館6F
TEL:03-5541-6311
URL:https://www.jdma.or.jp/

一般財団法人　ファッション産業人材育成機構(IFI)
〒130-0015　東京都墨田区横網1-6-1
国際ファッションセンタービル11F
TEL:03-5610-5700
URL:https://www.ifi.or.jp/

公益社団法人　日本マーケティング協会
〒106-0032　東京都港区六本木3-5-27
六本木YAMADAビル9F
TEL:03-5575-2101
URL:https://www.jma2-jp.org/

経済産業省
〒100-8901　東京都千代田区霞ヶ関1-3-1
TEL:03-3501-1511
URL:https://www.meti.go.jp/

独立行政法人　統計センター
〒162-8668　東京都新宿区若松町19-1
総務省第2庁舎
TEL:03-5273-1200
URL:https://www.nstac.go.jp/

独立行政法人　中小企業基盤整備機構
〒105-8453　東京都港区虎ノ門3-5-1
虎ノ門37森ビル
TEL:03-3433-8811
URL:https://www.smrj.go.jp/

独立行政法人　日本貿易振興機構(ジェトロ)
〒107-6006　東京都港区赤坂1丁目12-32
アーク森ビル(総合案内6階)
TEL:03-3582-5511
URL:https://www.jetro.go.jp/

日本小売業協会
〒100-0005　東京都千代田区丸の内3-2-2
丸の内二重橋ビル6階
TEL:03-3283-7920
URL:https://japan-retail.or.jp/

全国商工会連合会
〒100-0006　千代田区有楽町1-7-1
有楽町電気ビル北館19階
TEL:03-6268-0088
URL:https://www.shokokai.or.jp/

全国商工団体連合会
〒171-8575　東京都豊島区目白2-36-13
TEL:03-3987-4391
URL:https://www.zenshoren.or.jp/

日本ビジュアルマーチャンダイジング協会
〒104-0061　東京都中央区銀座2-14-5
銀座27中央ビル8階
TEL:03-3476-1410
URL:http://www.javma.com/

公益社団法人　日本ロジスティクスシステム協会
〒105-0022　東京都港区海岸1-15-1
スズエベイディアム3階
TEL:03-3436-3191
URL:https://www.logistics.or.jp/

【業界専門誌・マスコミ各社】

繊研新聞(株式会社繊研新聞社)
〒103-0015　東京都中央区日本橋箱崎町31-4
ONEST箱崎ビル
URL:https://senken.co.jp/

繊維ニュース(ダイセン株式会社)
〒541-0051　大阪市中央区備後町3-4-9
TEL:06-6201-5012
URL:https://www.sen-i-news.co.jp/

ストアーズレポート(株式会社ストアーズ社)
〒104-0061　東京都中央区銀座7-15-18
銀ビル6F
TEL:03-5565-5750
URL:https://www.stores.co.jp/

デパートニューズウェブ(株式会社ストアーズ社)
〒104-0061　東京都中央区銀座7-15-18
銀ビル6F
TEL:03-5565-5750
URL:https://www.stores.co.jp/

日経MJ(流通新聞)
〒100-8066　東京都千代田区大手町1-3-7
URL:http://www.nikkei.co.jp/

【ファッション関連専門学校・各種学校】

青山ファッションカレッジ
〒107-0061　東京都港区北青山3-5-17
TEL:03-3401-0111
URL:https://afc.ac.jp/

上田安子服飾専門学校
〒530-0012　大阪府大阪市北区芝田2-5-8
URL:https://www.ucf.jp/

バンタンデザイン研究所ファッション学部
〒150-0022　東京都渋谷区恵比寿南1-9-14
TEL:0120-03-4775
URL:https://www.vantan.com/

文化服装学院
〒151-8522　東京都渋谷区代々木3-22-1
TEL:03-3299-2211(代)
URL:https://www.bunka-fc.ac.jp/

文化ファッション大学院大学
〒151-8547　東京都渋谷区代々木3-22-1
TEL:03-3299-2701
URL:https://bfgu-bunka.ac.jp/

東京服飾専門学校
〒170-0002　東京都豊島区巣鴨1-19-7
TEL:03-3946-7321
URL:https://www.tfac.ac.jp/

【主なアパレル関連企業】

帝人㈱
〒530-8605　大阪府大阪市北区中之島三丁目2番4号
中之島フェスティバルタワー・ウエスト
創立年:1918年
資本金:71,833百万円
URL:https://www.teijin.co.jp/

東レ㈱
〒103-8666　東京都中央区日本橋室町2-1-1
日本橋三井タワー
設立年:1926年
資本金:147,873,030,771円
URL:https://www.toray.co.jp/

㈱クラレ
〒100-0004
東京都千代田区大手町2-6-4　常盤橋タワー
設立年:1926年
資本金:890億円
URL:https://www.kuraray.co.jp/

旭化成株式会社
〒100-0006　東京都千代田区有楽町一丁目1番2号
日比谷三井タワー(東京ミッドタウン日比谷)
設立年:1931年
資本金:103,389百万円
URL:http://www.asahi-kasei.co.jp/

ユニチカ㈱
〒541-8566　大阪市中央区久太郎町4-1-3
大阪センタービル(大阪本社)
設立年:1889年
資本金:100,450,000円
URL:http://www.unitika.co.jp/

東洋紡㈱
〒530-0001　大阪府大阪市北区梅田一丁目13番1号
大阪梅田ツインタワーズ・サウス
設立年:1914年
資本金:51,730百万円
URL:https://www.toyobo.co.jp/

シキボウ㈱
〒541-8516　大阪市中央区備後町3-2-6
創立年:1892年
資本金:11,336百万円
URL:https://www.shikibo.co.jp/

イトキン㈱
〒151-0051　東京都渋谷区千駄ヶ谷3-1-1
イトキン原宿ビル(東京本社原宿ビル)
設立年:1950年
資本金:1億円
URL:https://www.itokin.com/

㈱オンワード樫山
〒103-8239　東京都中央区日本橋3-10-5
オンワードパークビルディング
設立年:2007年
資本金:1億円
URL:https://www.onward.co.jp/

㈱コスギ
〒103-0012　東京都中央区日本橋堀留町1-9-11
NEWSビル2F
設立年:2009年
資本金:8,000万円
URL:https://www.kosugi.jp/

㈱TSI ホールディングス
〒107-0052　東京都港区赤坂8-5-27
住友不動産青山ビル
設立年:2011年
資本金:150億円
URL:https://www.tsi-holdings.com/

㈱三陽商会
〒160-0003　東京都新宿区本塩町6-14
設立年:1943年
資本金:150億251万742円
URL:https://www.sanyo-shokai.co.jp/

㈱ジュン
〒107-8384　東京都港区南青山2-26-1
D-LIFEPLACE 南青山4F
設立年:1958年
資本金:11億円(グループ総計)
URL:https://www.jun.co.jp/

チョーギン㈱
〒130-0022　東京都墨田区江東橋1-16-2
チョーギンビル9階
設立年:1921年
資本金:1億円
URL:https://www.chogin.co.jp/

トリンプ・インターナショナル・ジャパン㈱
〒104-8416　東京都中央区築地5-6-4
浜離宮三井ビルディング5階
設立年:1964年
資本金:1億円
URL:https://jp.triumph.com/

㈱ナイガイ
〒107-0052　東京都港区赤坂7-8-5
創立年:1920年
資本金:1億円
URL:https://www.naigai.co.jp/

㈱ワールド
〒650-8585　兵庫県神戸市中央区港島中町
6-8-1
設立年:1959年
資本金:60億円
URL:https://corp.world.co.jp/

㈱ワコールホールディングス
〒601-8530　京都府京都市南区吉祥院中島町29
創立年:1949年
資本金:13,260百万円
URL:https://www.wacoalholdings.jp/

㈱ZOZO
〒263-0023　千葉県千葉市稲毛区緑町1-15-16
西千葉オフィス(本社)
設立年:1998年
資本金:1,359,903千円
URL:https://corp.zozo.com/

三起商行㈱
〒581-8505　大阪府八尾市若林町1-76-2
設立年:1978年
資本金:2,030百万円
URL:https://www.mikihouse.co.jp/

タキヒヨー㈱
〒451-8688　名古屋市西区牛島町6番1号
名古屋ルーセントタワー23〜24階
設立年:1912年
資本金:36億2,225万円
URL:https://www.takihyo.co.jp/

㈱三越伊勢丹ホールディングス
〒160-0023　新宿区西新宿3-2-5
三越伊勢丹西新宿ビル
設立年:2008年
資本金:510億円
URL:https://www.imhds.co.jp/

㈱三越伊勢丹
〒160-0022　東京都新宿区新宿3-14-1
創業年:三越1673年、伊勢丹1886年
資本金:100億円
URL:http://www.isetan.co.jp/

J. フロント リテイリング㈱
〒104-0061 東京都中央区銀座6-10-1(本店所在地)
設立年:2007年
資本金:31,974,406,200円
URL:https://www.j-front-retailing.com/

㈱大丸松坂屋百貨店
〒135-0042 東京都江東区木場2-18-11
設立年:2010年(商号変更)
資本金:100億円
URL:https://www.daimaru-matsuzakaya.com/

㈱丸井グループ
〒164-8701 東京都中野区中野4-3-2
設立年:1937年
資本金:35,920百万円
URL:https://www.0101.co.jp/

㈱ビームス
〒150-0001 東京都渋谷区神宮前1-5-8
神宮前タワービルディング
設立年:1982年
URL:https://www.beams.co.jp/

㈱良品計画
〒170-8424 東京都豊島区東池袋4-26-3
設立年:1989年
資本金:67億6,625万円
URL:https://www.ryohin-keikaku.jp/

㈱ライトオン
〒150-0001 東京都渋谷区神宮前6-27-8
京セラ原宿ビル6F
設立年:1980年
資本金:6,195百万円
URL:https://right-on.co.jp/

㈱ファーストリテイリング
〒754-0894 山口県山口市佐山10717-1
設立年:1963年
資本金:102億7,395万円
URL:https://www.fastretailing.com/jp/

㈱バーニーズ ジャパン
〒163-0808 東京都千代田区麹町5-7-2
MFPR 麹町ビル5F
設立年:1989年
資本金:1億円
URL:https://www.barneys.co.jp/

㈱ユナイテッドアローズ(本部オフィス)
〒107-0052 東京都港区赤坂8-1-19
日本生命赤坂ビル
設立年:1989年
資本金:30億30百万円
URL:https://www.united-arrows.co.jp/

【ファッション情報サイト】

「スタイルアリーナ」
https://www.style-arena.jp/

「ACROSS」
https://www.web-across.com/

「FRONTSTYLE」
http://www.frontstyle.com/

「アパレルウェブ」
https://apparel-web.com/

「FASHIONSNAP」
https://www.fashionsnap.com/

「WWD JAPAN」
https://www.wwdjapan.com/

「特許庁」
https://www.jpo.go.jp/

「不正商品対策協議会」
https://www.aca.gr.jp/

「公益財団法人日本関税協会 知的財産情報センター」
https://www.kanzei.or.jp/cipic/

索引

INDEX

索引

●著者紹介

岩崎　剛幸（いわさき　たけゆき）

ムガマエ株式会社　経営コンサルタント／代表取締役社長
1969年静岡市生まれ。船井総合研究所にて28年間、上席コンサルタントとして従事したのち、同社創業。アパレル、流通小売・サービス業界のコンサルティングのスペシャリスト。
「面白い会社をつくる」をコンセプトに各業界でNo.1の成長率を誇る新業態店や専門店を数多く輩出させている。
「組織は戦略に従う。戦略は思い（情熱）に従う」がコンサルティング信条。
コンサルティングテーマは、「永続する企業づくり」。ブランディング、ミッション経営、情熱経営の徹底・実践に取り組んでいる。
2015年度　立教大学兼任講師など
これまでの実績は、大手流通業　営業改革コンサルティング、GMS　MD戦略構築コンサルティング、アパレルメーカー　新ブランド開発コンサルティング、消費財メーカー　プロモーション戦略構築　など多数。現在は、中小企業の経営コンサルティングによりおもしろい会社づくりのサポートを実施している。

著書に、「超繁盛店のツボとコツがゼッタイにわかる本」、「コンサルタントのお仕事と正体がよ～くわかる本[第2版]」、「働き方で未来が変わる!! 社員が誇れる会社を作る」（以上秀和システム）、「情熱経営」「人を動かすたった一つのもの、それは情熱」（以上マネジメント社）、「販売計画の立て方」（実業之日本社）などがある。
テレビ出演多数、新聞、雑誌への執筆もするなどコメンテーターとしても活躍の幅を広げている。

（連載）
・プレジデントオンライン
　「経営コンサルタントが見た!! 繁盛店の成功法則」
　https://president.jp/
・IT media ビジネスオンライン
　「繁盛店から読み解くマーケティングトレンド」
　http://www.itmedia.co.jp/business/

講演、取材、出演のご依頼などは
ムガマエ株式会社 https://mugamae.co.jp/
Mail; info@mugamae.co.jp

図解入門業界研究
最新アパレル業界の動向とカラクリがよ～くわかる本［第5版］

発行日　2023年　9月24日　　第1版第1刷

著　者　岩崎　剛幸

発行者　斉藤　和邦
発行所　株式会社　秀和システム
〒135-0016
東京都江東区東陽2-4-2　新宮ビル2F
Tel 03-6264-3105（販売）Fax 03-6264-3094
印刷所　三松堂印刷株式会社　Printed in Japan

ISBN978-4-7980-7036-0 C0033